全国高等学校自动化专业系列教材

教育部高等学校自动化专业教学指导分委员会牵头规划

普通高等教育"十一五"国家级规划教材

国家级精品课程配套教材

Experiment Tutorial of Detection Technology

检测技术实验教程

王晓俊　主编

Wang Xiaojun

清华大学出版社

北京

内 容 简 介

本书是我国普通高等教育"十一五"国家级规划教材、全国高等学校自动化专业系列教材。全书共分 12 章,即绪论、实验基础、实验数据处理方法、虚拟仪器及设计、传感器原理实验、传感器特性测试实验、机械量检测实验、压力检测实验、温度检测实验、物位检测实验、流量检测实验、综合与设计型实验。本书着重介绍了各种常见机械、热工等工程量的检测方法和技术;每个实验都按实验目的、实验内容与要求、实验基本原理、实验系统组建与设备连接、实验步骤、实验数据记录、实验数据处理与分析、实验报告要求、思考题、实验改进与讨论等进行编排。

除几个演示型实验外,本书中大多实验均提供了基于虚拟仪器的实验系统方案、信号调理电路、实验步骤和调试要点,适用于高等院校检测技术实验课程开展综合型、设计型实验的实验指导。

本书包含的传感器种类多、检测参量广。教材注重知识纵向联系与横向比较,能较好地满足高等院校自动化、测控技术与仪器、电气工程与自动化等专业本、专科的设计型实验课教材需要,也可作为有关工程技术人员的参考书。

图书在版编目(CIP)数据

检测技术实验教程/王晓俊主编. --北京:清华大学出版社,2016
全国高等学校自动化专业系列教材
ISBN 978-7-302-42184-9

Ⅰ. ①检… Ⅱ. ①王… Ⅲ. ①技术测量—实验—高等学校—教材 Ⅳ. ①TG806-33

中国版本图书馆 CIP 数据核字(2015)第 272730 号

责任编辑:王一玲
封面设计:傅瑞学
责任校对:李建庄
责任印制:王静怡

出版发行:清华大学出版社
   网 址:http://www.tup.com.cn,http://www.wqbook.com
   地 址:北京清华大学学研大厦 A 座   邮 编:100084
   社 总 机:010-62770175   邮 购:010-62786544
   投稿与读者服务:010-62776969,c-service@tup.tsinghua.edu.cn
   质 量 反 馈:010-62772015,zhiliang@tup.tsinghua.edu.cn
   课 件 下 载:http://www.tup.com.cn,010-62795954
印 装 者:北京鑫海金澳胶印有限公司
经 销:全国新华书店
开 本:175mm×245mm   印 张:25.5   字 数:553 千字
版 次:2016 年 1 月第 1 版   印 次:2016 年 1 月第 1 次印刷
印 数:1~1500
定 价:49.00 元

产品编号:066959-01

出版说明

《全国高等学校自动化专业系列教材》

为适应我国对高等学校自动化专业人才培养的需要,配合各高校教学改革的进程,创建一套符合自动化专业培养目标和教学改革要求的新型自动化专业系列教材,"教育部高等学校自动化专业教学指导分委员会"(简称"教指委")联合了"中国自动化学会教育工作委员会"、"中国电工技术学会高校工业自动化教育专业委员会"、"中国系统仿真学会教育工作委员会"和"中国机械工业教育协会电气工程及自动化学科委员会"四个委员会,以教学创新为指导思想,以教材带动教学改革为方针,设立专项资助基金,采用全国公开招标方式,组织编写出版了一套自动化专业系列教材——《全国高等学校自动化专业系列教材》。

本系列教材主要面向本科生,同时兼顾研究生;覆盖面包括专业基础课、专业核心课、专业选修课、实践环节课和专业综合训练课;重点突出自动化专业基础理论和前沿技术;以文字教材为主,适当包括多媒体教材;以主教材为主,适当包括习题集、实验指导书、教师参考书、多媒体课件、网络课程脚本等辅助教材;力求做到符合自动化专业培养目标、反映自动化专业教育改革方向、满足自动化专业教学需要;努力创造使之成为具有先进性、创新性、适用性和系统性的特色品牌教材。

本系列教材在"教指委"的领导下,从 2004 年起,通过招标机制,计划用 3~4 年时间出版 50 本左右教材,2006 年开始陆续出版问世。为满足多层面、多类型的教学需求,同类教材可能出版多种版本。

本系列教材的主要读者群是自动化专业及相关专业的大学生和研究生,以及相关领域和部门的科学工作者和工程技术人员。我们希望本系列教材既能为在校大学生和研究生的学习提供内容先进、论述系统和适于教学的教材或参考书,也能为广大科学工作者和工程技术人员的知识更新与继续学习提供适合的参考资料。感谢使用本系列教材的广大教师、学生和科技工作者的热情支持,并欢迎提出批评和意见。

《全国高等学校自动化专业系列教材》编审委员会

2005 年 10 月于北京

自动化学科有着光荣的历史和重要的地位,20 世纪 50 年代我国政府就十分重视自动化学科的发展和自动化专业人才的培养。五十多年来,自动化科学技术在众多领域发挥了重大作用,如航空、航天等,两弹一星的伟大工程就包含了许多自动化科学技术的成果。自动化科学技术也改变了我国工业整体的面貌,不论是石油化工、电力、钢铁,还是轻工、建材、医药等领域都要用到自动化手段,在国防工业中自动化的作用更是巨大的。现在,世界上有很多非常活跃的领域都离不开自动化技术,比如机器人、月球车等。另外,自动化学科对一些交叉学科的发展同样起到了积极的促进作用,例如网络控制、量子控制、流媒体控制、生物信息学、系统生物学等学科就是在系统论、控制论、信息论的影响下得到不断的发展。在整个世界已经进入信息时代的背景下,中国要完成工业化的任务还很重,或者说我们正处在后工业化的阶段。因此,国家提出走新型工业化的道路和“信息化带动工业化,工业化促进信息化”的科学发展观,这对自动化科学技术的发展是一个前所未有的战略机遇。

　　机遇难得,人才更难得。要发展自动化学科,人才是基础、是关键。高等学校是人才培养的基地,或者说人才培养是高等学校的根本。作为高等学校的领导和教师始终要把人才培养放在第一位,具体对自动化系或自动化学院的领导和教师来说,要时刻想着为国家关键行业和战线培养和输送优秀的自动化技术人才。

　　影响人才培养的因素很多,涉及教学改革的方方面面,包括如何拓宽专业口径、优化教学计划、增强教学柔性、强化通识教育、提高知识起点、降低专业重心、加强基础知识、强调专业实践等,其中构建融会贯通、紧密配合、有机联系的课程体系,编写有利于促进学生个性发展、培养学生创新能力的教材尤为重要。清华大学吴澄院士领导的《全国高等学校自动化专业系列教材》编审委员会,根据自动化学科对自动化技术人才素质与能力的需求,充分吸取国外自动化教材的优势与特点,在全国范围内,以招标方式,组织编写了这套自动化专业系列教材,这对推动高等学校自动化专业发展与人才培养具有重要的意义。这套系列教材的建设有新思路、新机制,适应了高等学校教学改革与发展的新形势,立足创建精品教材,重视实践性环节在人才培养中的作用,采用了竞争机制,以激励和推动教材建设。在此,我谨向参与本系列教材规划、组织、编写的老师致以诚挚的感谢,并希望该系列教材在全国高等学校自动化专业人才培养中发挥应有的作用。

吴启迪 教授

2005 年 10 月于教育部

《全国高等学校自动化专业系列教材》编审委员会在对国内外部分大学有关自动化专业的教材做深入调研的基础上，广泛听取了各方面的意见，以招标方式，组织编写了一套面向全国本科生（兼顾研究生）、体现自动化专业教材整体规划和课程体系、强调专业基础和理论联系实际的系列教材，自 2006 年起将陆续面世。全套系列教材共 50 多本，涵盖了自动化学科的主要知识领域，大部分教材都配置了包括电子教案、多媒体课件、习题辅导、课程实验指导书等立体化教材配件。此外，为强调落实"加强实践教育，培养创新人才"的教学改革思想，还特别规划了一组专业实验教程，包括《自动控制原理实验教程》、《运动控制实验教程》、《过程控制实验教程》、《检测技术实验教程》和《计算机控制系统实验教程》等。

自动化科学技术是一门应用性很强的学科，面对的是各种各样错综复杂的系统，控制对象可能是确定性的，也可能是随机性的；控制方法可能是常规控制，也可能需要优化控制。这样的学科专业人才应该具有什么样的知识结构，又应该如何通过专业教材来体现，这正是"系列教材编审委员会"规划系列教材时所面临的问题。为此，设立了《自动化专业课程体系结构研究》专项研究课题，成立了由清华大学萧德云教授负责，包括清华大学、上海交通大学、西安交通大学和东北大学等多所院校参与的联合研究小组，对自动化专业课程体系结构进行深入的研究，提出了按"控制理论与工程、控制系统与技术、系统理论与工程、信息处理与分析、计算机与网络、软件基础与工程、专业课程实验"等知识板块构建的课程体系结构。以此为基础，组织规划了一套涵盖几十门自动化专业基础课程和专业课程的系列教材。从基础理论到控制技术，从系统理论到工程实践，从计算机技术到信号处理，从设计分析到课程实验，涉及的知识单元多达数百个、知识点几千个，介入的学校 50 多所，参与的教授 120 多人，是一项庞大的系统工程。从编制招标要求、公布招标公告，到组织投标和评审，最后商定教材大纲，凝聚着全国百余名教授的心血，为的是编写出版一套具有一定规模、富有特色的、既考虑研究型大学又考虑应用型大学的自动化专业创新型系列教材。

然而，如何进一步构建完善的自动化专业教材体系结构？如何建设基础知识与最新知识有机融合的教材？如何充分利用现代技术，适应现代大学生的接受习惯，改变教材单一形态，建设数字化、电子化、网络化等多元形态、开放性的"广义教材"? 等等,这些都还有待我们进行更深入的研究。

　　本套系列教材的出版,对更新自动化专业的知识体系、改善教学条件、创造个性化的教学环境,一定会起到积极的作用。但是由于受各方面条件所限,本套教材从整体结构到每本书的知识组成都可能存在许多不当甚至谬误之处,还望使用本套教材的广大教师、学生及各界人士不吝批评指正。

院士

2005 年 10 月于清华大学

　　《检测技术实验教程》是我国普通高校国家级规划教材,可作为全国高等学校自动化专业系列教材《传感器与检测技术》、国家精品教材《现代检测技术》(第二版)等理论教材相配套的实验与实践教材。本教材是以初步培养学生工程能力为目标,使学生通过本实验教程的实验和实践训练,进一步巩固和扩充理论知识,培养科学实验的基本技能和严谨的工作作风,更好地理解和掌握各种常见机械、热工等工程量的检测方法,学习和理解目前国内外常用及先进的各类自动检测仪表及系统,并逐步培养学生根据具体检测需求,综合运用先修课程及本课程的知识,逐步掌握设计高性能价格比及先进实用的自动测控仪表及提高系统的工程设计能力。

　　国内现有传感器与检测技术实验平台均高度模块化,学生在此平台上只需连线即可完成相关实验,无法得到充分的动手能力训练,国内目前还缺乏开展设计型实验的平台与实验指导书。针对这一现状,本实验教程对大多数实验选题从开展设计性实验的需求出发,在详细介绍实验原理的基础上,提供了详细的实验系统设备选型、实验系统组成、信号调理电路、实验步骤和调试方法,并通过数据分析、思考题和实验讨论,启发学生深入思考、学以致用。

　　本实验教程分为四部分:第一部分:基础知识,包括绪论、实验基础、实验数据处理方法、虚拟仪器及设计;第二部分:传感器实验,安排了17项传感器原理、8项传感器性能实验,涉及本实验教程用到的大多数传感器,可根据不同理论课程需要进行选做;第三部分:物理参量检测实验,分别针对机械、压力、温度、物位、流量等参量共安排了56个实验选题,每个选题与理论课程紧密配合,每个实验都详细介绍了相关理论基础知识、实验平台、实验系统构建方法、实验步骤、实验数据处理与分析等,并在每个选题里面设计了相关思考题和实验改进与讨论内容;第四部分:综合和设计型实验,共8个工程应用选题,通过提供参考传感器和检测系统实现方案,由学生结合理论课内容及电路、模拟电路、微机原理和计算机语言等基础知识,实现相关实验系统的设计、制作、调试,并撰写实验报告。

　　本实验教程具有以下特点:

　　1. 教程包含实验内容全面、覆盖知识面广,除几个演示型实验外,都提供了以虚拟仪器为基础的实验系统方案、信号调理方案,不仅可用于验证型实验,更可用于作为设计型实验的指导书。

2. 在实验系统配置方面,充分考虑到目前高校普遍购置有传感器与检测技术实验平台的现状,本实验教程的部分实验采用现有传感器及其安装台架,在根据本教程开展设计性实验时不需重复投入。

3. 针对现有传感器与检测技术实验平台没有物位、流量实验的现状,本教程编者团队在国家级精品课程、国家级精品资源共享课程"检测技术"课程的建设过程中,研制了远程开放式流量/液位综合检测平台,依托此实体平台和互联网,可不受时间、距离限制,开展多种流量、液位的无人值守、智能考评、远程、网上操作实体平台的虚拟/现实型综合设计实验。

4. 在信号分析方面,本教程采用基于虚拟仪器的系统构建方案,将数据实时采集到上位机,在此基础上实现传感器与检测系统及被测参量的性能和特性分析,符合现代检测技术的发展趋势。

本实验教程这样编排将有利于自动化专业本科生实际工程应用能力、创新能力的培养。

本实验教程由东南大学王晓俊主编,国家级精品课程、国家级精品资源共享课程"检测技术"课程负责人周杏鹏教授主审。东南大学祝学云老师参加了第5、6章的编写;本实验室王碧波、黄洲荣、沈后威、贺国睿、赵蓉蓉、葛颖森、黄永升、叶庆仕、罗鸿飞、唐路参与了本书的资料收集与整理、插图绘制等工作;周杏鹏教授主持设计、并由南京新思维自动化有限公司负责完成了远程开放式流量/液位综合检测实体实验平台研制;美国国家仪器有限公司在虚拟仪器架构方面提出了许多宝贵意见。对上述个人和单位表示诚挚的谢意。

在本书编著过程中,参考了许多有关的教材、专著、期刊、产品样本、技术手册,在此对本教材引用文献的有关作者一并表示感谢。

由于编者水平有限,本书不足或不当之处恳请广大读者批评指正。

编　者

2015 年 10 月

目录

CONTENTS >>>>

第1章

绪　论

1.1　检测技术及其发展

检测是指在生产、科研、试验及服务等各个领域,为及时获得被测、被控对象的有关信息而实时或非实时地对一些参量进行定性检查和定量测量。

检测技术与我们的生产、生活密切相关,它是自动化领域的重要组成部分,尤其在自动控制系统中,如果对控制参数不能有效准确地检测,控制就成为"无源之水,无本之木"。对工业生产而言,采用各种先进的检测技术对生产全过程进行检查、监测,对确保安全生产,保证产品质量,提高产品合格率,降低能耗,提高企业的劳动生产率和经济效益是必不可少的。

随着世界各国现代化步伐的加快,对检测技术的需求与日俱增;而大规模集成电路技术、微型计算机技术、机电一体化技术、微机械和新材料技术的不断进步,则大大促进了检测技术的发展。目前,现代检测技术发展的总趋势大体有以下几个方面。

1. 不断拓展测量范围、可靠性,扩大应用范围

随着科学技术的发展,对检测仪器和检测系统的性能要求,尤其是精度、测量范围、可靠性指标的要求越来越高。目前,在超高温、超低温度检测,混相流量、脉动流量,微差压(几十帕)、超高压等在线检测,高温高压下物质成分的实时检测等都存在大量亟须攻克的检测技术难题。

随着我国工业化、信息化步伐加快,各行各业高效率的生产更依赖于各种可靠的在线检测设备。努力研制在复杂和恶劣测量环境下能满足用户所需精度要求且能长期稳定工作的各种高可靠性检测仪器和检测系统将是检测技术的一个长期发展方向。

2. 重视非接触式检测技术研究

在检测过程中,把传感器置于被测对象上,灵敏地感知被测参量的变

化,这种接触式检测方法通常比较直接、可靠,测量精度较高,但在某些情况下,因传感器的加入会对被测对象的工作状态产生干扰,而影响测量的精度。对有些被测对象,根本不允许或不可能安装传感器,例如测量高速旋转轴的振动、转矩等。因此,各种可行的非接触式检测技术的研究越来越受到重视,目前已商品化的光电式传感器、电涡流式传感器、超声波检测仪表、核辐射检测仪表、红外检测与红外成像仪器等正是在这些背景下不断发展起来的。今后不仅需要继续改进和克服非接触式(传感器)检测仪器通常存在的易受外界干扰及绝对精度较低等问题,而且相信对一些难以采用接触式检测或无法采用接触方式进行检测的,尤其是那些具有重大军事、经济或其他应用价值的非接触检测技术课题的研究投入会不断增加,非接触检测技术的研究、发展和应用步伐将会明显加快。

3. 智能化自动检测系统快速发展

近十年来,由于包括微处理器、微控制器在内的大规模集成电路的成本和价格不断降低,功能和集成度不断提高,使得许多以微处理器、微控制器或微型计算机为核心的现代检测仪器(系统)实现了智能化,这些现代检测仪器通常具有系统故障自测、自诊断、自调零、自校准、自选量程、自动测试和自动分选等功能,强大数据处理和统计功能,远距离数据通信和输入输出功能,可配置各种数字通信接口传递检测数据和各种操作命令等,还可方便地接入不同规模的自动检测、控制与管理信息网络系统。与传统检测系统相比,智能化的现代检测系统具有更高的精度和性能/价格比。

随着现代三大信息技术(现代传感技术、通信技术和计算机技术)的日益融合,各种最新的检测方法与成果不断应用到实际检测系统中来,如基于机器视觉的检测技术、基于雷达的检测技术、基于无线通信的检测技术以及基于虚拟仪器的检测技术等,这些都给检测技术的发展注入了新的活力。

1.2　检测系统的一般构成

尽管现代检测仪器和检测系统的种类、型号繁多,用途、性能千差万别,但它们的作用都是用于各种物理或化学成分等参量的检测,其组成单元按信号传递的流程来区分:首先通常由各种传感器将非电被测物理或化学成分参量转换成电参量信号,然后经信号调理(包括信号转换、信号检波、信号滤波、信号放大等)、数据采集、信号处理后,进行显示、输出;加上系统所需的交、直流稳压电源和必要的输入设备,便构成了一个完整的自动检测(仪器)系统,其组成框图如图 1-1 所示。

1. 传感器

传感器作为检测系统的信号源,其性能的好坏将直接影响检测系统的精度和其他指标,是检测系统中十分重要的环节。对传感器通常有如下要求:

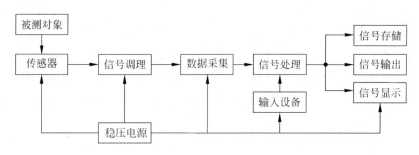

图 1-1　典型自动检测系统的组成框图

（1）准确性　传感器的输出信号必须准确地反映其输入量，即被测量的变化，因此，传感器的输出与输入关系必须是严格的单值函数关系，最好是线性关系；

（2）稳定性　传感器的输入、输出的单值函数关系最好不随时间和温度而变化，受外界其他因素的干扰影响亦应很小，重复性要好；

（3）灵敏度　即要求被测参量较小的变化就可使传感器获得较大的输出信号；

（4）其他　如耐腐蚀性、功耗、输出信号形式、体积、售价等。

2. 信号调理

信号调理在检测系统中的作用是对传感器输出的微弱信号进行检波、转换、滤波、放大等，以方便检测系统后续处理或显示。传感器和检测系统种类繁多，复杂程度、精度、性能指标要求等往往差异很大，因此它们所配置的信号调理电路也不尽一致。对信号调理电路的一般要求如下：

（1）能准确转换、稳定放大、可靠地传输信号；

（2）信噪比高，抗干扰性能要好。

3. 数据采集

数据采集（系统）在检测系统中的作用是对信号调理后的连续模拟信号进行离散化并转换成与模拟信号电压幅度相对应的一系列数值信息，同时以一定的方式把这些转换数据及时传递给微处理器或依次自动存储。数据采集系统通常以各类模/数（A/D）转换器为核心，辅以模拟多路开关、采样/保持器、输入缓冲器、输出锁存器等。数据采集系统的主要性能指标如下：

（1）输入模拟电压信号范围，单位：V；

（2）转换速度（率），单位：次/s；

（3）分辨力，通常以模拟信号输入为满度时的转换值的倒数来表征；

（4）转换误差，通常指实际转换数值与理想 A/D 转换器理论转换值之差。

在快速构建检测系统的方案中，采用商品化的数据采集卡将模拟、数字、频率、PWM 等信号采集到 PC 中，由后续算法进行处理，是检测系统中的常用方案。

4. 信号处理

信号处理模块是自动检测仪表、检测系统进行数据处理和各种控制的中枢环节,其作用和人的大脑相类似。现代检测仪表、检测系统中的信号处理模块通常以各种型号的嵌入式微控制器、专用高速数据处理器(DSP)应为核心,或直接采用工业控制计算机构建。

对检测仪表、检测系统的信号处理环节来说,只要能满足用户对信号处理的要求,应是越简单、越可靠、成本越低越好。由于大规模集成电路设计、制造和封装技术的迅速发展,嵌入式微控制器、专用高速数据处理器(DSP)和大规模可编程集成电路性能不断提升、成本不断降低,对稍复杂一点的检测系统(仪器)其信号处理环节都应优先考虑选用合适型号的微控制器或 DSP 来设计和构建,从而使检测系统具有更高的性价比。

随着虚拟仪器技术的发展,基于虚拟仪器的检测系统,因其系统构建便捷、功能丰富,可扩展性高,近年来应用越来越多。

5. 其他单元

其他单元包括信号显示、信号输出输入设备、稳压电源等辅助单元模块。

以上部分不是所有的检测系统(仪表)都具备的,对有些简单的检测系统,其各环节之间的界线也不是十分清楚,需根据具体情况进行分析。

本实验教程的实验主要采用如图 1-2 所示的基本架构,将被测对象通过传感器和信号调理电路进行信号变换,再由数据采集卡采集到上位机,由上位机运行虚拟仪器软件进行相关处理显示,该方法不仅可以观察大量实时数据,而且可运行如快速傅里叶变换(FFT)、波形显示等频域、时域操作观察相应细节。

图 1-2　基于数据采集器的检测技术实验架构

1.3　检测技术实验教学目的和任务

"自动检测技术"是自动化、测控技术与仪器、电气工程与自动化等专业的重要专业基础课,而检测技术实验是这一课程体系中不可或缺的重要教学环节。通过实验手段,使学生获得检测技术方面的基础知识和基本技能,并能够运用所学理论来分析和解决实际问题。在特别重视科学研究、创新发明的今天,很多高等院校都已经认识到检测技术实验课程的特殊地位,检测技术实验也已经成为一门独立的必修课程。

检测技术实验分为三个层次,即验证性实验、综合性实验和设计性实验。

验证性实验主要是以传感器特性、参数和基本测量模块为主,根据实验目的、实验设备和较详细的实验步骤来验证有关原理和知识,从而巩固和加深理解所学的知识。这类实验开设的目的重点在于帮助学生认识检测技术领域某些现象,掌握检测技术实验的基本知识、实验方法和基本的实验技能。

综合性实验在某种程度上讲是应用型实验,实验内容侧重于某些理论知识的综合应用,其目的是培养学生综合应用所学理论知识解决实际问题的能力。它主要是根据给定的传感器和实验电路,由学生进行部分参数的设计、计算,拟定实验步骤,完成规定的测试任务。

设计性实验既包括综合性实验又包括探究性实验,它主要侧重于理论与实践的结合,例如,独立完成特定功能检测系统的设计、安装和调试等任务;要求学生根据给定的实验题目、内容和要求,选择合适的传感器和检测电路,设计并组装实验系统,拟定调整和测试方案,最后完成检测任务;要求根据课题的要求,独立查阅资料,设计实验方案,完成检测系统的安装、调试等任务,并写出实验报告。

检测技术实验教学任务是:通过课程的教学与实践环节,使学生能掌握各种常见机械、热工等工程量的检测方法和技术;了解目前国内外用于这些工程量测量与控制的常用及先进的各类自动化仪表及系统;培养学生综合运用先修课程及本课程的知识,逐步掌握根据具体检测、控制要求,设计出高性能价格比及先进实用的自动检测、控制仪表及系统的方法与技术。

第2章

实 验 基 础

2.1　实验与实验基本方法

实验是科学研究的基本方法之一,它根据科学研究的目的,尽可能地排除外界的影响,突出主要因素并利用一些专门的仪器设备,使某一些事物(或过程)发生或再现,从而认识自然现象、自然性质、自然规律。

实验,区别于试验,实验是为了解决文化、政治、经济及其社会、自然问题,而在其对应的科学研究中用来检验某种新的假说、假设、原理、理论或者验证某种已经存在的假说、假设、原理、理论而进行的明确、具体、可操作、有数据、有算法、有责任的技术操作行为。通常实验要预设"实验目的"、"实验环境",进行"实验操作",最终以"实验报告"的形式发表"实验结果"。

而"试验"指的是在未知事物,或对别人已知的某种事物而在自己未知的时候,为了了解它的性能或者结果而进行的试探性操作。

在检测技术领域中,常用的实验方法有:

(1) 控制变量法。控制变量法是检测技术实验中常用的探索问题和分析解决问题的科学方法之一,所谓控制变量法是指为了研究被测量与影响它的多个因素中的一个因素的关系,可将除了这个因素以外的其他因素人为地控制起来,使其保持不变,再比较、研究该被测量与该因素之间的关系,得出结论,然后再综合起来得出规律的方法。

(2) 等效替代法。等效替代法是指在研究某一检测原理或方法时,因实验本身的特殊限制或因实验器材等限制,不可以或很难直接揭示其本质,而采取与之相似或有共同特征的等效现象来替代的方法。这种方法若运用恰当,不仅能顺利得出结论,而且容易接受和理解。

(3) 转换法。是当被测量不便于直接测量时,通过转换为容易测量到的与之相等或与之相关联的参量,从而获得结论的方法。

(4) 类比法。类比法是一种推理方法。为了把相关检测原理或方法说清楚明白,往往用具体的、有形的、人们所熟知的事物来类比要说明的那些抽象的、无形的、陌生的事物,通过借助于一个比较熟悉的对象的某些特征,去理解和掌握另一个有相似性的对象的某些特征。

（5）图像法。图像法常用来表示一个量随另一个量的变化关系,很直观。由于检测技术是研究输出电学量随输入参量的变化情况,因此在实验中,运用图像来处理实验数据,探究传感器和检测系统性能的方法被广泛应用。

（6）理想化方法。理想化方法是指通过想象建立模型和进行实验的一种科学方法,包含理想化模型和理想化实验。理想化方法把研究对象的一些次要因素舍去,抓住主要因素,对实际问题进行理想化处理。在检测技术实验中,进行合理的简化,可更加利于发现被测信号的特征。

2.2　检测技术实验基本步骤

检测技术实验一般包括以下步骤:预习——实验操作——实验报告。

1. 实验预习

（1）在进行实验之前,首先要仔细阅读本实验的内容、要求,弄清楚本实验的目的,具体要求是什么;

（2）对于验证性实验,要弄清本实验的传感器、检测装置、检测原理及方法以及用什么仪器等,并估算出实验的预期结果,以便于判断实验结果的正确与否;

对于综合性和设计性实验,要先根据实验任务,选择合理的传感器,设计检测方案,把系统分成若干单元模块并具体设计,写出设计思路和具体步骤,这是顺利做好实验的关键。

（3）进行实验方案设计,包括构思选用何种实验方法、确定测试条件（输入被测量的变化范围、输出信号的波形种类、频率、幅度等）;

（4）写出实验操作的具体步骤,按实验顺序逐条简述;

（5）列出记录数据所需的表格;

（6）简单写出实验中应注意的问题。

根据以上要求,写出相关实验的实验预习报告。

2. 实验操作

（1）根据检测方案,选择传感器和检测系统;

（2）组装检测系统,将传感器、信号调理模块、数据采集模块、信号处理与输出模块、测量仪器等单元连接起来,连线完毕须再次依次检查电源、地线、信号线、通信线等线是否与检测方案一致;

（3）检测系统的初始化调试,调理相关电路和传感器的零位;

（4）按照静态测试和动态测试要求,逐项测试检测系统各项指标,与预期指标项比较,如果出现明显差异,应找出原因或改变单元模块参数重测,并将重测的数据记在表格内,作为原始数据,一般应有两次以上测试记录;

（5）在做测试系统比较复杂的实验时，应注意分级调试，然后再连起来对系统进行整体调试。

3. 实验报告

实验报告主要内容包括：

（1）实验目的和要求；

（2）实验原理；

（3）实验系统构成；

（4）实验步骤；

（5）整理、分析原始实验数据；

（6）数据分析；

（7）讨论。

最后把预习报告和总结报告综合成一本完整的实验报告。

2.3　检测技术实验操作规则与安全

与其他许多实践环节一样，检测技术实验也有它的基本操作规则和安全注意事项。在工程和科研中经常要对检测系统进行安装、调试，因此，要求同学们一开始就应注意培养正确、良好的操作习惯，并逐步积累经验，不断提高实验水平。

1. 检测技术使用操作规则

（1）任何人必须严格遵守实验室的各项规章制度。

（2）严格按照仪器的使用规则正确使用仪器。使用仪器设备时，要认真阅读技术说明书，熟悉技术指标、工作性能、使用方法、注意事项，严格遵照仪器设备使用说明书的规定步骤进行操作。

（3）实验系统合理布局。实验时，各实验对象、单元模块、仪器、计算机之间应按信号流向，并根据连线简洁、调节顺手、观察和读数方便的原则进行合理布局。

（4）正确的接线。严格按照检测系统方案进行正确连线，连线时还应注意：

① 仪器和单元模块之间的连线要用颜色加以区别，以便于检查，如电源线（正极）常用红色，公共地线（负极）常用黑色。接线头要拧紧或夹牢，以防接触不良或因脱落引起短路。

② 各单元模块的公共接地端和各种一般的接地端应连接在一起，既作为电路的参考零点，同时也可避免引入干扰。

③ 对于微弱信号、敏感信号等关键信号，应采用具有金属外套的屏蔽线进行传输，而不能采用普通导线，并且屏蔽线外壳要选择一点接地，否则有可能引进干扰而使测量结果和波形异常。

（5）测试系统通电前，确保供电电压符合仪器设备规定的输入电压值，配有三线电源插头的仪器设备必须插入带有保护接地的供电插座中,保证安全。

（6）使用仪器设备时,输入信号或外接负载应限制在规定范围之内,禁止超载运行。

（7）要养成只有在测试或测量操作时才打开电源,其他情况下及时关掉电源的好习惯。

2. 在实验过程中,要注意安全操作,确保人身和设备安全

（1）在更换元器件、改接线路、调换模块和仪器时必须切断供电电源;仪器设备的外壳应接大地,防止机壳带电。

（2）切忌无目的地随意扳弄仪器面板上的开关和旋钮。

（3）注意设备的安全工作范围,如电压或电流切勿超过最大允许值。当被测量的大小无法估计时,应从仪表的最大量程开始测试,然后逐渐减小量程。

2.4　实验报告的撰写方法

实验报告是按照一定的格式和要求,对实验工作的全面总结和系统的概况。实验报告因实验性质和内容不同,其结构并非千篇一律。

1. 检测技术实验报告构成

（1）实验名称。

每篇报告均应有其名称,应列在报告最前面,使人一看便知该报告的性质与内容。实验名称应简练、准确。

（2）实验目的和要求。

说明为什么进行本次实验,一般情况下需写出三个层次的内容:通过本次实验要掌握什么、熟悉什么和了解什么。有时为了突出主要目的,次要内容可以不写。

（3）实验原理。

对本次实验选用的传感器、检测技术原理、检测方法等进行详细阐述,进一步理解实验的理论背景知识。

（4）实验系统构成。

① 列出本次实验需要用到的设备,包括设备名称、型号,便于了解设备性能和评价实验结果的可信度。

② 实验系统架构,根据系统信号流向设计检测系统,以模块单元为组件进行设计。

③ 设计单元模块,尤其是调理电路模块,将传感器输出转换成可供数据采集器高信噪比采集的信号。

（5）实验步骤。

写出调试方法、步骤和内容等。

（6）整理、分析原始实验数据。

根据仪表量程和精密度确定实验数据的有效数字位数，将原始数据记录在预习报告或实验笔记本上，并对结果进行分析，如果记录不符合预期设计要求，需结合调试步骤修改设计方案，或重新检查单元模块并重做实验。

（7）性能分析。

根据实验原始数据，采用最小二乘法等方法对数据进行处理，挖掘出数据所隐含的规律，给出被测对象和检测系统的相关特性，包括静态特性和动态特性。

（8）讨论。

对实验中遇到的故障和现象进行具体的分析，对实验方法、实验装置等提出改进建议以及回答思考题等。

2. 撰写实验报告的原则

（1）严谨、实事求是。不经重复实验不得任意修改数据，更不得伪造数据；分析问题和得出结论既要从实际出发，又要有理论依据，没有理论分析的报告是不完整的报告，不可照抄书本，应有自己的见解。

（2）实验数据的处理，应按要求保留测量误差和有效数字位数。

（3）采用图、表分析实验结果，图、表的画法要符合规范。

（4）报告的文字、技术术语要简练、准确，实验报告常采用无主语句（因为人们关心的不是哪个人操作，而是如何操作）。

第 3 章　实验数据处理方法

3.1　测量误差

由检测实验系统实现的测量过程是一个变换、放大、比较、显示、读数等环节的综合过程，由于测量手段、测量方法、环境因素和外界干扰等的影响，测量结果总是不能准确地反映被测量的真值而存在一定的偏差，这个偏差就是测量误差。

1. 检测系统(仪器)的基本误差表示形式

（1）绝对误差。检测系统的测量值（即示值）X 与被测量的真值 X_0 之间的代数差值 ΔX 称为检测系统测量值的绝对误差，即

$$\Delta X = X - X_0 \tag{3-1}$$

式中，真值 X_0 可为约定真值，也可是由高精度标准器所测得的相对真值。绝对误差 ΔX 说明了系统示值偏离真值的大小，其值可正可负，具有和被测量相同的量纲。

用高一级标准仪表的示值对检测仪表的测量值加以修正，修正后才可得到被测量的实际值 X_0。

$$X_0 = X - \Delta X = X + C \tag{3-2}$$

式中，数值 C 称为修正值或校正量。修正值与示值的绝对误差数值相等，但符号相反，即

$$C = -\Delta X = X_0 - X \tag{3-3}$$

（2）相对误差。检测系统测量值（即示值）的绝对误差 Δx 与被测参量真值 X_0 的比值，称为检测系统测量（示值）的相对误差 δ，常用百分数表示，即

$$\delta = \frac{\Delta x}{X_0} \times 100\% = \frac{X - X_0}{X_0} \times 100\% \tag{3-4}$$

用相对误差通常比用绝对误差更能说明不同测量的精确程度，一般来说，相对误差值小，其测量精度就高。相对误差是一个量纲为 1 的量，但相对误差只能说明检测系统测量不同数值时的准确程度，不能完全说明检测

系统本身准确程度。

（3）引用误差（又称满度相对误差）。检测系统测量值的绝对误差 Δx 与系统量程 L 之比值，称为检测系统测量值的引用误差 γ，引用误差 γ 通常仍以百分数表示，即

$$\gamma = \frac{\Delta x}{L} \times 100\% \tag{3-5}$$

与相对误差相比，在 γ 的表示式中用量程 L 代替了真值 X_0。使用起来虽然方便，但引用误差的分子仍为绝对误差 Δx；当测量值为检测系统测量范围的不同数值时，各示值的绝对误差 Δx 也可能不同。因此，即使是同一检测系统，其测量范围内的不同示值处的引用误差也不一定相同。为此，可以取引用误差的最大值，既能克服上述不足，又更好地说明了检测系统的测量精度。

（4）最大引用误差（或满度最大引用误差）。在规定的工作条件下，当被测量平稳增加或减少时，在检测系统全量程所有测量值引用误差（绝对值）的最大者，或者说所有测量值中最大绝对误差（绝对值）与量程的比值的百分数，称为该系统的最大引用误差，由符号 $\gamma_{\max}$ 表示

$$\gamma_{\max} = \frac{|\Delta x|}{L} \times 100\% \tag{3-6}$$

通常用最大引用误差来表述检测系统的准确度。它是根据技术条件的要求，规定检测系统的误差不应超过的最大范围。

2. 误差分类

根据测量误差的性质（或出现的规律）、产生测量误差的原因，可将误差分为系统误差、随机误差和粗大误差三类。

（1）系统误差。在相同条件下，多次重复测量同一被测参量时，其测量误差的大小和符号保持不变，或在条件改变时，误差按某一确定的规律变化，这种测量误差称为系统误差。

系统误差产生的原因大体上有：测量所用的工具（仪器、量具等）本身性能不完善或安装、布置、调整不当而产生的误差；在测量过程中因温度、湿度、气压、电磁干扰等环境条件发生变化所产生的误差；因测量方法不完善，或者测量所依据的理论本身不完善等原因所产生的误差；因操作人员视读方式不当造成的读数误差等。总之，系统误差的特征是测量误差出现的有规律性和产生原因的可知性，系统误差产生的原因和变化规律一般可以通过实验和分析查出。因此，系统误差可被设法确定并消除。

测量结果的准确度由系统误差来表征，系统误差越小，则表明测量准确度越高。

（2）随机误差。在相同条件下多次重复测量同一被测参量时，测量误差的大小与符号均无规律变化，这类误差称为随机误差。随机误差主要是由于检测仪器或测量过程中某些未知或无法控制的随机因素（如仪器某些元器件性能不稳定，外界温度、湿度变化，空中电磁波扰动，电网的畸变与波动等）综合作用的结果，随机误差的

变化通常难以预测,因此也无法通过实验方法确定、修正和消除,但是通过足够多的测量比较可以发现随机误差服从某种统计规律(如正态分布、均匀分布、辛普松分布等)。

通常用精密度表征随机误差的大小。精密度越低,随机误差越大;反之,精密度越高,随机误差越小。

(3) 粗大误差。粗大误差是指明显超出规定条件下预期的误差。其特点是误差数值大,明显歪曲了测量结果。粗大误差一般由外界重大干扰或仪器故障或不正确的操作等引起,存在粗大误差的测量值称为异常值或坏值,一般容易发现,发现后应立即剔除。也就是说,正常的测量数据应是剔除了粗大误差的数据,所以我们通常研究的测量结果误差中仅包含系统和随机两类误差。

由于在任何一次测量中,系统误差与随机误差一般都同时存在,所以常按其对测量结果的影响程度分三种情况来处理:系统误差远大于随机误差时,此时仅按系统误差处理;系统误差很小,已经校正,则可仅按随机误差处理;系统误差和随机误差不多时应分别按不同方法来处理。

3. 测量误差抑制或消除措施

在实际测量的过程中,会有许多因素产生测量误差。为了减少或消除误差,应分析产生误差的主要原因,采取相应的措施。一般常采用的措施如下:

(1) 要按测量的要求,合理选择要求的测试仪器(包括准确度、特性指标等);对测试仪表进行定期校准,并给出修正值;特别注意测试仪表的输入阻抗、频带等指标对测量结果的影响,这样可以减少或消除测试仪器带来的系统误差。

(2) 选择合适的测量方法,正确估计方法误差的影响。

(3) 对同一测量对象进行多次测量,取其平均值代表测量值,可以减少或消除随机误差。

(4) 测量者要严格执行操作规程,测量过程中要认真观察、认真记录、严格按仪器说明书的要求进行仪器预热、仪表调零等,以免产生粗大误差。

3.2　测量有效数字

在实验过程中,既要记录数据,又要进行数据的运算,记录时应取几位数字,运算后应保留几位数字,这在实验数据的处理中是一个十分重要的问题。不能认为一个数据中,小数点后面的位数越多,这个数据就越准确;也不能认为计算测量结果中,保留的位数越多,准确度就越高。因为,一个数据不仅是位数多少的问题,还与测量误差大小直接有关。

1. 有效数字概念

正确而有效地表示测量和实验结果的数字,叫做有效数字。它由若干位准确数字和一位欠准数字组成,是指从数据的左边第一个非零数字开始至右边最后一个数字为止所包含的所有数字。有效数字中最后一位数字虽然是欠准的,即存在误差,但它从一定程度上反映了测量值的准确程度,因此也是有效的。例如,测得信号的电压为 0.345V,它是由 3、4、5 三个有效数字表示的,其左边的一个 0 不是有效数字,因为可通过单位变换,将这个数写成 345mV。其末位数字"5",是在测量中估计出来的,是欠准数字。该数据共有 3 位有效位数。

2. 有效数字的运算

有效数字经运算后的位数,应根据误差所在的位置确定,即欠准数字的位置和绝对误差所在的位置一致。在不知道误差的大小时,可根据有效数字的运算规则舍取有效位数。

运算规则包括:

(1)准确数字之间的四则运算结果为准确数字;准确数字和欠准数字或欠准数字之间的运算结果为欠准数字,但运算进位的数字可以是准确数字。

具体来说,几个数相加减时,结果的有效数字在小数点以后的位数和参与运算的各数中小数点以后位数最少的相同;几个数相乘除时,结果的有效位数和参与运算的各数中有效数字位数最少的相同。

对于乘法运算,结果有时可多保留一位,除法运算有时可少保留一位,以便防止在多次运算过程中因舍取而带来附加误差。

(2)在运算途中应暂时多保留一位,但运算到最后仍只取一位欠准数字,去掉第二位欠准数字时用四舍五入法。

例 3.1:$2.1475+3.2945+0.025+4.305$。

应首先进行变换:$2.148+3.295+0.025+4.305$

得结果为 9.773。

例 3.2:$2.1475\times3.2945\times0.025\times4.305$。

应首先进行变换:$2.1\times3.3\times0.025\times4.3$

得结果为 0.74。

说明:如果乘法运算,有效数字位数最少数据的第一位数是 8 或 9,则其他数据的有效位数应多记一位。

3.3　实验数据的记录

在实验过程中,对测量结果的数字记录有严格的要求,在测量中判断哪些数应该记或不该记,标准是误差。有误差的那位数字之前的各位数字都是可靠数字,均应记;有误差的那位数字为欠准数,也应记;而有误差的那位数字后面的各位数字都是不确定的,是无意义的,都不应该记。因此,从第一位非零数字起到那位欠准数字止的所有各位数字都为有效数字。

例如,测量一个电阻,记录其值为 10.43Ω,其中 1、0、4、3 是四位有效数字。 又如测量一个电压,记录其值为 0.0063V,只有 6、3 两位为有效数字。再如,测量一电流,记录其值为 1000mA,是四位有效数字,若以 A 为单位记录此数,应记为 1.000A,不能写为 1A。

用有效数字记录测量结果时应注意以下几点:

(1) 用有效数字来表示测量结果时,可以从有效数字的位数估计测量的误差。一般规定误差不超过有效数字末位单位数字的一半。例如,测量结果记为 1.000A,小数点后三位为末位有效数字,其单位数字为 0.001A,单位数字的一半即 0.0005A,测量误差可能为正或负,所以 1.000A 这一记法表示测量误差为 $\pm0.0005A$。由此可见,记录测量的结果有严格的要求,不要少记有效数字位数,少记会带来附加误差;也不能多记有效位数,多记夸大了测量精度。

(2) 有效数字不能因为采用的单位不同而增或减,如 1.000A,用 mA 为单位,则记为 1000mA,两者均为四位有效数字;又如,有一测量结果记为 1A,它是一位有效数字,若欲用 mA 为单位,不能记为 1000mA,因为 1000 是四位有效数字,这样记夸大了测量精度,这时应记为 1×10^3 mA,它仍是一位有效数字;再如,一个记录数字为 $13.5\times10^5\Omega$,它表示有三位有效数字,若用 $k\Omega$ 为单位,应记为 13.5×10^2 $k\Omega$,不能记为 $1350k\Omega$。总之,单位变化时,有效位数不应变化。

在实验中记录有效数字时应遵循如下规定:

(1) 应只保留一位欠准数字。

(2) 有效数字的位数与小数点无关。

(3) "0"在数字之间或数字之末算作有效数字。

(4) 大数值与小数值为保证有效位数,要用幂的乘积形式来表示。

(5) 表示误差时,一般只取一位有效数字,最多取两位。如 $\pm1\%$,$\pm2.5\%$等。

例如,用一块 0.5 级的电压表的 100V 量程进行测量,指示值为 94.35V,试确定有效数字的位数。

该量程的最大绝对误差为

$$\Delta x =\pm 100 \times 0.5\% =\pm 0.5V$$

可见,示值范围为 93.85V~94.85V,因为误差是 0.5V,所以此数据的末位数应为整数,又因为末尾的 0.35<0.5V,所以,不标注误差的数值应为 94V。一般习惯是结果数据的末位与绝对误差对齐,因此结果可写成 94.4V。

3.4　实验数据处理的基本方法

1. 数据处理的基本方法分类

实验数据的处理方法通常有方程法、列表法、图示法三种。

方程法是由实验数据总结出各量之间的函数关系,并用方程式(公式)表示这种关系。这一方程式常称为经验公式,全部测量数据点都应基本满足此经验公式。

在很多情况下,检测系统的输入输出关系很难用一个解析函数表示,或者没有必要得出函数表达式,例如热敏电阻在宽温范围内的特性曲线。此时,常常用列表法和图示法进行数据处理。

列表法是把一组实验数据按一定顺序一一对应地列出来,这样形成的数据表格简单明了,易于寻找规律,所以是实验中常使用的一种方法。

图示法是依据实验数据将检测系统输出量与被测量之间的关系绘制成曲线。用曲线表示比较直观形象,能够显示出数据的最大值、最小值、转折点、周期性等,还可以从中总结出经验公式,所以图示法是应用最多的一种方法。

2. 图示法处理

(1) 选用合适的坐标纸、确定坐标轴,把实验数据记录表中的有效数据标注在坐标系中。

(2) 从包含各种测量误差的数据中确定出一条较理想的平滑曲线。

由于各种误差的影响,测量数据将出现离散现象。如果将各数据点依次连接起来所构成的曲线将呈现出折线状,不是一条光滑的曲线。由多段折线段构成的曲线不能真实地反映各物理量之间的准确关系,因此就需要从包含各种测量误差的数据中确定出一条较理想的平滑曲线。

(3) 为了保证所绘制的曲线能正确地反映测量的精度,对测量点的数目及分布应有一定的要求。

对于测量数据变化较大处,x 轴的间隔应加密一些,以更好地显示曲线的细节;对于个别离群数据点,应在离群数据点及附近补做测量,以确定离群数据点是粗大误差还是测量点数过于粗略造成的。

(4) 当坐标变量变化很宽时,往往采用对数坐标以压缩图幅。

3. 数据处理的注意点

(1) 在实验前进行预习,预估测量数据的规律,做到心中有数,可以分析实验数据的可靠性。

(2) 如果时间允许,每个参数多测量几遍,以便判断出实验中误差产生的原因,提高测量的准确性。

(3) 在测量中,可以根据实验误差的要求,预先确定测量数据应该保留的小数位数,不能过多,也不能过少,以免增大实验误差或者夸大测量的精确度。

(4) 正确估价方法误差的影响,对于检测技术中的许多公式是近似公式,这将带来方法误差。

(5) 应注意剔除粗大误差。在实验中,诸如仪器没有校准、没有调零、对弱信号引线过长、没有使用屏蔽线等都会带来较大的误差,在数据处理中,应该注意找出那些误差过大的数据予以剔除,尽量使测量结果更加准确一些。

3.5　检测系统主要特性测定与性能指标计算

检测系统的主要特性可分为静态特性和动态特性,对于被测参量为静态量或准静态量,采用检测系统的静态特性参数来表示、分析和处理;对于被测量为动态量,需采用检测系统的动态特性来表示、分析和处理。

系统的静态、动态特性,是通过对检测系统施加各种激励信号,分析其响应,进而测定系统的主要技术指标。一般情况下,检测系统的静态特性与动态特性是相互关联的,如检测系统的静态特性会影响动态条件下的测量。但为便于分析讨论,通常把静态特性与动态特性分开讨论,如把造成动态误差的非线性因素作为静态特性处理,或在列运动方程时,忽略非线性因素,简化为线性微分方程。这样可使许多非常复杂的非线性工程测量问题大大简化,虽然会因此而增加一定的误差,但是绝大多数情况下此项误差与测量结果中含有的其他误差相比都是可以忽略的。

1. 检测系统的实际静态特性曲线的测定

在静态标准条件下,采用更高精度等级(其测量允许误差小于被校检测系统允许误差的 1/3)的标准设备,同时对同一输入量进行对比测量,重复多次(不少于 3 次)进行全量程逐级地加载和卸载测量,全量程的逐级加载是指输入值从最小值逐渐等间隔地加大到满量程值;逐级卸载是指输入值从满量程值逐渐等间隔地减小到最小值。加载测量又称为正行程或进程,卸载测量称为反行程或回程。进行一次逐级加载和卸载就可以得到一条与输入值相对应的输出信号的记录曲线,此曲线即为校准曲线。

一般用多次校准曲线的平均值作为其静态特性曲线,将校准所得的一系列输入 x_i、输出 $y(x_i)$ 数据进行拟合,得到该被校检测系统的具体静态特性方程。经处理后获得被校检测系统全量程的一系列输入输出数据,并据此绘制出的曲线称为检测系统的实际静态校准曲线,也称为实际静态特性曲线。由实测确定检测系统输入和输出关系的过程称为静态校准或静态标定。

在对检测系统进行静态特性标定、测量时应满足一般静态校准的环境条件:环境温度(20±5)℃,湿度不大于 85%,大气压力为(101.3±8)kPa,没有振动和冲击等,否则将影响校准的准确度。

2. 主要静态性能指标的计算

衡量检测系统静态特性的主要参数是指测量范围、精度等级、灵敏度、线性度、滞环、重复性、分辨力、灵敏限、可靠性等。

(1) 测量范围

每个用于测量的检测仪器都有其确定的测量范围,它是检测仪器按规定的精度对被测变量进行测量的允许范围。测量范围的最小值和最大值分别称为测量下限

和测量上限,简称下限和上限。量程可以用来表示其测量范围的大小,用其测量上限值与下限值的代数差来表示,即

$$量程 = |测量上限值 - 测量下限值|\qquad(3-7)$$

（2）灵敏度

灵敏度是指测量系统在静态测量时,输出量的增量与输入量的增量之比,即

$$S = \lim_{\Delta x \to 0}\left(\frac{\Delta y}{\Delta x}\right) = \frac{\mathrm{d}y}{\mathrm{d}x}\qquad(3-8)$$

对线性测量系统来说,灵敏度为

$$S = \frac{y}{x} = K = \frac{m_y}{m_x}\tan\theta\qquad(3-9)$$

亦即线性测量系统的灵敏度是常数,可由静态特性曲线（直线）的斜率来求得,如图 3-1(a)所示。式中,m_y、m_x 为 y 和 x 轴的比例尺;θ 为相应点切线与 x 轴间的夹角。非线性测量系统的灵敏度是变化的,如图 3-1(b)所示。

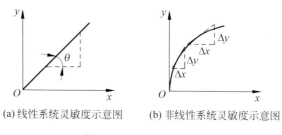

(a)线性系统灵敏度示意图　　(b)非线性系统灵敏度示意图

图 3-1　灵敏度示意图

对非线性测量系统来说,其灵敏度由静态特性曲线上各点的斜率来决定。

灵敏度的量纲是输出量的量纲和输入量的量纲之比。

（3）线性度

线性度通常也称为非线性,理想的测量系统,其静态特性曲线是一条直线。但实际测量系统的输入与输出曲线并不是一条理想的直线。线性度就是反映测量系统实际输出输入关系曲线与据此拟合的理想直线 $y(x) = a_0 + a_1 x$ 的偏离程度。通常用最大非线性引用误差来表示,即

$$\delta_{\mathrm{L}} = \frac{|\Delta L_{\max}|}{Y_{\mathrm{FS}}} \times 100\%\qquad(3-10)$$

式中,δ_{L} 为线性度;$\Delta L_{\max}$ 为校准曲线与拟合直线之间的最大偏差;Y_{FS} 为以拟合直线方程计算得到的满量程输出值。

由于最大偏差 $\Delta L_{\max}$ 是以拟合直线为基准计算的,因此拟合直线确定的方法不同,则 $\Delta L_{\max}$ 不同,测量系统线性度 δ_{L} 也不同。所以,在表示线性度时应注意要同时说明具体采用的拟合方法。选择拟合直线,通常以全量程多数测量点的非线性误差都相对较小的为佳,实际工程中多采用理论线性度和最小二乘法线性度。

① 理论线性度及其拟合直线。理论线性度也称绝对线性度,它以测量系统静态理想特性 $y(x) = kx$ 作为拟合直线,如图 3-2 中的直线 1（曲线 2 为系统全量程多次

重复测量平均后获得的实际输出输入关系曲线;曲线 3 为系统全量程多次重复测量平均后获得的实际测量数据,采用最小二乘法方法拟合得到的直线)。此方法优点是简单、方便和直观;缺点是多数测量点的非线性误差相对都较大(ΔL_1 为该直线与实际曲线在某点的偏差值)。

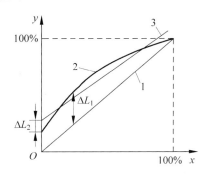

图 3-2　最小二乘和理论线性度及其拟合直线

② 最小二乘线性度及其拟合直线。最小二乘法方法拟合直线方程为 $y(x)=a_0+a_1x$,如何科学、合理地确定系数 a_0 和 a_1 是解决问题的关键。设测量系统实际输出输入关系曲线上某点的输入、输出分别为 x_i、y_i,在输入同为 x_i 情况下,最小二乘法拟合直线上得到输出值为 $y(x_i)=a_0+a_1x_i$,两者的偏差为

$$\Delta L_i = y(x_i) - y_i = (a_0 + a_1 x_i) - y_i \tag{3-11}$$

最小二乘拟合直线的原则是使确定的 N 个特征测量点的均方差为最小值,因

$$\frac{1}{N}\sum_{i=1}^{N}\Delta L_i^2 = \frac{1}{N}\sum_{i=1}^{N}[(a_0 + a_1 x_i) - y_i]^2 = f(a_0, a_1) \tag{3-12}$$

因此必有 $f(a_0, a_1)$ 对 a_0 和 a_1 的偏导数为零,即

$$\frac{\partial f(a_0, a_1)}{\partial a_0} = 0$$
$$\frac{\partial f(a_0, a_1)}{\partial a_1} = 0 \tag{3-13}$$

把 $f(a_0, a_1)$ 的表达式代入上述两方程,整理可得到关于最小二乘拟合直线的待定系数 a_0 和 a_1 的两个表达式

$$a_0 = \frac{\left(\sum_{i=1}^{N} x_i^2\right)\left(\sum_{i=1}^{N} y_i\right) - \left(\sum_{i=1}^{N} x_i\right)\left(\sum_{i=1}^{N} x_i y_i\right)}{N\sum_{i=1}^{N} x_i^2 - \left(\sum_{i=1}^{N} x_i\right)^2} \tag{3-14}$$

$$a_1 = \frac{N\sum_{i=1}^{N} x_i y_i - \left(\sum_{i=1}^{N} x_i\right)\left(\sum_{i=1}^{N} y_i\right)}{N\sum_{i=1}^{N} x_i^2 - \left(\sum_{i=1}^{N} x_i\right)^2} \tag{3-15}$$

(4) 迟滞

迟滞,又称滞环,它说明检测系统的正向(输入量增大)和反向(输入量减少)输

入时输出特性的不一致程度,亦即对应于同一大小的输入信号,检测系统在正、反行程时的输出信号的数值不相等程度,如图 3-3 所示。

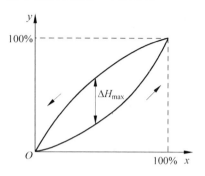

图 3-3　迟滞特性示意图

迟滞误差通常用最大迟滞引用误差来表示,即

$$\delta_{\mathrm{H}} = \frac{\Delta H_{\max}}{Y_{\mathrm{FS}}} \times 100\% \tag{3-16}$$

式中,δ_{H} 为最大迟滞引用误差;$\Delta H_{\max}$ 为(输入量相同时)正反行程输出之间的最大绝对偏差;Y_{FS} 为测量系统满量程值。

在多次重复测量时,应以正反程输出量平均值间的最大迟滞差值来计算。迟滞误差通常是由于弹性元件、磁性元件以及摩擦、间隙等原因所引起的,一般需通过具体实测才能确定。

（5）重复性

重复性表示检测系统在输入量按同一方向(同为正行程或同为反行程)作全量程连续多次变动时所得特性曲线的不一致程度,如图 3-4 所示。

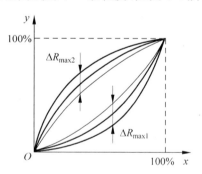

图 3-4　检测系统重复性示意图

特性曲线一致好,重复性就好,误差也小。重复性误差是属于随机误差性质的,测量数据的离散程度是与随机误差的精密度相关的,因此应该根据标准偏差来计算重复性指标。重复性误差 δ_{R} 为

$$\delta_{\mathrm{R}} = \frac{z\sigma_{\max}}{Y_{\mathrm{FS}}} \times 100\% \tag{3-17}$$

式中,δ_{R} 为重复性误差;z 为置信系数,对正态分布,当 z 取 2 时,置信概率为 95%,z

取 3 时,概率为 99.73%,对测量点和样本数较少时,可按 t 分布表选取所需置信概率所对应的置信系数;σ_{max} 为正、反向各测量点标准偏差的最大值;Y_{FS} 为测量系统满量程值。式中标准偏差 σ_{max} 的计算方法可按贝塞尔公式计算,按贝塞尔公式计算,通常应先算出各个校准级上的正、反行程的子样标准偏差,即

$$\sigma_{zj} = \sqrt{\frac{1}{n-1}\sum_{i=1}^{n}(y_{zi}-y_{zj})^2} \qquad (3-18)$$

$$\sigma_{Fj} = \sqrt{\frac{1}{n-1}\sum_{i=1}^{n}(y_{Fi}-y_{Fj})^2} \qquad (3-19)$$

式中,σ_{zj}、σ_{Fj} 为第 j 次测量正行程和反行程测量数据的子样标准偏差($j=1,2,\cdots,m$);y_{zi}、y_{Fi} 为第 j 次测量上正行程和反行程的第 i 个测量数据($i=1,2,\cdots,n$);$\bar{y}_{zj}$、$\bar{y}_{Fj}$ 为第 j 次测量上正行程和反行程测量数据的算术平均值。

取上述 σ_{zj}、σ_{Fj}(正反行程 σ 共 $2m$ 个测量点)中的最大值 σ_{max} 及所选置信系数和量程便可得到测量系统的重复性误差 δ_R。

(6) 分辨力

能引起输出量发生变化时输入量的最小变化量称为检测系统的分辨力,许多测量系统在全量程范围内各测量点的分辨力并不相同,为统一,常用全量程中能引起输出变化的各点最小输入量中的最大值 ΔX_{max} 相对满量程输出值的百分数来表示系统的分辨力,即

$$k = \frac{\Delta X_{max}}{Y_{FS}} \qquad (3-20)$$

(7) 死区

死区又叫失灵区、钝感区、阈值等,它指检测系统在量程零点(或起始点)处能引起输出量发生变化的最小输入量。

第4章

虚拟仪器及设计

在检测技术实验中,常用的实验仪器包括万用表、示波器、信号发生器、直流稳压电源、瞬态记录仪、频率计以及虚拟仪器等。其中万用表、示波器、信号发生器、直流稳压电源、瞬态记录仪和频率计在如大学物理实验、电路实验、模拟电路实验、信号与系统实验等实践课程中大量用到,本教程不再赘述。

虚拟仪器因其实现检测系统方案的便捷性、可扩展性、开放性及互操作性等均大大优于传统独立式检测系统,在现代智能化检测系统中应用越来越多。为适应现代检测技术的发展趋势,给学生创造更多的独立科研的训练,本实验教程的选题除少数演示性和验证性实验外,均基于虚拟仪器技术构成现代检测实验系统,由 NI 公司的 myDAQ 数据采集器实时采集传感器经调理电路的输出信号,传输给 PC,再由 PC 通过如 LabView 等软件实现数据处理、分析,并显示输出瞬时值和历史曲线,同时实时给出测试系统的各种特性参数。

4.1 虚拟仪器介绍

随着微电子、计算机、网络和通信技术的飞速发展,仪器技术领域发生了巨大的变化,美国国家仪器公司(National Instruments,NI)于 20 世纪 80 年代中期首先提出了基于计算机技术的虚拟仪器(Virtual Instruments,VI)概念,把虚拟测试技术带入新的发展时期,随后研制和推出了基于多种总线系统的虚拟仪器。

虚拟仪器实际上就是一种基于计算机的数字化测量测试仪器,采用计算机开放体系结构取代传统的单机测量仪器,能对各种各样的数据进行计算机处理、显示和存储。基于虚拟仪器的数据测试系统,可使用相同的硬件系统,通过软件实现不同的测量测试功能。所以,软件技术是虚拟仪器的核心技术,软件可以定义为各种仪器,即"软件就是仪器"。常用的虚拟仪器用开发软件有 LabVIEW、LabWindows/CVI、VEE 等,其中以 LabVIEW 应用最多,在高校科研院所使用也最广泛。

虚拟仪器的硬件基础是数据采集器,在众多的数据采集器中,NI myDAQ

是一款专为高校学生的验证性、综合性、设计性实验而设计的,内部包含一套齐全的虚拟仪器组件,目前在高校的实验课程教学中应用越来越多,本实验教程采用 NI 公司的 myDAQ 数据采集器进行实验系统配置。

4.2　myDAQ 虚拟仪器硬件

NI myDAQ 连线框图如图 4-1 所示,NI myDAQ 与计算机之间采用 USB 通信。

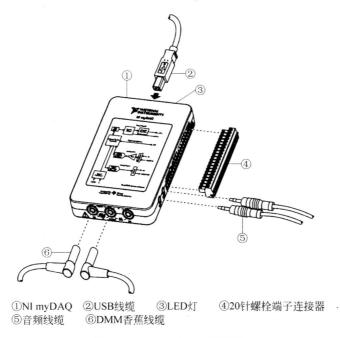

①NI myDAQ　②USB线缆　③LED灯　④20针螺栓端子连接器
⑤音频线缆　⑥DMM香蕉线缆

图 4-1　NI myDAQ 连线框图

NI myDAQ 有两个差分模拟输入和模拟输出通道、八路数字输入和输出通道、+5V 和 +/−15V 电源输出通道以及 DMM(数字万用表)通道,其结构示意图如图 4-2 和图 4-3 所示。

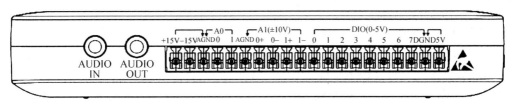

图 4-2　NI myDAQ 20 针螺栓端子 I/O 连接器

该平台包含一个数据采集引擎,其硬件原理框图如图 4-4 所示。

NI myDAQ 的硬件资源有:

(1) 模拟输入(AI)。NI myDAQ 有两个模拟输入通道,可配置为通用高阻抗差

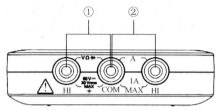

①电压/电阻/二极管/连续性连接器
②电流连接器

图 4-3　　NI myDAQ DMM 测量连接图

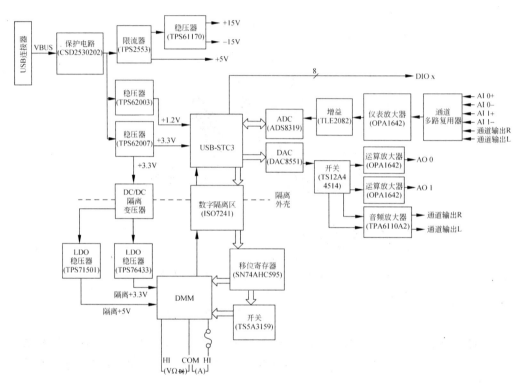

图 4-4　　NI myDAQ 硬件原理框图

分电压输入或音频输入。模拟输入为多路复用,即通过一个模数转换器(ADC)对两个通道进行采样。在通用模式下,测量信号范围为 ±10V;在音频模式下,两个通道分别表示左右立体声通道电平输入。每通道可测量的模拟输入采样率高达 200kS/s,对于波形采集非常有用。模拟输入可用于 NI ELVISmx 示波器、动态信号分析仪和 Bode 分析仪。

(2)模拟输出(AO)。NI myDAQ 有两个模拟输出通道,可配置为通用电压输出或音频输出。两通道均带一个专用数模转换器(DAC),可进行同步更新。在通用模式下,生成信号范围为 ±10V;在音频模式下,两个通道分别表示左右立体声信号输出。

（3）数字输入输出（DIO）。NI myDAQ 有 8 个 DIO 数字通道。每个通道都是一个可编程函数接口（PFI），即通道可配置为通用软件定时的数字输入或输出，也可用作数字计数器的特殊函数输入或输出。

（4）电源。NI myDAQ 有 3 个可供使用的电源。＋15V 和－15V 为模拟组件电源，如运算放大器和线性稳压器等。＋5V 为数字组件电源，如逻辑设备等。电源、模拟输出和数字输出的总功率限制为 500mW（常规值）/100mW（最小值）。要计算电源的总功耗，可使用每段电压的输出电压乘以该段负载电流并求和；要计算数字输出功耗，用负载电流乘以 3.3V；要计算模拟输出功耗，用负载电流乘以 15V。使用音频输出时，从总功率估值中减去 100mW。

4.3　NI myDAQ 虚拟仪器应用

使用 NI myDAQ 配合编程软件可以实现数字万用表（DMM）、示波器、函数发生器、任意波形发生器、Bode 分析仪、动态信号分析仪等仪器功能，NI 公司已经提供了相应虚拟仪器的相关软件程序。下面列举一下使用 NI myDAQ 构建数字万用表的方法。

安装 NI 公司提供的 NI myDAQ 设备驱动，并连接设备，打开 NI ELVISmx DMM 上位机软件，如图 4-5 所示，通过上位机软件的按钮可以选择不同的测量类型、量程、偏置以及采样方式。

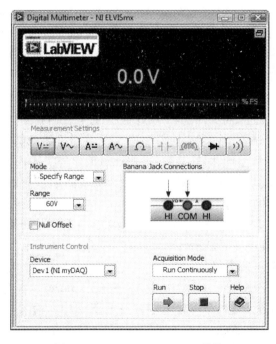

图 4-5　NI ELVISmx DMM 软件

NI ELVISmx 数字万用表(DMM)是一个独立的仪器,该仪器可完成以下任务:

(1) 电压测量(DC 和 AC);

(2) 电流测量(DC 和 AC);

(3) 电阻测量;

(4) 二极管测试;

(5) 音频连续性测试。

仪器的测量参数如下:

(1) DC 电压:60V、20V、2V 和 200mV 量程;

(2) AC 电压:20V、2V 和 200mV 量程;

(3) DC 电流:1A、200mA 和 20mA 量程;

(4) AC 电流:1A、200mA 和 20mA 量程;

(5) 电阻:20MΩ、2MΩ、200kΩ、20kΩ、2kΩ 和 200Ω 量程;

(6) 二极管:2V 量程;

(7) 分辨率(显示的有效位数):3.5。

4.4 虚拟仪器软件设计

软件技术是虚拟仪器的核心技术,常用的仪器用开发软件有 LabWindows/CVI、VEE、LabVIEW 等,其中以 LabVIEW 应用最为广泛。

LabVIEW(Laboratory Virtual Instrument Engineering Workbench)由美国国家仪器公司研制开发,是一种用图标代替文本行创建应用程序的图形化编程语言。LabVIEW 在测试、测量和自动化等领域具有最大的优势,因为 LabVIEW 提供了大量的工具与函数用于数据采集、分析、显示和存储。用户可以在数分钟内完成一套完整的从仪器连接、数据采集到分析、显示和存储的自动化测试测量系统,它被广泛地应用于汽车、通信、航天航空、半导体、电子设计生产、过程控制和生物医学等各个领域。

本教程实验均通过 LabVIEW 软件编程实现虚拟仪器功能,包括虚拟直流电压表、虚拟交流电压表、频率计、时间计数器、双通道波形采集器、FFT 分析仪等功能。

下面以基于 NI myDAQ 和 LabVIEW 的"直流电压表为例"介绍虚拟仪器设计方法。

第一步:控件布局。

打开 LabVIEW 软件,在前面板的控制模板中拖入 Numeric Indicator 控件、Meter 控件,同时修改控件的显示名称以及布局,如图 4-6 所示。

第二步:添加电压采集任务。

打开 NI MAX(Measurement & Automation Explorer),右击 NI-DAQmx 任务,创建新任务,选择菜单采集信号→模拟输入→电压→AI0,输入名称"电压采集"。然后,打开流程图,拖入 DAQmx Task Name 控件、DAQmx Read. vi 控件,同时将 DAQmx Task Name 控件通道选为"电压采集",并进行连线,如图 4-7 所示。此时,虚拟直流电压表软件设计完成。

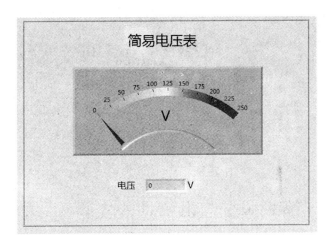

图 4-6　"简易电压表"前面板图

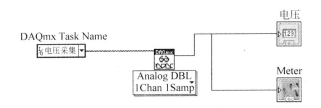

图 4-7　"简易电压表"前面板流程图

第三步：电路连接，运行。

将需要采集的直流电压接入 NI myDAQ 的 AI0 通道，并运行虚拟直流电压表，即可实现电压的采集和显示。

由以上步骤可以看出，使用 LabVIEW 进行虚拟仪器软件设计非常方便、快捷。本实验教程中的虚拟仪器均基于以上步骤实现，再采集到相应电学量以后，根据相关转换表格或公式即可转换成相应的被测参量量值。

第 5 章

传感器原理实验

5.1 箔式应变片电桥性能实验

一、实验目的

1. 了解金属箔式应变片的应变效应；
2. 掌握基于单臂电桥的信号调理电路工作原理及性能。

二、实验内容与要求

利用金属箔式应变片电桥、放大器等器件组成应变式传感器系统（简易电子秤），将砝码加在托盘上，产生不同压力，由数据采集器采集信号调理电路的输出电压，输出给 PC，通过虚拟仪器软件分析砝码产生的重力与输出电压之间的关系，并分析单臂电桥的静态特性。

三、实验基本原理

1. 金属箔式电阻应变传感器工作原理

金属箔式应变片电阻应变式传感器是利用电阻应变片将应变转换为电阻的变化，实现电测非电量的传感器。传感器由在不同的弹性元件上粘贴电阻应变敏感元件构成，当压力作用在弹性元件上时，弹性元件的变形引起应变敏感元件阻值变化，通过转换电路将阻值的变化转变成电量输出，电量变化的大小则反映了被测物理量的大小。应变式电阻传感器是目前在测量力、力矩、压力、加速度、重量等参数中应用最广泛的传感器之一。

研究发现，在外界力的作用下，将引起金属或半导体材料发生机械变形，其电阻值将会相应发生变化，这种现象称为"电阻应变效应"。

如图 5-1 所示的一段导体,长为 L,截面积为 S,电阻率为 ρ,未受力时的电阻为

$$R = \rho \frac{L}{S} \qquad (5\text{-}1)$$

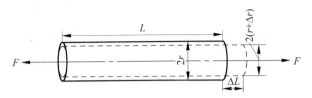

图 5-1　导体受力作用后几何尺寸发生变化

电阻丝在外力 F 作用下将会被拉伸或压缩,导体的长度 L、截面积 S 及电阻率 ρ 等均将发生变化,从而导致导体电阻产生如下变化

$$\frac{\mathrm{d}R}{R} = (1 + 2\mu)\varepsilon + \frac{\mathrm{d}\rho}{\rho} \qquad (5\text{-}2)$$

式中,ε 为轴向应变;μ 为电阻丝材料的泊松系数。

金属箔式应变传感器就是将外力 F 转换为输出电阻变化量的变换装置。

2. 单臂电桥信号调理电路工作原理

电阻应变传感器把机械应变信号转换成电阻变化后,由于应变量及其应变电阻变化一般都很微小,既难以直接精确测量,又不便直接处理。因此,必须采用转换电路或仪器,把应变电阻变化转换成电压或电流变化。电桥电路是目前广泛用作电阻应变传感器的测量电路。

典型的阻抗应变电桥如图 5-2 所示,四个桥臂电阻 R_1、R_2、R_3、R_4 按顺时针为序,ac 为电源端,bd 为输出端。当桥臂接入应变计时,即称为应变电桥。当一个臂、二个臂甚至四个臂接入应变电阻传感器时,就相应构成了单臂、双臂和全臂工作电桥。其中,单臂电桥是实现电阻检测的常用电路,其工作原理如图 5-3 所示,一个桥臂上为电阻应变片,其他桥臂上为固定电阻。

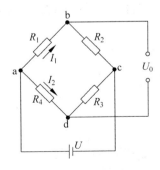

图 5-2　直流电桥

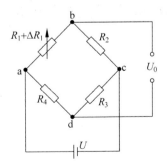

图 5-3　单臂电桥原理图

设 R_1 为电阻应变片,R_2、R_3 和 R_4 为固定电阻。设应变片未承受应变时阻值为 R_1,电桥处于平衡状态,即满足 $R_1 R_3 = R_2 R_4$,电桥输出电压为 0;当承受应变时,应

变片产生 ΔR_1 的变化，R_1 的实际阻值变为 $R_1 + \Delta R_1$，电桥不平衡，输出电压为

$$U_0 = U \cdot \frac{(R_1 + \Delta R_1)R_3 - R_2 R_4}{(R_1 + \Delta R_1 + R_2)(R_3 + R_4)} = U \cdot \frac{\Delta R_1 / R_1}{\left(1 + \frac{\Delta R_1}{R_1} + \frac{R_2}{R_1}\right)\left(1 + \frac{R_4}{R_3}\right)} \quad (5\text{-}3)$$

令桥臂比 $\dfrac{R_2}{R_1} = \dfrac{R_3}{R_4} = n$，因 $\Delta R_1 \ll R_1$，略去分母中的小项 $\dfrac{\Delta R_1}{R_1}$，则有

$$U_0 = U \cdot \frac{n}{(1+n)^2} \cdot \frac{\Delta R_1}{R_1} \overset{\triangle}{=} K_u \cdot \frac{\Delta R_1}{R_1} \quad (5\text{-}4)$$

当 $n=1$ 时，有

$$U_0 = \frac{U}{4} \cdot \frac{\Delta R_1}{R_1} \quad (5\text{-}5)$$

四、实验系统组建与设备连接

1. 实验仪器与器材

弹性梁应变实验台架	1 套
金属箔式应变传感器 ZHF1000-1.5AA	1 套
电桥调理电路模块	1 套
稳压电源(±15V、±5V)	1 套
砝码	1 套
myDAQ 数据采集器	1 套
PC	1 台
导线	若干

2. 实验设备介绍

（1）金属箔式应变传感器

应变片 R_1、R_2、R_3、R_4 均选用 1000Ω 应变片 ZHF1000-1.5AA，结构如图 5-4 所示。

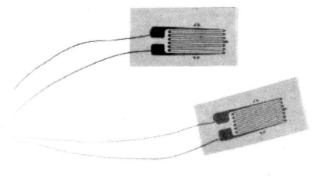

图 5-4　应变片 ZHF1000-1.5AA 外形(含引线)

本实验用金属应变片固定在弹性体(悬臂梁)的上下方,按照横、竖方向各固定两个应变片,如图 5-5 所示,各应变片的输出导线可接入信号调理模块。在不受外力作用时,四个应变片阻值相同,即 $R_1=R_2=R_3=R_4=1000\Omega$。

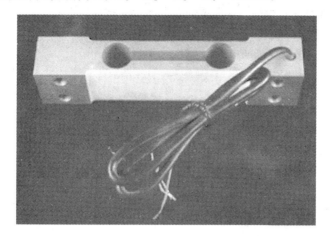

图 5-5　应变式传感器安装示意图

(2) 压力传感器支架

压力传感器支架如图 5-6 所示,板面积 150×100mm,安装孔距为 130mm。

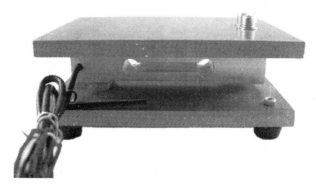

图 5-6　压力传感器支架

将传感器置于两块板之间,用内六角螺丝将板与平行梁传感器固定牢靠。上面的板固定传感器的一段,下面的板固定传感器的另一端。固定时上下平板与传感器之间要加上预先准备好的垫片,使传感器悬空测力。最后分别将垫脚等部件固定好完成传感器的安装。

3. 实验系统设备连接

实验系统设备连接如图 5-7 所示。

单臂电桥调理电路模块电路如图 5-8 所示,将应变式传感器的其中一个应变片 R_1 接入电桥作为一个桥臂 R_{1x} 与 R_5、R_6、R_7 组成直流电桥(R_5、R_6、R_7 在信号调理模块内已接好)。

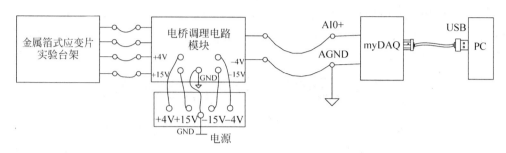

图 5-7　实验系统设备连接图

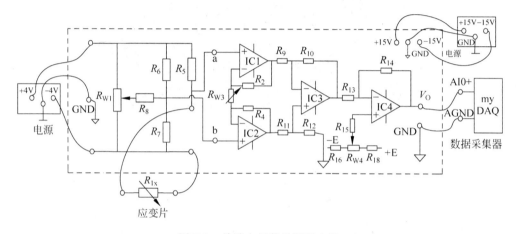

图 5-8　单臂电桥信号调理电路

五、实验步骤

1. 运行虚拟仪器

（1）按图 5-7 连接金属箔式应变片实验台架、单臂电桥信号调理模块、myDAQ 数据采集器、PC，其中单臂电桥信号调理板输出 V_O、GND 分别连接到 myDAQ 数据采集器的模拟输入端子 AI0＋、AGND；

（2）在 PC 上运行虚拟仪器的电压表功能。

2. 调理模块放大器调零

（1）按图 5-7 将应变式传感器的其中一个应变片 R_1（即模板左上方的 R_1）接入电桥作为一个桥臂与 R_5、R_6、R_7 接成直流电桥（R_5、R_6、R_7 模块内已接好）。

（2）将信号调理电路上放大器的两输入端口 a、b 引线暂时脱开，再用导线将两输入端短接（$V_i＝0$）。

（3）调节放大器的增益电位器 R_{W3} 到中间位置（先逆时针旋到底，再顺时针旋转两圈）。

（4）模块供电，调节信号调理模块上放大器的调零电位器 R_{W4}，使虚拟电压表显示为零。

3. 电桥调零

拆去放大器输入端口的短接线，将暂时脱开的引线复原。调节信号调理模块上的桥路平衡电位器 R_{W1}，使虚拟电压表显示为零。

4. 实验记录

在应变传感器的托盘上放置一只砝码（每只 20g），读取虚拟电压表数值，按照正行程和反行程依次增加和减少砝码并读取相应的虚拟电压值。

如此正反行程重复测量 3 组，记下实验结果填入表 5-1 中。

实验完毕，关闭电源。

六、实验数据记录

表 5-1　单臂电桥实验数据

重量(g)									
电压(mV)									
重量(g)									
电压(mV)									
重量(g)									
电压(mV)									

七、实验数据处理与分析

1. 根据表 5-1 的实验数据画出单臂电桥静态曲线。
2. 计算分析单臂电桥的线性度、灵敏度。

八、实验报告要求

实验报告主要内容包括：

（1）实验目的和要求；

（2）实验原理；

（3）实验系统构成；

（4）实验步骤；

（5）整理、分析原始实验数据；

（6）数据分析；

（7）讨论。

九、思考题

1. 根据实验数据画出实验曲线,观察非线性情况。

2. 桥路测量时存在非线性误差,是因为:①电桥原理上存在非线性误差? ②应变片应变效应是非线性的? ③零点漂移?

十、实验改进与讨论

讨论提高电阻应变传感器的信号调理模块灵敏度的方案。

5.2 箔式电阻应变片各种桥路性能比较实验

一、实验目的

1. 了解金属箔式应变片的应变效应及电桥工作原理和性能。

2. 比较单臂电桥、半桥和全桥的性能,掌握各种电桥特点。

二、实验内容与要求

利用金属箔式应变片电桥、放大器等器件组成应变式传感器系统(简易电子秤),将砝码加在托盘上,产生不同压力,由数据采集器采集分别测量单臂、半桥、全桥调理电路的输出电压,并将结果输出给计算机,通过虚拟仪器软件分析比较单臂电桥、半桥和全桥的性能及特点。

三、实验基本原理

1. 金属箔式电阻应变传感器工作原理

电阻丝在外力作用下发生机械变形时,其电阻值发生变化,这就是电阻应变效应。描述电阻应变效应的关系式为

$$\frac{\Delta R}{R} = K\varepsilon \tag{5-6}$$

式中,$\frac{\Delta R}{R}$ 为电阻丝电阻相对变化；K 为应变灵敏系数；$\varepsilon = \frac{\Delta L}{L}$ 为电阻丝长度相对变化。

　　金属箔式应变片是通过光刻、腐蚀等工艺制成的应变敏感元件,通过它反映被测部位受力状态的变化。电桥的作用是完成电阻到电压的比例变化,电桥的输出电压反映了相应的受力状态。

2. 实验内容原理

1）单臂电桥

单臂电桥原理如图 5-9 所示。

电桥的作用是完成电阻到电压的比例变化,电桥的输出电压反映了相应的受力状态。单臂电桥输出电压

$$U_{01} = \frac{EK\varepsilon}{4} \tag{5-7}$$

式中,E 为桥路供电电压;K 为应变灵敏系数;$\varepsilon = \frac{\Delta L}{L}$ 为电阻丝长度相对变化。

2）半桥电路

半桥电路原理如图 5-10 所示。

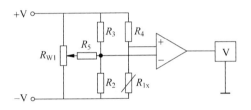
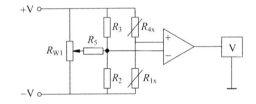

图 5-9　单臂电桥原理图　　　　　　　　图 5-10　半桥电路原理图

　　不同受力方向的两只应变片接入电桥作为邻边,电桥输出灵敏度提高,非线性得到改善。当应变片阻值和应变量等参数与单臂电桥相同时,其桥路输出电压增大一倍,即

$$U_{02} = \frac{EK\varepsilon}{2} \tag{5-8}$$

3）全桥电路

全桥电路原理如图 5-11 所示。

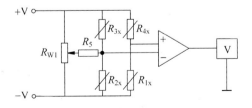

图 5-11　全桥电路原理图

　　全桥测量电路中,受力方向相同的两应变片接入电桥对边,相反的应变片接入电桥邻边。当应变片初始阻值 $R_1 = R_2 = R_3 = R_4$、其变化值 $\Delta R_1 = \Delta R_2 = \Delta R_3 = \Delta R_4$

时,其桥路输出电压

$$U_{03} = KE\varepsilon \tag{5-9}$$

显然,全桥输出灵敏度比半桥又提高了一倍,非线性误差和温度误差也可得到改善。

四、实验系统组建与设备连接

1. 实验仪器与器材

弹性梁应变实验台架	1 套
金属箔式应变传感器 ZHF1000-1.5AA	1 套
电桥调理电路模块	1 套
稳压电源(±15V,±5V)	1 套
砝码	1 套
myDAQ 数据采集器	1 套
PC	1 台
导线	若干

2. 实验设备介绍

本实验所用传感器、弹性梁应变实验台架见 5.1 节实验。

3. 实验系统设备连接

实验系统设备连接如图 5-12 所示。

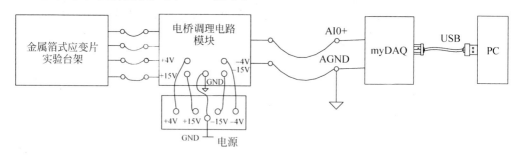

图 5-12　实验系统设备连接

应变式传感器安装如图 5-5 所示,金属箔式应变片实验台架结构如图 5-6 所示,单臂电桥实验电路如图 5-7 所示。

半桥实验电路如图 5-13 所示,将应变式传感器的其中两个应变片 R_{1x}、R_{2x} 接入电桥作为两个桥臂与 R_6、R_7 接成直流电桥(R_6、R_7 在信号调理模块内已接好)。

全桥实验电路如图 5-14 所示,将应变式传感器的四个应变片 R_{1x}、R_{2x}、R_{3x}、R_{4x} 接入电桥作为四个桥臂接成全桥电路。

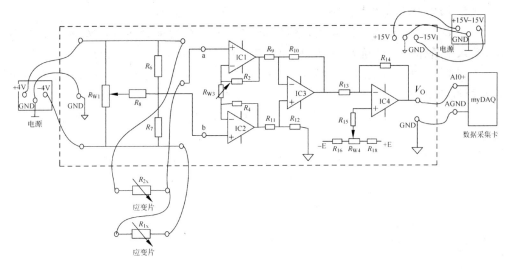

图 5-13　半桥实验电路

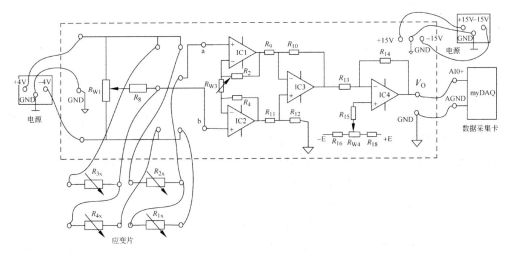

图 5-14　全桥实验电路

五、实验步骤

1. 单臂电桥实验

（1）运行虚拟仪器

① 按图 5-12 连接金属箔式应变片实验台架、单臂电桥信号调理模块、myDAQ 数据采集器、PC，其中单臂电桥信号调理板输出 V_O、GND 分别连接到 myDAQ 数据采集器的模拟输入端子 AI0＋、AGND；

② 在 PC 上运行虚拟仪器的电压表功能。

（2）调理模块放大器调零

① 按图 5-6、图 5-7 将应变式传感器的其中一个应变片 R_1（即模板左上方的 R_1）接入电桥作为一个桥臂与 R_5、R_6、R_7 接成直流电桥（R_5、R_6、R_7 模块内已接好）。

② 将信号调理电路上放大器的两输入端口 a、b 引线暂时脱开，再用导线将两输入端短接（$V_i=0$）。

③ 调节放大器的增益电位器 R_{W3} 到中间位置（先逆时针旋到底，再顺时针旋转两圈）。

④ 模块供电，调节信号调理模块上放大器的调零电位器 R_{W4}，使虚拟电压表显示为零。

（3）电桥调零

拆去放大器输入端口 a、b 的短接线，将暂时脱开的引线复原。调节信号调理模块上的桥路平衡电位器 R_{W1}，使虚拟电压表显示为零。

（4）实验记录

在应变传感器的托盘上放置一只砝码（每只 20g），读取虚拟电压表数值，按照正行程和反行程依次增加和减少砝码并读取相应的虚拟电压值。

如此正反行程重复测量 3 组，记下实验结果填入表 5-2(a)中。

2. 半桥电路实验

（1）运行虚拟仪器

① 按图 5-12 连接金属箔式应变片实验台架、单臂电桥信号调理模块、myDAQ 数据采集器、PC，其中单臂电桥信号调理板输出 V_0、GND 分别连接到 myDAQ 数据采集器的模拟输入端子 AI0＋、AGND；

② 在 PC 上运行虚拟仪器的电压表功能。

（2）调理模块放大器调零

① 按图 5-6、图 5-13 将 R_6、R_7 接普通电阻，R_1、R_4 接应变片。

② 将信号调理电路上放大器的两输入端口 a、b 引线暂时脱开，再用导线将两输入端短接（$V_i=0$）。

③ 调节放大器的增益电位器 R_{W3} 到中间位置（先逆时针旋到底，再顺时针旋转两圈）。

④ 模块供电，调节信号调理模块上放大器的调零电位器 R_{W4}，使虚拟电压表显示为零。

（3）电桥调零

拆去放大器输入端口 a、b 的短接线，将暂时脱开的引线复原。调节信号调理模块上的桥路平衡电位器 R_{W1}，使虚拟电压表显示为零。

（4）实验记录

在应变传感器的托盘上放置一只砝码（每只 20g），读取虚拟电压表数值，按照正行程和反行程依次增加和减少砝码并读取相应的虚拟电压值。

如此正反行程重复测量 3 组,记下实验结果填入表 5-2(b)中。

3. 全桥电路实验

(1)运行虚拟仪器

① 按图 5-12 连接金属箔式应变片实验台架、单臂电桥信号调理模块、myDAQ 数据采集器、PC,其中单臂电桥信号调理板输出 V_O、GND 分别连接到 myDAQ 数据采集器的模拟输入端子 AI0+、AGND;

② 在 PC 上运行虚拟仪器的电压表功能。

(2)调理模块放大器调零

① 按图 5-6、图 5-14 将 R_1、R_2、R_3、R_4 接应变片。

② 将信号调理电路上放大器的两输入端口 a、b 引线暂时脱开,再用导线将两输入端短接($V_i=0$)。

③ 调节放大器的增益电位器 R_{W3} 到中间位置(先逆时针旋到底,再顺时针旋转两圈)。

④ 模块供电,调节信号调理模块上放大器的调零电位器 R_{W4},使虚拟电压表显示为零。

(3)电桥调零

拆去放大器输入端口 a、b 的短接线,将暂时脱开的引线复原。调节信号调理模块上的桥路平衡电位器 R_{W1},使虚拟电压表显示为零。

(4)实验记录

在应变传感器的托盘上放置一只砝码(每只 20g),读取虚拟电压表数值,按照正行程和反行程依次增加和减少砝码并读取相应的虚拟电压值。

如此正反行程重复测量 3 组,记下实验结果填入表 5-2(c)中。

实验结束、关闭电源。

六、实验数据记录

表 5-2(a) 单臂电桥实验数据

重量(g)								
电压(mV)								
重量(g)								
电压(mV)								
重量(g)								
电压(mV)								

表 5-2（b）　半桥电路实验数据

重量(g)									
电压(mV)									
重量(g)									
电压(mV)									
重量(g)									
电压(mV)									

表 5-2（c）　全桥电路实验数据

重量(g)									
电压(mV)									
重量(g)									
电压(mV)									
重量(g)									
电压(mV)									

七、实验数据处理与分析

1. 根据实验数据分别画出单臂电桥、半桥、全桥输出电压与重量的特性曲线。

2. 根据曲线分别计算单臂电桥、半桥、全桥的系统灵敏度 S 和非线性误差 δ。

八、实验报告要求

实验报告主要内容包括：

（1）实验目的和要求；

（2）实验原理；

（3）实验系统构成；

（4）实验步骤；

（5）整理、分析原始实验数据；

（6）数据分析；

（7）讨论。

九、思考题

1. 半桥测量时,两片不同受力状态的电阻应变片接入电桥时,应放在:

（1）对边；（2）邻边。

2. 半桥测量时，两片相同受力状态的电阻应变片接入电桥时，应放在：

（1）对边；（2）邻边。

3. 桥路（差动电桥）测量时存在非线性误差，是因为：

（1）电桥测量原理上存在非线性；

（2）应变片应变效应是非线性的；

（3）调零值不是真正为零。

4. 分析什么因素会导致压力测量的非线性误差增大，怎么消除，若要增加输出灵敏度，应采取哪些措施？

十、实验改进与讨论

讨论基于箔式电阻应变传感器的电子秤检测方案、误差产生原因、提高检测性能的措施。

5.3　半导体应变片性能

一、实验目的

了解半导体应变片性能特点、工作原理。

二、实验内容和要求

利用半导体应变片与放大器等器件构成半导体应变式单臂检测系统，通过砝码产生压力，由数据采集器采集测量调理电路的输出电压，将结果输出给 PC，通过虚拟仪器软件分析半导体应变片性能及特点。

三、实验基本原理

半导体应变片的工作原理是基于半导体材料的压阻效应。所谓压阻效应是指单晶半导体材料在某一轴向受到外力作用时，其电阻率 ρ 发生变化的现象。使用方法也是粘贴在弹性元件或被测物体上，随被测试件的应变，其电阻发生相应的变化。半导体应变片最突出的优点就是灵敏度高，可测微小应变、机械滞后小、横向效应小、体积小。主要缺点是温度稳定性差、灵敏度系数非线性大，所以在使用时需采用温度补偿和非线性补偿措施（本实验暂不考虑温度）。

对于长 l、截面积 S、电阻率 ρ 的条形半导体应变片,在轴向力 F 作用下有

$$\frac{\Delta R}{R} = (1 + 2\mu)\varepsilon + \frac{\Delta\rho}{\rho} \approx \frac{\Delta\rho}{\rho} = \pi_L E\varepsilon = \pi_L\sigma \qquad (5\text{-}10)$$

定义应变灵敏系数

$$K_B = \frac{\Delta R/R}{\varepsilon} = (1 + 2\mu) + \frac{\Delta\rho/\rho}{\varepsilon} \approx \pi_L E$$

式中,E 为半导体应变片材料的弹性模量;π_L 为半导体晶体材料的纵向压阻系数,与晶向有关。

四、实验系统组建与设备连接

1. 实验仪器与器材

弹性梁应变实验台架	1 套
半导体应变电阻 AF1-1000	1 只
稳压电源($\pm 15\text{V}$、$\pm 5\text{V}$)	1 套
myDAQ 数据采集器	1 套
PC	1 台
导线	若干

2. 实验设备介绍

本实验所用应变片传感器为 AF1-1000,弹性梁及弹性梁应变实验台架见 5.1 节实验。

3. 实验系统设备连接

实验系统设备连接如图 5-15 所示。

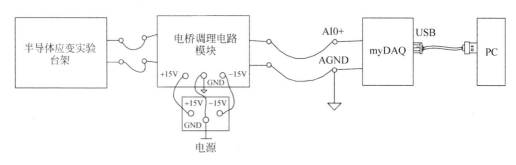

图 5-15　实验系统连接

半导体应变片信号调理板电路如图 5-16 所示,AF1-350 半导体应变片连接到信号调理模块 R_1 两端。

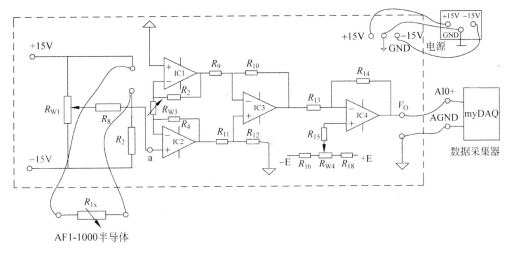

图 5-16　半导体应变片信号调理板电路

五、实验步骤

1. 运行虚拟仪器

（1）按图 5-15 和图 5-16 连接金属箔式应变片实验台架、半导体应变片信号调理模块、数据采集器、PC，其中信号调理板输出 V_O、GND 分别连接到 myDAQ 数据采集器的模拟输入端子 AI0＋、AGND；

（2）在 PC 上运行虚拟仪器的虚拟电压表表功能。

2. 调理模块放大器调零

按图 5-16 将半导体应变片 AF1-350 的引线连接到信号调理板上的 R_{1x} 两端，作为电桥一个桥臂与 R_5、R_6、R_7 接成直流电桥（R_5、R_6、R_7 模块内已接好）。

（1）将信号调理电路上放大器的输入端口引线 a 暂时脱开，再用导线将输入端短接（$V_i = 0$）。

（2）调节放大器的增益电位器 R_{W3} 到中间位置（先逆时针旋到底，再顺时针旋转两圈）。

（3）模块供电，调节信号调理模块上放大器的调零电位器 R_{W4}，使虚拟电压表显示为零。

3. 电桥调零

拆去放大器输入端口的短接线，将暂时脱开的引线复原。调节信号调理模块上的桥路平衡电位器 R_{W1}，使虚拟电压表显示为零。

4. 实验

在应变传感器的托盘上放置一只砝码（每只 20g），读取虚拟电压表数值，按照正行程和反行程依次增加和减少砝码并读取相应的虚拟电压值。

　　如此正反行程重复测量 3 组，记下实验结果填入表 5-3 中。

　　实验完毕，关闭电源。

六、实验数据记录

表 5-3　半导体应变片位移和电压

位移/mm						
电压/mV						
位移/mm						
电压/mV						
位移/mm						
电压/mV						

七、实验数据处理与分析

　　1. 根据所得的结果计算系统的灵敏度 $S(S=\Delta V/\Delta X)$，并做出 V-X 关系曲线。

　　2. 分析系统灵敏度与测微头位移的关系。

八、实验报告要求

　　实验报告主要内容包括：

　　(1) 实验目的和要求；

　　(2) 实验原理；

　　(3) 实验系统构成；

　　(4) 实验步骤；

　　(5) 整理、分析原始实验数据；

　　(6) 数据分析；

　　(7) 讨论。

九、思考题

　　1. 金属应变片与半导体应变片的主要区别是什么？

　　2. 讨论半导体应变片的温度效应。

十、实验改进与讨论

讨论比较电阻应变片和半导体应变片区别的实验方案。

5.4　差动变压器原理实验

一、实验目的

掌握差动变压器的工作原理和特性。

二、实验内容和要求

通过旋转测微头带动差动变压器内部衔铁发生变化,改变差动变压器感应电压,由数据采集器采集信号调理电路的输出电压,由虚拟仪器软件数据分析,研究基于差动变压器的位移检测系统特性。

三、实验基本原理

差动变压器原理如图 5-17 所示。差动变压器由一只初级线圈和两只次线圈及一个铁芯组成,根据内外层排列不同,有二段式和三段式,本实验采用三段式结构。

当被测体移动时差动变压器的铁芯随着轴向位移,初级线圈和次级线圈之间的互感发生变化,次级线圈感应电势将产生变化(一只感应电势增加;另一只感应电势减少)。将两只次级线圈反向串接(同名端连接),引出差动电势输出。其输出电势大小将反映出被测体的位移量。

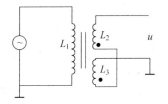

图 5-17　差动变压器原理图

差动变压器输出电压有效值与互感的近似关系式为

$$U_0 = \frac{\omega(M_1 - M_2)U_i}{\sqrt{R_p^2 + \omega^2 L_p^2}} \tag{5-11}$$

式中,L_p、R_p 为初级线圈电感和损耗电阻;U_i、ω 为激励电压和频率;M_1、M_2 为初级与两次级间互感系数。

由关系式可以看出,当初级线圈激励频率太低时,若 $R_p^2 > \omega^2 L_p^2$,则输出电压 U_0 受频率变动影响较大,且灵敏度较低,只有当 $\omega^2 L_p^2 \gg R_p^2$ 时输出 U_0 与 ω 无关,当然 ω 过高会使线圈寄生电容增大,对性能稳定不利。

由于差动变压器两次级线圈的等效参数不对称,初级线圈纵向排列的不均匀性,二次级的不均匀、不一致,铁芯 $B—H$ 特性的非线性等原因,因此在铁芯处于差动线圈中间位置时其输出电压并不为零,存在零点残余电压。

四、实验系统组建与设备连接

1. 实验仪器与器材

测微头	1套
位移实验台架	1套
差动变压器传感器	1套
差动变压器信号调理模块	1套
交流信号发生器	1台
直流电源(± 15V)	1台
myDAQ 数据采集器	1套
PC	1台
导线	若干

2. 实验设备介绍

本实验位移移动由测微头移动差动变压器的衔铁,使差动变压器输出电压发生变化。

(1) 测微头使用介绍

测微头结构如图 5-18 所示,由不可动部分安装套、轴套和可动部分测杆、微分筒、微调钮组成。测微头安装套固定安装在支架座上,轴套上的主尺有两排刻度线,一排标有数字的是整毫米刻线(1mm/格);另一排是半毫米刻线(0.5mm/格);微分筒前部圆周上刻有 50 等分的刻线(0.01mm/格)。用手旋转微分筒或微调钮时,测杆就沿轴线方向进退,微分筒每转过 1 格,测杆沿轴方向移动微小位移 0.01mm,这也叫测微头的分度值。

测微头的读数方法是先读轴套主尺上露出的刻度数值,注意半毫米(0.5mm)刻线;再读与主尺横线对准微分筒上的数值、可以估读 1/10 分度,如图 5-18(a)所示读数为 3.678mm,不是 3.178mm;遇到微分筒边缘前端与主尺上某条刻线重合时,应看微分筒的示值是否过零,如图 5-18(b)所示已过零则读 2.514mm;如图 5-18(c)所示未过零,读数应为 1.980mm。

测微头在实验中是用来产生位移并指示出位移量的工具,一般测微头在使用前,首先转动微分筒到 10mm(为了保留测杆轴向前、后位移的余量),再将测微头轴套上的主尺横线面向自己安装到专用支架座上,移动测微头的安装套(测微头整体移动)使测杆与被测体连接并使被测体处于合适位置(视具体实验而定)时再拧紧支架座上的紧固螺钉。当转动测微头的微分筒时,被测体就会随测杆而位移。

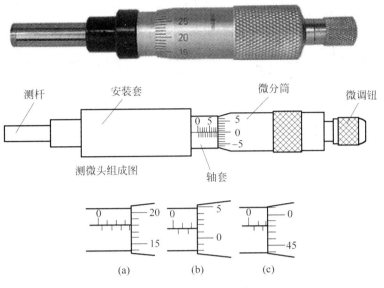

图 5-18　测微头组成与读数

（2）差动变压器传感器

差动变压器传感器采用 CSY-2000 型传感器技术实验平台配置的差动变压器传感器，如图 5-19 所示。

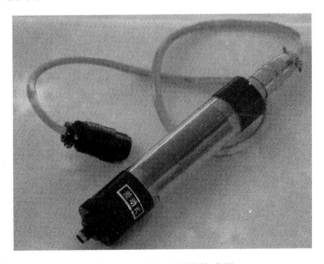

图 5-19　差动变压器传感器

（3）位移实验台架

位移实验台架如图 5-20 所示，差动变压器固定在左边支架上，中间的衔铁为活动端，测微头固定在右边支架上，测微头移动带动衔铁发生位移，引起感应电动势发生变化。

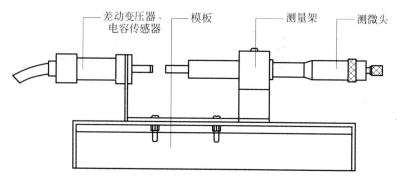

图 5-20　位移实验台架

3. 实验系统设备连接

实验系统设备连接如图 5-21 所示。

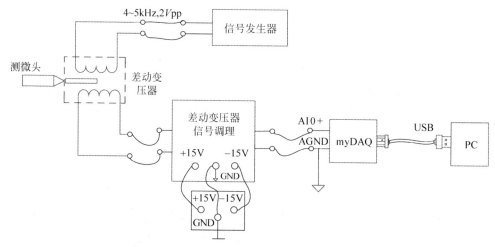

图 5-21　实验系统设备连接

信号调理板电路如图 5-22 所示。

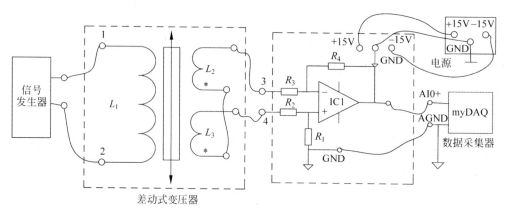

图 5-22　信号调理板电路

五、实验步骤

1. 运行虚拟仪器。

(1) 按图 5-20～图 5-22 连接位移测试平台、信号发生器、信号调理模块、数据采集器、PC，其中信号调理板输出 V_0、GND 分别连接到 myDAQ 数据采集器的模拟输入端子 AI0＋、AGND；其中，差动变压器 L_1 为初级线圈；L_2、L_3 为次级线圈；"＊"号为同名端。

(2) 在计算机上运行虚拟仪器的电压表、双通道虚拟示波器。

2. 打开电源，调节信号发生器频率和幅度（用虚拟示波器监测），使输出信号频率为 4～5kHz，幅度为 $V_{p\text{-}p}=2$V，按图 5-22 接线（1、2 接音频信号，3、4 为差动变压器输出，接放大器输入端）。

3. 松开测微头的安装紧固螺钉，移动测微头的安装套使差动变压器的次级输出（虚拟示波器第二通道）波形 $V_{p\text{-}p}$ 为较小值（变压器铁芯大约处在中间位置）。

拧紧紧固螺钉，仔细调节测微头的微分筒使差动变压器的次级输出波形 $V_{p\text{-}p}$ 为最小值（零点残余电压），并定为位移的相对零点。这时可以左右位移，假设其中一个方向为正位移，则另一个方向位移为负。

4. 从零点（次级输出波形 $V_{p\text{-}p}$ 为最小值）开始旋动测微头的微分筒，每隔 0.2mm 从示波器上读出输出电压 $V_{p\text{-}p}$，填入表 5-4 中（可取 10～25 个点）。

一个方向结束后，再将测位头退回到零点反方向做相同的位移实验。

实验结束，关闭电源。

注意事项：从零点决定位移方向后，测微头只能按所定方向调节位移，中途不允许回调；否则，由于测微头存在机械回差会引起位移误差。

实验时每点位移量须仔细调节，绝对不能因调节过量而回调。如果调节过量则只好剔除这一点，继续做下一点实验或者回到零点重新做实验。

当一个方向行程实验结束，做另一方向时，测微头回到次级输出波形 $V_{p\text{-}p}$ 最小处时它的位移读数有变化（没有回到原来起始位置），这是正常的。

六、实验数据记录

表 5-4　差动变压器位移特性实验

$V_{p\text{-}p}$(mV)										
X(mm)										

七、实验数据处理与分析

根据表 5-4 画出（$V_{p\text{-}p}\sim X$）曲线，计算位移为 ±1mm、±3mm 时的灵敏度和非线

性误差。

八、实验报告要求

实验报告主要内容包括：

（1）实验目的和要求；

（2）实验原理；

（3）实验系统构成；

（4）实验步骤；

（5）整理、分析原始实验数据；

（6）数据分析；

（7）讨论。

九、思考题

1. 差动变压器次级输出的最小值即为差动变压器的零点残余电压,是如何产生的？

2. 零点残余电压是什么波形？分析零点残余电压补偿电路。

3. 用差动变压器测量振动频率的上限受什么影响？

4. 试分析差动变压器与一般电源变压器的异同？

十、实验改进与讨论

分析差动变压器位移测量零位误差产生的原因,如何提高测量准确度？

5.5　激励频率对电感式传感器的影响实验

一、实验目的

掌握初级线圈激励频率对差动变压器输出性能的影响。

二、实验内容和要求

通过改变输入激励源的频率,观察差动变压器输出电压的变化,分析差动变压器的幅频特性,研究激励频率对电感式传感器的影响。

三、实验基本原理

差动变压器原理图同 5.2 节实验。

差动变压器输出电压的有效值可以近似表示为

$$U_。= \frac{\omega(M_1 - M_2) \cdot U_i}{\sqrt{R_P^2 + \omega^2 L_P^2}} \qquad (5-12)$$

式中，L_P、R_P 为初级线圈的电感和损耗电阻；U_i、ω 为激励信号的电压和频率；M_1、M_2 为初级与两次级线圈的互感系数。由关系式可以看出，当初级线圈激励频率太低时，当 $R_P^2 > \omega^2 L_P^2$，则输出电 $U_。$ 受频率变动影响较大，且灵敏度较低，只有当 $\omega^2 L_P^2 \gg R_P^2$ 时输出 $U_。$ 与 ω 无关，当然 ω 过高会使线圈寄生电容增大，影响系统的稳定性。

四、实验系统组建与设备连接

1. 实验仪器与器材

测微头　　　　　　　　　　　　1 套
位移实验台架　　　　　　　　　1 套
差动变压器传感器　　　　　　　1 套
差动变压器信号调理模块　　　　1 套
信号发生器　　　　　　　　　　1 台
电源(±15V)　　　　　　　　　　1 套
myDAQ 数据采集器　　　　　　　1 套
PC　　　　　　　　　　　　　　1 台
导线　　　　　　　　　　　　　若干

2. 实验设备介绍

本实验的差动变压器传感器及位移实验台架说明见 5.4 节实验。

3. 实验系统设备连接

实验系统设备连接如图 5-21 所示，信号调理电路板接线如图 5-22 所示。

五、实验步骤

1. 运行虚拟仪器。

(1) 按图 5-20 ～ 图 5-22 连接位移测试平台、信号发生器、信号调理模块、

myDAQ 数据采集器、PC,其中信号调理板输出 V_O、GND 分别连接到 myDAQ 数据采集器的模拟输入端子 AI0＋、AGND;其中,差动变压器 L_1 为初级线圈;L_2、L_3 为次级线圈;"＊"号为同名端。

(2) 在 PC 上运行虚拟仪器的万用表、虚拟示波器。

2. 打开电源,调节信号发生器频率和幅度(用虚拟示波器监测),使输出信号频率为 1kHz,幅度为 $V_{p-p}=2V$,按图 5-22 接线(1、2 接音频信号,3、4 为差动变压器输出,接放大器输入端)。

3. 调节测微头微分筒使差动变压器的铁芯处于线圈中心位置即输出信号最小时(示波器测量 V_{p-p} 最小时)的位置。

4. 调节测微头位移量 Δx 为 2.50mm,差动变压器有某个较大的 V_{p-p} 输出。

5. 在保持位移量不变的情况下改变激励电压的频率(激励电压 V_{p-p} 不变),从 1kHz 逐次变化到 9kHz 时差动变压器的相应输出 V_{p-p} 值填入表 5-5 中。

实验完毕,关闭电源。

注意事项:从零点决定位移方向后,测微头只能按所定方向调节位移,中途不允许回调;否则,由于测微头存在机械回差会引起位移误差。

实验时每点位移量须仔细调节,绝对不能因调节过量而回调。如果调节过量则只好剔除这一点,继续做下一点实验或者回到零点重新做实验。

六、实验数据记录

表 5-5　差动变压器激励频率影响实验

f/kHz	1	2	3	4	5	6	7	8	9
V_{p-p}/mV									

七、实验数据处理与分析

根据实验数据作出幅频特性曲线,分析差动变压器的频率特征。

八、实验报告要求

实验报告主要内容包括:

(1) 实验目的和要求;

(2) 实验原理;

(3) 实验系统构成;

(4) 实验步骤;

（5）整理、分析原始实验数据；

（6）数据分析；

（7）讨论。

九、思考题

1. 在本实验中，激励频率的大小和幅值的大小对变压器输出电压有什么影响？

2. 电感式传感器通常容易受到什么因素影响？

3. 激励频率对电感式传感器有什么影响？

十、实验改进与讨论

讨论通用的电感式传感器类型并比较它们的优缺点，选择更加适合本实验的实验方案。

5.6　压电效应原理实验（正向压电效应与逆向压电效应）

一、实验目的

了解正向压电与逆向压电效应。

二、实验内容和要求

通过改变输入激励电压频率与幅值来研究陶瓷晶体的正向压电效应，通过施加不同大小的机械力来研究陶瓷晶体的逆向压电效应。

三、实验基本原理

压电效应：某些电介质在沿一定方向上受到外力的作用而变形时，其内部会产生极化现象，同时在它的两个相对表面上出现正负相反的电荷。当外力去掉后，它又会恢复到不带电的状态，这种现象称为正压电效应。当作用力的方向改变时，电荷的极性也随之改变。相反，当在电介质的极化方向上施加电场，这些电介质也会发生变形，电场去掉后，电介质的变形随之消失，这种现象称为逆压电效应，或称为电致伸缩现象。依据电介质压电效应研制的一类传感器称为压电传感器。压电效应可分为正压电效应和逆压电效应。

正压电效应：晶体受力所产生的电荷量与外力的大小成正比，压电式传感器大多是利用正压电效应制成的。

逆压电效应：对晶体施加交变电场引起晶体机械变形的现象，用逆压电效应制造的变送器可用于电声和超声工程。压电敏感元件的受力变形有厚度变形型、长度变形型、体积变形型、厚度切变型、平面切变型 5 种基本形式。压电晶体是各向异性的，并非所有晶体都能在这 5 种状态下产生压电效应，例如石英晶体就没有体积变形压电效应，但具有良好的厚度变形和长度变形压电效应。

本实验所选的压电传感器为黄铜♯CW617N 矩形压电陶瓷片。

四、实验系统组建与设备连接

1. 实验仪器与器材

压电陶瓷（矩形压电陶瓷片）	1 只
信号发生器	1 套
万用表	1 只

2. 实验设备介绍

本实验采用如图 5-23 所示的矩形压电陶瓷片。

压电陶瓷片参数：

谐振阻抗：<100Ω；　　　　　　静态电容：485～515nF；

基片材质：黄铜♯CW617N；　　压电陶瓷材质：P5-1；

$Kt=0.46$；　　　　　　　　　$eT33=1200$；

$Qm=600$。

3. 实验系统设备连接

实验系统设备连接如图 5-24 所示。

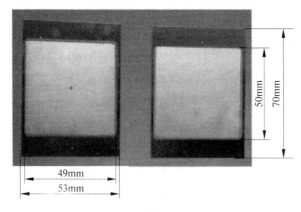

图 5-23　压电陶瓷片外形

图 5-24　实验系统连接

五、实验步骤

1. 如图 5-25 分别取输入电压频率为 f_1、f_2、f_3，幅值为 $A(f_1 < f_2 < f_3)$，记录 X 方向形变程度(轻、中、重)到表 5-6(a)中。

2. 如图 5-25 分别取输入电压幅值为 A、B、C，频率为 $f_2(A < B < C)$，记录 X 方向形变程度(轻、中、重)到表 5-6(b)中。

3. 如图 5-26 在 X 方向施加力 F_1、F_2、$F_3(F_1 < F_2 < F_3)$，记录 Z 方向输出的电压值到表 5-6(c)中。

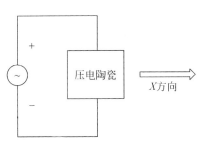 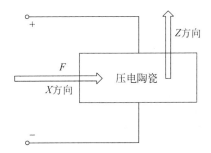

图 5-25　正压电效应电路示意图　　　　图 5-26　逆压电效应电路示意图

六、实验数据记录

表 5-6(a)　压电效应与频率的关系

频率	f_1	f_2	f_3
形变			

表 5-6(b)　压电效应与激励幅值的关系

幅值	A	B	C
形变			

表 5-6(c)　逆压电效应

机械力	F_1	F_2	F_3
电压(mV)			

七、实验数据处理与分析

1. 根据表 5-6(a)，分析输入电源频率对压电陶瓷的效应。

2. 根据表 5-6(b),分析输入电源幅值对压电陶瓷的效应。

3. 根据表 5-6(c),分析外界机械力的压电陶瓷的效应。

八、实验报告要求

实验报告主要内容包括:

(1) 实验目的和要求;

(2) 实验原理;

(3) 实验系统构成;

(4) 实验步骤;

(5) 整理、分析原始实验数据;

(6) 数据分析;

(7) 讨论。

九、思考题

1. 什么是压电效应?

2. 压电效应的主要应用在哪些场合?

3. 通用的压电传感器有哪些?

十、实验改进与讨论

构建压电效应自动检测系统。

5.7   压电式传感器测量电路

一、实验目的

了解基于压电传感器的振动测量原理及方法。

二、实验内容和要求

通过调节振动控制台产生不同频率的振动,利用压电传感器及其信号调理电路将振动转变为电量输出,再由数据采集器将信号采集到计算机,运行虚拟仪器软件研究分析振动特性。

三、实验基本原理

压电式传感器(由惯性质量块和受压的压电片等组成)是一种机电换能器,所用的压电片(如天然石英、人工极化陶瓷等)在受到一定的机械荷载时,会在压电片的极化面上产生电荷,其电荷量与所受的载荷成正比。

当压电晶体片受力时,晶体的两表面上聚集等量的正、负电荷,由于晶体片的绝缘电阻很高,因此压电晶体片相当于一只平行板电容器,如图 5-27 所示,其电容量为

$$C_a = \frac{\varepsilon A}{d} \qquad (5\text{-}13)$$

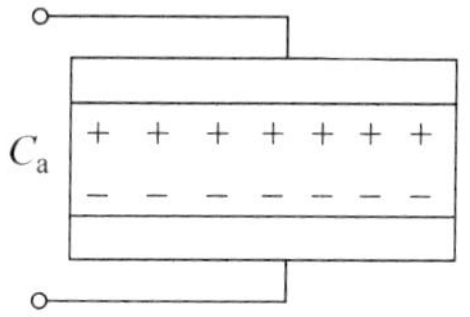

图 5-27 压电晶体内部等效图

晶体片上产生的电压量与作用力的关系为

$$e_a = \frac{q}{C_a} = \frac{d_{33}d}{\varepsilon A}F = \frac{d_{33}d}{\varepsilon A}F\sin\omega t \qquad (5\text{-}14)$$

式中,ε 为压电晶体的介电常数;A 为晶体片(构成极板)的面积;d 为晶体片的厚度;d_{33} 为压电系数;F 为沿晶轴施加的力。

压电式加速度计的晶体片确定后,d_{33}、d、ε、A 都是常数,则晶体片上产生的电压量与作用力成正比。测量时,当加速度计受振动时,传感器与试件固定在一起感受相同频率的振动,质量块便有正比于加速度的交变力作用在晶片上,由于压电效应,它的两个表面上就会产生交变电荷(电压);而此交变电荷(电压)又与作用力成正比,因此交变电荷(电压)与试件的加速度成正比。这就是压电式加速度计能够将振动加速度转变成为电量进行测振的原理。

四、实验系统组建与设备连接

1. 实验仪器与器材

振动台	1 套
振动控制器	1 套
压电传感器	1 套
压电传感器信号调理模块	1 套
myDAQ 数据采集器	1 套
PC	1 台
导线	若干

2. 实验设备介绍

本实验的压电传感器采用 CSY-2000 系列传感器实验平台配置的压电传感器,如图 5-28 所示。

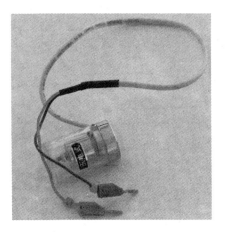

图 5-28　压电式传感器

　　振动台采用 CSY-2000 传感器实验平台配置的振动源；振动控制器为一台低频信号发生器，产生幅度、频率可调的信号激励振动源内的线圈，产生交变磁场，产生电磁振荡。

3. 实验系统设备连接

　　实验系统架构如图 5-29 所示。

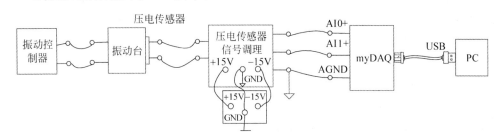

图 5-29　实验系统架构

　　压电传感器的测量电路如图 5-30 所示。

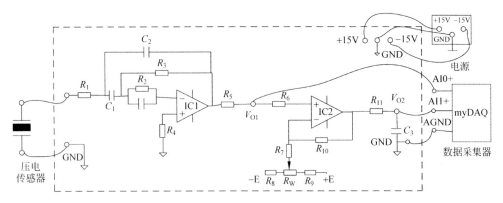

图 5-30　压电传感器的测量电路

五、实验步骤

1. 运行虚拟仪器。

(1) 按图 5-29 和图 5-30 连接振动台、振动台控制器、压电传感器、压电传感器信号调理电路模块、myDAQ 数据采集器、PC,其中压电传感器信号调理板输出 V_{O1}、V_{O2}、GND 分别连接到 myDAQ 数据采集器的模拟输入端子 AI0＋、AI1＋、AGND;

(2) 在 PC 上运行虚拟仪器的万用表、双路虚拟示波器。

2. 检查线路连接无误后,系统供电,调节振动控制器的频率和幅度旋钮使振动台振动,观察虚拟示波器波形。

3. 改变低频振荡器的频率,观察输出波形变化。

4. 用虚拟示波器的两个通道同时观察低通滤波器输入端和输出端波形;在振动台正常振动时用手指敲击振动台同时观察输出波形变化。

5. 改变振动源的振荡频率(调节主机箱低频振荡器的频率),观察输出波形变化。

将低频振荡器的幅度旋钮固定至最大,调节频率,调节时用频率表测量频率,用虚拟万用表读出电压峰值填入表 5-7 中。

实验完毕,关闭电源。

六、实验数据记录

表 5-7　压电传感器输出峰值与频率的关系

f/Hz	5	7	12	15	17	20	25
$V_{\text{p-p}}/\text{V}$							

七、实验数据处理与分析

1. 分析压电传感器的幅频特性。
2. 分析压电传感器的测量振动电路的原理。

八、实验报告要求

实验报告主要内容包括:

(1) 实验目的和要求;

(2) 实验原理;

(3) 实验系统构成;

（4）实验步骤；

（5）整理、分析原始实验数据；

（6）数据分析；

（7）讨论。

九、思考题

1. 如何将本实验装置改造成一个简易压力计？
2. 压电式传感器测量电路适用于什么场合？

十、实验改进与讨论

1. 讨论本测量方案的误差产生原因，如何提高测量准确度？
2. 讨论基于电压式、电荷式压电式传感器的信号调理方案。

5.8　超声波产生原理实验

一、实验目的

1. 了解超声波的传播特性。
2. 了解超声波与温度的关系。
3. 掌握基于时间-距离的超声波测距方法。

二、实验内容与要求

通过改变挡板与超声波测距模块之间的距离，检测超声波发射到接收到回波的间隔时间，研究超声波测距的原理与方法。

三、实验基本原理

能够产生超声波的方法很多，常用的有压电效应方法、磁致伸缩效应方法、静电效应方法和电磁效应方法等。超声波换能器是实现超声能量与其他形式能量相互转换的器件。一般情况下，超声波换能器既能用于发射又能用于接收。在超声波换能器中，基于压电效应的换能器应用最多，它是利用压电材料的压电效应实现超声波的发射和接收。

超声波测距的方法主要有基于时间-速度测距法，其原理如图 5-31 所示。超声波振荡器产生基准宽度为 T 的门控脉冲，作为计数电路的清零和计数启动脉冲，同

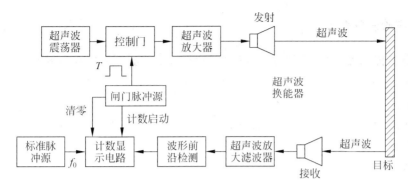

图 5-31　超声波测距电路原理框图

时使超声波振荡器输出 40kHz 的脉冲信号,放大后送至超声波换能器,由发射探头转换成声波发射出去。超声波经过一段时间的传播,达到目标后反射回来,被超声波换能器的接收探头转换为电信号,经放大、滤波、整形后,还原成脉冲信号。图中的脉冲前沿检测电路检测出第一个脉冲的前沿,输出控制信号关闭计数器,使计数器停止计时。计数器的计数值反映了超声波从发射到接收所经历的时间。时序图如图 5-32 所示。则挡板到超声波探头间的距离为

$$D = c * \Delta t / 2 \tag{5-15}$$

式中,D 为挡板到超声波探头间的距离;c 为空气中的声速;Δt 为发射到接收的间隔时间。

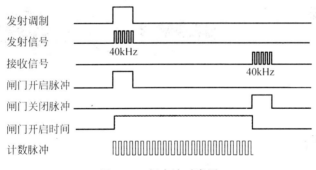

图 5-32　超声波时序图

四、实验系统组建与设备连接

1. 实验仪器与器材

超声波传感器(收发分离)	2 只
交流信号发生器(Agilent 33120)	1 台
双路示波器(tektronix TDS2024)	1 台
导线	若干

2. 实验设备介绍

超声波传感器采用 NU40A16TR-1,如图 5-33 所示。其具有如下性能:

型号　　　　　　　NU40A16TR-1

中心频率　　　　　40.0 ± 1.0kHz

声压级别　　　　　105dB min.

灵敏度　　　　　　-82dB min.

电容　　　　　　　2000pF$\pm20\%$

余振　　　　　　　1.4ms max.

最大输入电压　　　$120V_{p-p}$

方向角　　　　　　$80°\pm15°$(-6dB)

3. 实验系统设备连接

实验系统设备连接如图 5-34 所示。

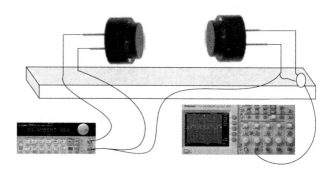

图 5-33　超声波传感器　　　　　　　图 5-34　实验系统设备连接

五、实验步骤

1. 将探头如图 5-34 方向固定在基座上,左边为发射探头,连接信号发生器的输出脚和 GND,右边探头接示波器的输入通道,检查无误后给系统供电。

2. 将信号发生器设置为信号幅度:$10V_{p-p}$,正弦波连续输出。

3. 设置频率从 $31\sim49$kHz,每隔 1kHz 记录一次,示波器回波的幅度,数据记录到表 5-8 中。

4. 将信号发生器设置为 burst 模式,发射频率为 40kHz,burst 周期 100ms,调节 burst 次数为 $4\sim8$ 次,观察示波器回波大小。

实验结束,关闭电源。

六、实验数据记录

表 5-8　超声波距离测量系统实验数据记录

频率/kHz	31	32	33	34	35	36	37	38	39	40	41	42	43	44	45	46	47	48	49
幅度/mV																			

七、实验数据处理与分析

根据实验数据分析超声波频响特性。

八、实验报告要求

实验报告主要内容包括：
(1) 实验目的和要求；
(2) 实验原理；
(3) 实验系统构成；
(4) 实验步骤；
(5) 整理、分析原始实验数据；
(6) 数据分析；
(7) 讨论。

九、思考题

超声波回波大小与哪些因素有关？

十、实验改进与讨论

讨论如何构成超声波频响特性自动测试系统？

5.9　光纤传感器原理实验（位移测量）

一、实验目的

了解反射式光纤位移传感器的原理与应用。

二、实验内容和要求

利用光纤位移传感器测量位移,掌握反射式光纤传感器测距原理。

三、实验基本原理

反射式光纤位移传感器是一种传输型光纤传感器,其原理如图 5-35 所示。光纤采用 Y 型结构,两束光纤一端合并在一起组成光纤探头,另一端分为两支,分别作为光源光纤和接收光纤。光从光源耦合到光源光纤,通过光纤传输,射向反射面,再被反射到接收光纤,最后由光电转换器接收,转换器接收到的光源与反射体表面的性质及反射体到光纤探头距离有关。当反射表面位置确定后,接收到的反射光光强随光纤探头到反射体的距离的变化而变化。显然,当光纤探头紧贴反射面时,接收器接收到的光强为零。随着光纤探头离反射面距离的增加,接收到的光强逐渐增加,到达最大值点后又随两者的距离增加而减小。反射式光纤位移传感器是一种非接触式测量,具有探头小,响应速度快,测量线性化(在小位移范围内)等优点,可在小位移范围内进行高速位移检测。

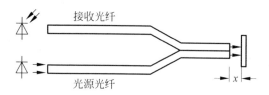

图 5-35　反射式光纤位移传感器原理

四、实验系统组建与设备连接

1. 实验仪器与器材

测微头	1 只
反射面	1 只
光纤位移实验台架	1 套
Y 型光纤位移传感器	1 只
光纤传感器测试平台	1 套
光纤传感器信号调理模块	1 套
直流电源(±15V)	1 套
myDAQ 数据采集器	1 套
PC	1 台
导线	若干

2. 实验设备介绍

本实验采用 CSY-2000 系列传感器实验平台配置的光纤传感器,如图 5-36 所示。

图 5-36　光纤传感器

光纤位移传感器测试平台如图 5-37 所示,在测微头前段安装 1 个反射面,调节测微头,改变反射面与光纤传感器的距离,通过信号调理电路将该位移转变为模拟电压信号,由数据采集系统采集与处理。

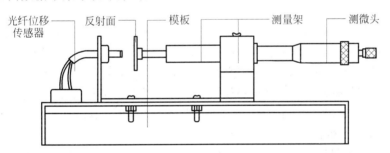

图 5-37　光纤位移传感器测试平台

3. 实验系统设备连接

光纤位移传感器检测系统架构如图 5-38 所示。

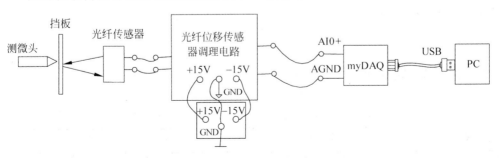

图 5-38　光纤位移传感器检测系统架构

光纤位移传感器信号调理电路如图 5-39 所示，D 为发光二极管，通过光纤发射光线，T 为光敏三极管，接收反射回来的光强。

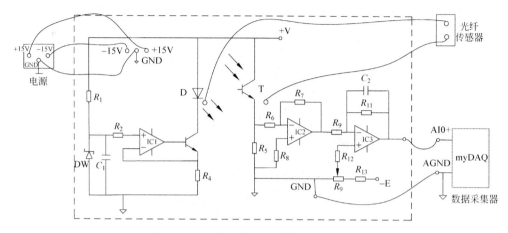

图 5-39　光纤位移传感器信号调理电路

五、实验步骤

1. 运行虚拟仪器。

（1）按图 5-38 和图 5-39 将 Y 型光纤安装在光纤位移传感器实验平台上，光纤接口端插入信号调理板的光电座内，其内部有发光管 D 和光电三极管 T。

（2）探头对准镀铬反射板，调节光纤探头端面与反射面平行，距离适中；固定测微头，将光纤位移传感器信号调理电路模块、myDAQ 数据采集器以及 PC 连接好，其中信号调理电路模拟输出 V_O 连接到 myDAQ 数据采集器的模拟输入口 AI0＋。

（3）在 PC 上运行虚拟仪器的万用表。

2. 将测微头起始位置调到 14cm 处，手动使反射面与光纤探头端面紧密接触，固定测微头。

3. 检查连线无误后，系统供电。

4. 仔细调节电位器 R_w 使虚拟万用表显示为零。

5. 旋动测微器，使反射面与光纤探头端面距离增大，每隔 0.1mm 读出一次输出电压值，填入表 5-9 中。

实验结束，关闭电源。

六、实验数据记录

表 5-9　位移与光纤传感器输出电压直接的关系

X/mm							
Uo/V							

七、实验数据处理与分析

1. 根据所得的实验数据,确定光纤位移传感器大致的线性范围。
2. 计算其灵敏度和非线性误差。

八、实验报告要求

实验报告主要内容包括:
(1) 实验目的和要求;
(2) 实验原理;
(3) 实验系统构成;
(4) 实验步骤;
(5) 整理、分析原始实验数据;
(6) 数据分析;
(7) 讨论。

九、思考题

光纤位移传感器测量位移时对被测体的表面有些什么要求。

十、实验改进与讨论

讨论光纤位移传感器实用测量范围,如何提高测量范围?

5.10　激光传感器实验

一、实验目的

1. 了解激光传感器结构及其特点。
2. 了解激光测量距离的原理。

二、实验内容与要求

通过调节挡光板与激光测距仪位移,研究激光传感器原理及特性。

三、实验基本原理

1. 激光传感器

激光具有 3 个重要特性：

① 高方向性(即高定向性,光速发散角小),激光束在几千米外的扩展范围不过几厘米。

② 高单色性,激光的频率宽度比普通光小 10 倍以上。

③ 高亮度,利用激光束会聚最高可产生达几百万度的温度。

激光传感器是利用激光技术进行测量的传感器,它由激光器、激光检测器和测量电路组成。激光传感器优点是能实现无接触远距离测量,速度快,精度高,量程大,抗光、电干扰能力强等。

2. 用激光传感器测距原理

对于大位移量(距离)的测量,常采用激光测距技术。激光测距具有精度高、性能可靠、准直性好、抗干扰能力强等一系列优点,广泛应用于遥感、空间探测、精密测量、工程建设以及智能控制等领域,在科技、军事、生产建设等各方面起着重要的作用。

激光测距的原理是利用激光器向目标发射单次激光脉冲或脉冲串,光脉冲从目标反射后被接收,通过测量激光脉冲在待测距离上往返传播的时间,计算出待测距离。其换算公式为

$$L = \frac{ct}{2} \tag{5-16}$$

式中,L 为待测距离；c 为光速,t 为光波往返传输时间。

脉冲式激光测距的工作原理如图 5-40 所示。

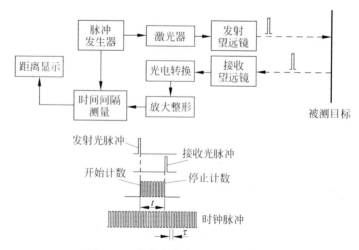

图 5-40　脉冲式激光测距的工作原理

测量时,脉冲激光器向目标发射一持续时间极短的激光脉冲,同时作为开门信号启动计数器,开始对高频时钟振荡器输入的时钟脉冲计数;当激光脉冲从目标反射并返回时,由光电探测器接收,经放大整形转换为电脉冲进入计数器,作为关门信号,使计数器停止计数。设计数器从开门到关门期间,所记录的时钟脉冲个数为 n,高频时钟振荡周期为 τ,则可得到激光脉冲到目标的往返传输时间为

$$t = n \cdot \tau = n \cdot \frac{1}{f} \tag{5-17}$$

式中,f 为高频时钟振荡频率。测得 t 即可由式(5-15)计算出被测距离。

脉冲式激光测距具有脉冲持续时间短、能量集中、瞬时功率大的特点,装置结构比较简单,测程远,功耗小,测量快速。但由于光传播速度太快,传输时间很短,对时间测量精度要求很高,而计数器只能计整时钟脉冲个数,不足一周期的时间被丢弃,故存在测时误差,因而引起的绝对测距误差较高。提高脉冲式激光测距的测量精度受到计时时钟频率的限制,过高的时钟频率会导致系统过于复杂和巨大的功率消耗。因此,脉冲式激光测距主要适用于短距离低精度或长距离(例如测地球-月球距离)的测量。

四、实验系统组建与设备连接

1. 实验仪器与器材

远距离的挡板　　　　1 只
激光测距仪　　　　　1 套

2. 实验系统设备连接

本实验采用迈测 S2 高精度手持式激光测距仪红外线测量仪器,如图 5-41 所示,激光测距仪正对挡板如图 5-42 所示。

图 5-41　手持式激光测距仪

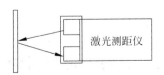

激光测距仪

图 5-42　实验系统图

五、实验步骤

1. 按图 5-42 搭建检测系统,将挡板固定在已经标定过的远处,并将其正对激光传感器。

2. 记录第一次的测量数值,然后依次移动挡板,并记录挡板的位置(事先标定好的)和激光测距仪上显示的数值。

3. 分别进行正返程实验,将实验数据填入表 5-10 中。

六、实验数据记录

表 5-10　激光测距实验数据记录

给定距离									
实测距离									

七、实验数据处理与分析

根据实验数据画出实验曲线,分析激光测距仪性能。

八、实验报告要求

实验报告主要内容包括:

(1) 实验目的和要求;

(2) 实验原理;

(3) 实验系统构成;

(4) 实验步骤;

(5) 整理、分析原始实验数据;

(6) 数据分析;

(7) 讨论。

九、思考题

试比较激光测距和超声波测距的优缺点及应用场合。

十、实验改进与讨论

激光测距系统的误差源有哪些?如何提高测量准确度?

5.11　磁敏传感器实验

一、实验目的

了解半导体磁敏传感器的原理与应用。

二、实验内容和要求

让磁敏电阻处于变化的磁场,观察电阻的变化带来的效应。

三、实验基本原理

外加磁场使半导体(或导体)的电阻随磁场增大而增加的现象称为磁阻效应。

由于霍尔电场的作用抵消了劳伦兹力,使载流子恢复直线运动方向。但导体中导电的载流子运动速度各不相同,有的快,有的慢,形成一定分布,所以霍尔电场力和劳伦兹力在总的效果上使横向电流抵消掉。对个别载流子来说,只有具有某一特定速度的那些载流子真正按直线运动,比这一速度快或慢的载流子仍然会发生偏转,因此在霍尔电场存在的情况下,磁阻效应仍然存在,只是被大大地削弱了。为了获得大的磁阻效应,要设法消除霍尔电场的影响。

如图 5-43(a)$L \gg W$ 的纵长方形片,由于电子的运动偏向一侧,必然产生霍尔效应,当霍尔电场施加的电场力和磁场对电子施加的劳伦兹力平衡时,电子的运动轨迹就不再偏移,所以片中段的电子运动方向与 L 平行,只有两端才有所偏移,这样,电子的运动路径增长并不多,电阻加大也不多。

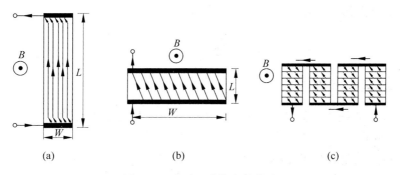

图 5-43　电子运动轨迹的偏移

图 5-43(b)$L \ll W$ 的横长方形片,其效果比前者明显。实验表明当 $B=1T$ 时,电阻可增大 10 倍(因为来不及形成较大的霍尔电场)。

图 5-43(c)是按图 5-43(b)的原理把多个横长方形片串联而成,片和片之间的金

属导体被霍尔电压短路掉,使之不能形成电场,于是电子的运动总是偏转的,电阻增加得比较多。

本实验所采用的传感器是一种 N 型的 InSb 半导体材料做成的磁阻器件,接法如图 5-44 所示。在其背面加了一偏置磁场,当被检测铁磁性物质或磁钢经过其检测区域时,MR1 和 MR2 处的磁场先后增大从而导致 MR1 和 MR2 的阻值先后增大,如在①、③两端加电压±V_{cc},则②端输出一正弦波。为了克服其温度特性不好的缺陷,采用两个磁阻器件串联以抵消其温度影响。

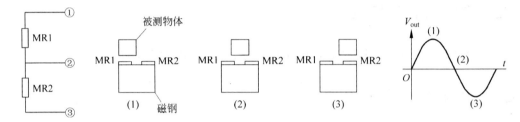

图 5-44　实验用磁敏传感器接法

四、实验系统组建与设备连接

1. 实验仪器与器材

转动源	1 只
转动控制器	1 套
磁敏传感器	1 只
磁敏传感器信号调理模块	1 套
直流电源(±15V)	1 套
myDAQ 数据采集器	1 套
PC	1 台
导线	若干

2. 实验设备介绍

本实验的磁敏传感器采用 CSY-2000 传感器实验台架配置的霍尔速度传感器,如图 5-45 所示。

霍尔速度传感器安装如图 5-46 所示。

振动源和转动控制器见 5.7 节实验。

3. 实验系统设备连接

实验系统设备连接如图 5-47 所示。

磁敏传感器信号调理电路如图 5-48 所示。

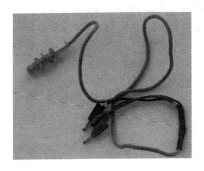

图 5-45 磁敏传感器

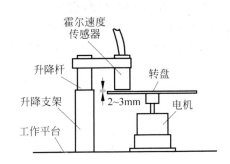

图 5-46 霍尔速度传感器安装图

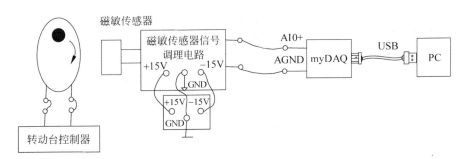

图 5-47 实验系统连接

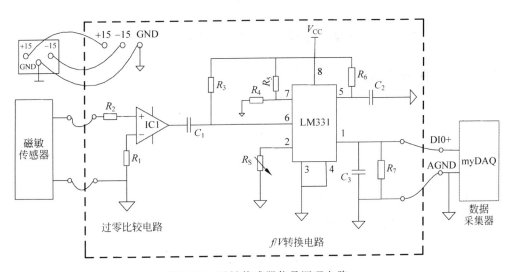

图 5-48 磁敏传感器信号调理电路

五、实验步骤

1. 运行虚拟仪器。

（1）按图 5-47 和图 5-48 将磁块固定在转动台上，连接磁敏传感器、磁敏传感器信号调理电路、myDAQ 数据采集器、PC;其中信号调理电路模拟输出 V_O、GND 连接到 myDAQ 数据采集器的模拟输入口 DI0+、AGND。

（2）在 PC 上运行虚拟仪器的频率计功能。

2．检查连线无误后，系统供电。

3．调节振动台转速，从 100～1500r/min，步进 100r/min，读取频率计输出，数据记录在表 5-11 中。

实验结束，关闭电源。

六、实验数据记录

表 5-11　磁敏传感器输出频率与转速关系

转速/(r/min)						
f/Hz						
转速/(r/min)						
f/Hz						

七、实验数据处理与分析

由表 5-11 数据，分析磁敏传感器的静态特性参数。

八、实验报告要求

实验报告主要内容包括：

（1）实验目的和要求；

（2）实验原理；

（3）实验系统构成；

（4）实验步骤；

（5）整理、分析原始实验数据；

（6）数据分析；

（7）讨论。

九、思考题

1．磁敏传感器主要有哪些种类？

2．磁敏传感器主要用来测哪些物理量？

十、实验改进与讨论

讨论设计更为简单有效的磁敏传感器实验方案。

5.12　离子传感器实验

一、实验目的

1. 掌握离子计的使用方法。
2. 了解氟离子选择电极的构造。

二、实验内容和要求

用离子计测量自来水中氟离子的浓度。

三、实验基本原理

氟化物在自然界广泛存在,也是人体正常组织成分之一。人每日从食物及饮水中摄取一定量的氟,摄入量过多对人体有害。据国内一些地区的调查资料表明,在一般情况下,饮用含氟量 0.5～1.5mg/L 的水时,多数地区的氟斑牙患病率高达 45％以上,且中、重度患者明显增多。而水中含氟量 0.5mg/L 以下的地区,居民龋齿患病率一般高达 50％～60％;水中含氟 0.5～1.0mg/L 的地区,仅为 30％～40％。综合考虑饮用水中氟含量对牙齿的轻度影响和防龋作用以及对我国广大的高氟区饮水进行除氟或更换水源所付的经济代价,1976 年全国颁发的《生活饮用水卫生标准》制定饮用水中氟含量不得超过 1mg/L。水中氟含量的测定可采用蒸馏比色法和氟离子选择电极法。前者费时,后者简便快捷。

氟离子选择电极是目前最成熟的一种离子选择电极。将氟化镧单晶(掺入微量氟化铕(II)以增加导电性)封在塑料管的一端,管内装 0.1mol·L^{-1}NaF 和 0.1mol·L^{-1}NaCl 溶液,以 Ag-AgCl 电极为参比电极,构成氟离子选择电极。用氟离子选择电极测定水样时,以氟离子选择电极作指示电极,以饱和甘汞电极作参比电极,组成的电池为

$$氟离子选择电极 | 试液 | | SCE \qquad (5-18)$$

如果忽略液接电位,电池的电动势为 $E = b - 0.0592\log\alpha_F$,即电池的电动势与试液中氟离子活度 α_F 的对数成正比。氟离子选择电极一般在 $1～10^{-6}$mol·L^{-1} 范围内符合能斯特方程式。

氟离子选择电极具有较好的选择性,常见阴离子 NO_3^-、SO_4^{2-}、PO_4^{3-}、Ac^-、Cl^-、

Br^-、I^-、HCO_3^- 等不干扰,主要干扰物是 OH^-。产生干扰的原因很可能是由于在膜表面发生如下反应

$$LaF_3 + 3OH^- \Longrightarrow La(OH)_3 + 3F^- \tag{5-19}$$

反应产物 F^- 因电极本身的响应而造成干扰。在较高酸度时由于形成 HF_2^- 而降低 F^- 的离子活度,因此测定时,需控制试液的 pH 在 5~6 之间,通常用乙酸缓冲溶液控制。常见阳离子除易与 F^- 形成稳定配位离子的 Fe^{3+}、Al^{3+}、$Sn(Ⅳ)$ 干扰外其他不干扰。这几种离子的干扰可加入柠檬酸钠进行掩蔽。用氟离子选择电极测定的是溶液中离子的活度,因此必须加入大量电解质控制溶液的离子强度。

氟离子选择电极测定氟离子时,应加入总离子强度调节缓冲液,以控制溶液 pH 和离子强度以消除干扰。

四、实验系统组建与设备连接

1. 实验仪器与器材

离子计、氟离子选择电极、饱和甘汞电极、电磁搅拌器、100mL 容量瓶 7 只、100mL 烧杯两个、10mL 移液管、0.1000mol/L F 标准溶液、总离子强度调节缓冲液。

2. 实验系统设备连接

实验系统设备连接如图 5-49 所示。

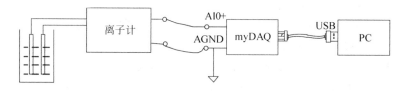

图 5-49　实验系统设备连接

五、实验步骤

1. 氟离子选择电极的制备。

氟离子选择电极在使用前,应放在含 10^{-4} mol/L F 或更低浓度的 F^- 溶液中浸泡约 30 分钟。使用时,先用去离子水吹洗电极,再在去离子水中洗至电极的纯水电位。其方法是将电极浸入去离子水中,在离子计上测量其电位,然后更换去离子水,观察其电位变化,如此反复进行处理,直至其电位达到稳定并为它的纯水电位为止。

2. 测量范围及能斯特斜率的测量。

在 5 只 100mL 容量瓶中,用 10mL 移液管移取 0.1000mol/L F^- 标准溶液于第一只 100mL 容量瓶中,加入 TISAB10mL,去离子水稀释至标线,摇匀,配成 1.00×10^{-2} mol/L F 标准溶液;在第二只 100mL 容量瓶中,加入 1.00×10^{-2} mol/L F^- 标

准溶液 10mL 和 TISAB10mL,去离子水稀释至标线,摇匀,配成 1.00×10^{-3}mol/L F$^-$ 标准溶液。按上述方法依次配制 $1.00\times10^{-4}\sim1.00\times10^{-6}$ mol/L F$^-$ 标准溶液。

将适量 F$^-$ 标准溶液(浸没电极即可)分别倒入 5 只塑料烧杯中,放入磁性搅拌子,插入氟离子选择电极和饱和甘汞电极,连接好离子计,开启电源搅拌器,由稀至浓依次测量,在仪器数字显示在 ±1mV 内,读取电位值,记录数据。再分别测定其他 F$^-$ 标准溶液的电位值。

3. 氟含量的测定(所测试样为自来水)。

(1) 标准曲线法:在实验室接取 50.0mL 自来水于 100mL 容量瓶中,加入 TISAB10mL,去离子水稀释至标线,摇匀。全部倒入一烘干的烧杯中,按(2)中方法测定其电位值,并记录数据,平行测三份。

(2) 标准加入法:在(1)测量后加入 1.00mL1.00$\times10^{-3}$mol/L F$^-$ 标准溶液,再测定其电位值并在表 5-12 中记录数据。

六、实验数据记录

表 5-12 浓度与电势关系

电势/mV	浓 度 对 数

七、实验数据处理与分析

画出离子传感器电势与浓度关系曲线,并分析其静态特性参数。

八、实验报告要求

实验报告主要内容包括:

(1) 实验目的和要求;

(2) 实验原理;

(3) 实验系统构成;

(4) 实验步骤;

(5) 整理、分析原始实验数据;

(6) 数据分析;

（7）讨论。

九、思考题

1. 用氟离子选择电极法测定自来水中氟离子含量时,加入 TISAB 的作用是什么?

2. 标准曲线法和标准加入法各有何特点? 比较本实验用这两种方法测得的结果是否相同,如果不同,说明其原因。

十、实验改进与讨论

讨论离子选择性电极的优缺点。

5.13   电容式传感器原理实验

一、实验目的

1. 了解电容式传感器结构及特点。
2. 掌握电容式传感器检测原理与方法。

二、实验内容和要求

利用电容式传感器及其变换电路、电压放大器、滤波器和测微头、虚拟仪器、PC组成位移测量系统,研究电容式传感器信号调理电路输出电压与位移的关系。

三、实验基本原理

图 5-50 所示传感器为圆筒式变面积差动结构的电容式位移传感器,由两个圆筒和一个圆柱组成。设圆筒的半径为 R、圆柱的半径为 r、圆柱的长为 x,则电容量为

$$C = \varepsilon^2 \pi \frac{x}{\ln \dfrac{R}{r}} \tag{5-20}$$

通过控制 ε、A、d 三个参数中的两个参数不变,只改变其中一个参数,就可以分别组成测介质的性质(ε 变化)、测位移(d 变化)和测距离、液位(A 变化)等多种性质的电容传感器。

图中 C_1、C_2 是差动连接,当图中的圆柱产生 ΔX 位移时,电容量的变化量为

$$\Delta C = C_1 - C_2 = \varepsilon^2 \pi \frac{2\Delta X}{\ln \frac{R}{r}} \qquad (5\text{-}21)$$

式中 $\varepsilon^2 \pi$、$\ln \dfrac{R}{r}$ 为常数，说明 ΔC 与位移 ΔX 成正比，利用相应的测量电路就可以测量位移。

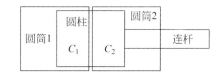

图 5-50　圆筒式变面积差动电容式位移传感器结构

四、实验系统组建与设备连接

1. 实验仪器与器材

测微头	1 套
位移实验台架	1 套
电容传感器	1 套
电容传感器信号调理模块	1 套
信号发生器	1 台
直流电源（±15V）	1 台
myDAQ 数据采集器	1 套
PC	1 台
导线	若干

2. 实验设备介绍

本实验的电容传感器采用 CSY-2000 传感器实验平台配置的电容传感器，如图 5-51 所示。位移实验台架见 5.4 节实验。

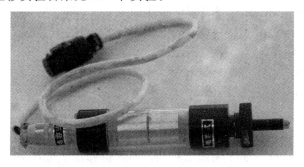

图 5-51　电容传感器

3. 实验系统设备连接

实验系统设备连接如图 5-52 所示。

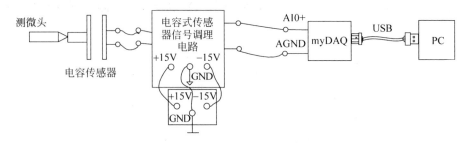

图 5-52　实验系统设备连接

电容式传感器信号调理电路如图 5-53 所示。

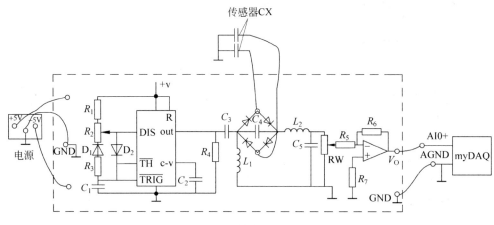

图 5-53　电容式传感器信号调理电路

五、实验步骤

1. 运行虚拟仪器。

（1）按图 5-52 和图 5-53 将电容传感器固定在实验装置上,连接电容传感器、电容传感器信号调理电路、myDAQ、PC；其中信号调理电路模拟输出 V_o 连接到 myDAQ 数据采集器的模拟输入口 AI0＋。

（2）在 PC 上运行虚拟仪器的电压表。

2. 检查连线无误后,系统供电。

3. 旋转测微头改变电容传感器的动极板位置使电压表显示 0V,再转动测微头（向同一个方向）5 圈,记录此时测微头读数和电压表显示值,此点作为实验起点值；此后,反方向每转动测微头 1 圈即 $\Delta x＝0.5$mm 位移读取电压表读数,共转 10 圈读取相应的电压表读数(单行程位移方向做实验可以消除测微头的回差)。

将数据填入表 5-13 中。

实验结束,关闭电源。

六、实验数据记录

表 5-13　电容传感器位移与输出电压值

X/mm										
V/mV										

七、实验数据处理与分析

1. 根据表 5-13 作出 X/V 实验曲线,计算电容传感器的系统灵敏度 S 和非线性误差 δ。

2. 试设计利用 ε 的变化测量谷物湿度的传感器原理及结构,并说明在设计中应考虑的因素。

八、实验报告要求

实验报告主要内容包括:

(1) 实验目的和要求;

(2) 实验原理;

(3) 实验系统构成;

(4) 实验步骤;

(5) 整理、分析原始实验数据;

(6) 数据分析;

(7) 讨论。

九、思考题

1. 电容传感器主要有哪些类型?

2. 影响电容传感器的主要因素是什么?

3. 电容传感器主要用于什么场合?

十、实验改进与讨论

讨论电容式传感器位移检测的误差源及误差抑制或补偿方案。

5.14　扩散硅压力传感器原理实验

一、实验目的

了解扩散硅压阻式压力传感器测量压力的原理和方法。

二、实验内容和要求

利用压阻式压力传感器实现气压检测,掌握扩散硅压力传感器原理与检测方法。

三、实验基本原理

扩散硅压阻式压力传感器在单晶硅的基片上扩散出 P 型或 N 型电阻条,并接成电桥。在压力作用下根据半导体的压阻效应,基片产生应力,电阻条的电阻率产生很大变化,引起电阻的变化,通过信号调理电路,将电阻变化转换为电压变化,反映受到的压力变化。

如图 5-54 所示,在 X 形硅压力传感器的一个方向上加偏置电压形成电流 i,当敏感芯片没有外加压力作用,内部电桥处于平衡状态,当有剪切力作用时,在垂直电流方向将会产生电场变化 $E = \Delta\rho \times i$,该电场的变化引起电位变化,得到与电流垂直方向的两侧压力引起的输出电压 U_o。

$$U_o = d \times E = d \times \Delta\rho \times i \qquad (5\text{-}22)$$

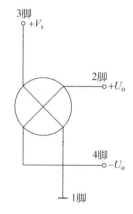

图 5-54　扩散硅压力传感器工作原理图

四、实验系统组建与设备连接

1. 实验仪器与器材

活塞式压力校准装置	1 套
标准砝码	1 套
扩散硅压阻式压力传感器	1 套
应力(电阻)测量模块	1 套
直流电源(±15,+4V)	1 套
myDAQ 数据采集器	1 套

PC　　　　　　　　　　　　　　1 台

导线　　　　　　　　　　　　　若干

2. 实验设备介绍

（1）活塞式压力校准装置

本实验采用如图 5-55 所示的活塞式压力校准装置产生压力源。

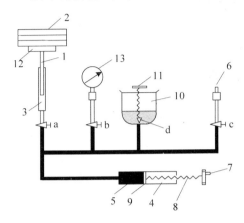

图 5-55　活塞式压力计

a、b、c—截止阀；d—进油阀；1—测量活塞；2—标准砝码；3—活塞筒；4—手摇压力发生器；5—油；
6—压阻式压力传感器；7—手轮；8—丝杠；9—工作活塞；10—油杯；11—进油阀；12—托盘

（2）压阻式压力传感器

本实验扩散硅压力传感器采用 MPX3100，结构如图 5-56 所示。

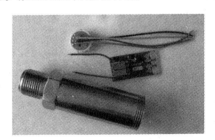

(a)扩散硅压力传感器组成　　　　　(b)扩散硅压力传感器机芯

图 5-56　扩散硅压力传感器组成与机芯

3. 实验系统设备连接

实验系统设备连接如图 5-57 所示。

当扩散硅压阻式压力传感器感受到压力变化，其输出电压发生变化，经过压阻式传感器信号调理电路和数据采集卡将测到的数据传输到计算机，对测量结果进行显示进而分析。

压阻式传感器信号调理电路如图 5-58 所示。

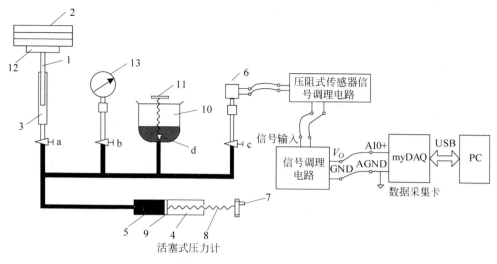

图 5-57　实验系统设备连接

a、b、c—截止阀；d—进油阀；1—测量活塞；2—标准砝码；3—活塞筒；4—手摇压力发生器；5—油；
6—扩散硅压阻式压力传感器；7—手轮；8—丝杠；9—工作活塞；10—油杯；11—进油阀；12—托盘

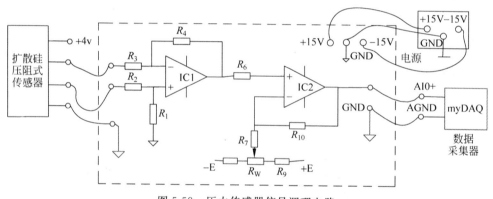

图 5-58　压力传感器信号调理电路

五、实验步骤

1. 运行虚拟仪器。

（1）按图 5-57 和图 5-58 连接信号调理模块、数据采集器、PC，其中信号调理输出 V_O、GND 分别连接到 myDAQ 数据采集器的模拟输入端子 AI0＋，AGND。

（2）在 PC 上运行虚拟仪器的电压表功能。

2. 将扩散硅压阻式压力传感器安装在活塞式校准装置位置 6。

3. 把活塞式压力校准装置平放在便于操作的工作台上，依据水平指示装置调整即可。

4. 给系统中注入工作液（变压器油）。

5. 排除传压系统内的空气。打开油杯阀，反向旋转手轮，给手摇泵补足工作液，再关油杯阀。

6. 线路检查无误后,给系统供电。首先检查零位偏差,进行处理后(校正或修正),调节活塞式压力校准装置的手柄和砝码,产生各标准压力,记录虚拟电压表数据到表 5-14 中。

7. 测量结束后,打开油杯阀,放出工作液,用棉纱把压力表校验器擦拭干净,并罩好防尘罩。

实验结束,关闭电源。

注意事项:

(1) 活塞式压力校准装置上的各阀均为针型阀,开、闭时不宜用力过度,以免损坏(阀门不要旋转出太多,三四圈即可)。

(2) 一般取测量范围的 30%、40%、50%、60%、70%、80%、90% 七处刻度线校验。

(3) 在安装压力表时,应使仪表板都正对观测者。

(4) 正向校验时,快到测量位时手轮旋转要慢,不能超程后又返回;反之,反向测量时一样。摇动手摇泵时,不要使丝杠受到径向力的作用,以免丝杠变弯。

六、实验数据记录

表 5-14　扩散硅压力传感器与压力的关系

P/kPa									
U_o/V									

七、实验数据处理与分析

画出实验曲线计算本系统的灵敏度和非线性误差。

八、实验报告要求

实验报告主要内容包括:

(1) 实验目的和要求;

(2) 实验原理;

(3) 实验系统构成;

(4) 实验步骤;

(5) 整理、分析原始实验数据;

(6) 数据分析;

(7) 讨论。

九、思考题

1. 如何将本实验装置改造成一个简易压力计？
2. 扩散硅压力传感器测量电路适用于什么场合？

十、实验改进与讨论

讨论设计扩散硅压力传感器实验的其他电路方案。

5.15　光敏电阻实验

一、实验目的

了解光敏电阻的光照特性和伏安特性。

二、实验内容和要求

测量光敏电阻的伏安特性。

三、实验基本原理

在光的作用下，电子吸收光子的能量从键合状态过渡到自由状态，引起电导率的变化，这种现象称为光电导效应。

光电导效应是半导体材料的一种体效应，光照越强，器件自身的电阻越小。基于这种效应的光电器件称为光敏电阻，光敏电阻无极性，其工作特性与入射光光强、波长和外加电压有关。光敏电阻实验原理图如图 5-59 所示。

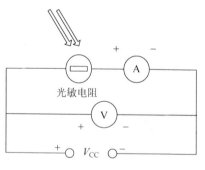

图 5-59　光敏电阻实验原理图

四、实验系统组建与设备连接

1. 实验仪器与器材

光敏电阻	1 只
发光二极管	1 只

可控光源	1 套
光电器件信号调理电路	1 套
直流电压(±15V,0~24V)	1 台
myDAQ 数据采集器	1 套
电流表	1 台
PC	1 台
导线	若干

2. 实验设备介绍

本实验的光敏电阻传感器采用 CSY-2000 系列传感器实验平台配置的光敏电阻传感器,如图 5-60 所示。

图 5-60　光敏电阻

3. 实验系统设备连接

实验系统设备连接如图 5-61 所示。

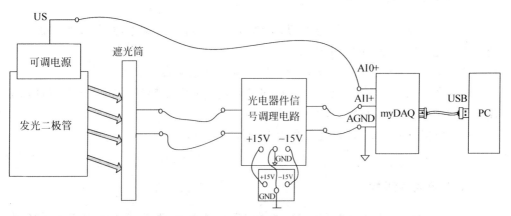

图 5-61　实验系统设备连接

光器件信号调理电路如图 5-62 所示。

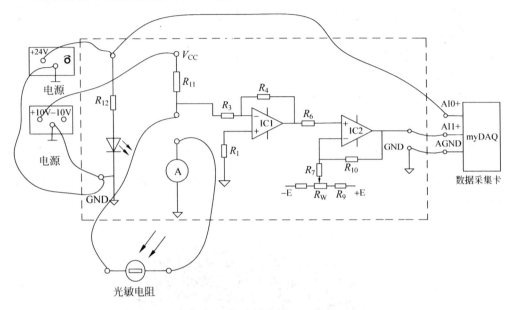

图 5-62　光器件信号调理电路

五、实验步骤

1. 运行虚拟仪器

（1）按图 5-61 和图 5-62 连线，其中发光二极管的供电电压与 myDAQ 数据采集器的模拟输入口 AI0＋相连，光敏电阻输出串接电流表。

（2）在 PC 上运行虚拟仪器的电压表。

2. 亮电阻和暗电阻测量

（1）检查线路无误后，接通电源，缓慢调节 0～24V 可调电源，使发光二极管二端电压为光照度 100lx 时的电压值。

（2）经过 10s 后读取电流表的值为亮电流 $I_{亮}$（电流表 20mA 挡）。

（3）将 0～24V 可调电源的调节旋钮逆时针方向缓慢旋到底后，10s 左右读取电流表的值为暗电流 $I_{暗}$（电流表 20μA 挡）。

（4）根据以下公式，计算亮阻和暗阻（照度 100lx）

$$R_{亮} = U_{测} / I_{亮}; \quad R_{暗} = U_{测} / I_{暗} \tag{5-23}$$

3. 光照特性测量

光敏电阻的二端电压为定值时，光敏电阻的光电流随光照强度的变化而变化，它们之间的关系是非线性的。

调节 0～24V 电压得到不同的光照度,测得数据填入表 5-15(a)中。

4. 伏安特性测量

光敏电阻在一定的光照强度下,光电流随外加电压的变化而变化。测量时,光照强度为定值时(如 100lx),光敏电阻输入 0V、2～10V 六挡电压,测得光敏电阻上的电流值填入表 5-15(b)中,并在同一坐标图中作出不同照度的三条伏安特性曲线。

实验完毕,关闭电源。

六、实验数据记录

表 5-15(a)　光照特性实验数据

光照度/lx	0	10	20	30	40	50	60	70	80	90	100
光电流/mA											

表 5-15(b)　光敏电阻伏安特性实验数据

光敏电阻		电压/V	0	2	4	6	8	10
照度 lx	10lx	电流/mA						
	50lx	电流/mA						
	100lx	电流/mA						

七、实验数据处理与分析

1. 根据表 5-15(a),作出光电流与光照度 $I\sim lx$ 的曲线图。

2. 根据表 5-15(b),在同一坐标图中作出不同照度的三条伏安特性曲线。

八、实验报告要求

实验报告主要内容包括:

(1) 实验目的和要求;

(2) 实验原理;

(3) 实验系统构成;

(4) 实验步骤;

(5) 整理、分析原始实验数据;

(6) 数据分析;

(7) 讨论。

九、思考题

为什么测光敏电阻亮阻和暗阻要经过 10s 后读数？这是光敏电阻的缺点，只能应用于什么状态。

十、实验改进与讨论

分析光敏电阻实验的误差源，讨论如何提高测量准确度。

5.16　P-N 结温度传感器原理实验

一、实验目的

1. 了解 PN 结温度传感器的特性及工作原理。
2. 掌握 PN 结测量方法。

二、实验内容和要求

通过改变温度观察 PN 结压降的变化和最终输出电压的变化，掌握 PN 结温度传感器测温原理。

三、实验基本原理

半导体 PN 结具有非常良好的温度线性，根据 PN 结特性表达公式 $I = I_s(e^{\frac{qU}{RT}} - 1)$ 可知，当 PN 结制成后，其反向饱和电流基本上只与温度有关，根据这一原理实现的 PN 结温度传感器，可以直接显示绝对温度 K，并具有良好的线性精度。例如，硅管的 PN 结的结电压在温度每升高 1℃时，下降约 2.1mV，利用这种特性可做成各种各样的 PN 结温度传感器。它具有线性好、时间常数小（0.2～2s）、灵敏度高等优点，测温范围为－50～＋150℃；其不足之处是离散性大，互换性较差。

如图 5-63 是本实验的实验电路示意图，当温度发生变化时，PN 结的压降将发生变化，经放大后转化成温度。

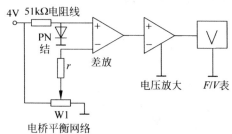

图 5-63　实验电路示意图

四、实验系统组建与设备连接

1. 实验仪器与器材

水杯(不同温度水)	1 只
AD590 温度传感器	1 只
水银温度计	1 只
温度调理电路	1 套
电源(±15V)	1 套
myDAQ	1 套
PC	1 台

2. 实验设备介绍

AD590 温度传感器如图 5-64 所示,测温范围为 $-55\sim+150℃$,电源电压范围为 $4\sim30\mathrm{V}$。输出为 2 个引脚,红色线接高电平,黑色线接低电平。

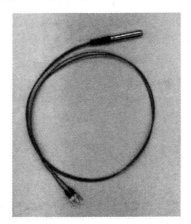

图 5-64　AD590 温度传感器

3. 实验系统设备连接

实验设备连接如图 5-65 所示。

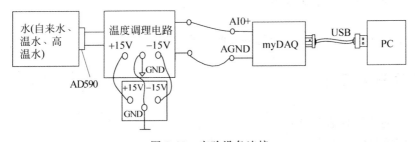

图 5-65　实验设备连接

AD590 温度调理电路如图 5-66 所示。

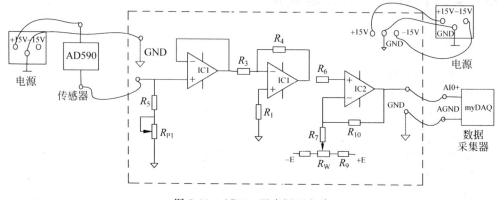

图 5-66　AD590 温度调理电路

五、实验步骤

1. 运行虚拟仪器。

（1）按图 5-65 和图 5-66 连线，其中温度调理电路输出接 myDAQ 的 AI0＋口，温度调理模块的电源由 myDAQ 输出＋15V 供电。

（2）在 PC 上运行虚拟仪器的电压表。

2. 施加不同温度水，分别读取水银温度计温度和电压表读数，记录在表 5-16 中。实验完毕，关闭电源。

六、实验数据记录

表 5-16　温度检测系统输出与温度关系

温度计温度 t					
输出电压 U_0					

七、实验数据处理与分析

画出温度检测系统输出电压与温度的关系曲线。

八、实验报告要求

实验报告主要内容包括：

（1）实验目的和要求；

（2）实验原理；

（3）实验系统构成；

（4）实验步骤；

（5）整理、分析原始实验数据；

（6）数据分析；

（7）讨论。

九、思考题

1. 分析一下该测温电路的误差来源。

2. 如要将其作为一个 0～100℃ 的较理想的测温电路，你认为还必须具备哪些条件？

十、实验改进与讨论

讨论 PN 结温度传感器检测电路误差源，如何改进实验装置。

5.17　磁电式传感器实验

一、实验目的

了解磁电式传感器的原理和实验方法。

二、实验内容和要求

通过调测微头调节磁场，测量霍尔传感器的输出电压，研究磁电式传感器特性。

三、实验基本原理

磁电式传感器是一种能将非电量的变化转为感应电动势的传感器，所以也称为感应式传感器。它根据电磁感应定律，N 匝线圈中的感应电动势 e 的大小取决于穿过线圈的磁通的变化率：

$$e = -N \frac{\mathrm{d}\psi}{\mathrm{d}t} \qquad (5-24)$$

霍尔传感器是一种磁电传感器，它利用材料的霍尔效应而制成，该传感器是由工作在两个环形磁钢组成的梯度磁场和位于磁场中的霍尔元件组成。当霍尔元件通以恒定电流时，霍尔元件就有电势输出。霍尔元件在梯度磁场中上、下移动时，输出的霍尔电势 V 取决于其在磁场中的位移量 X，所以测得霍尔电势的大小便可获知霍尔元件的静位移。

四、实验系统组建与设备连接

1. 实验仪器与器材

测微头	1 套
位移实验台架	1 套
霍尔传感器	1 套
霍尔传感器信号调理模块	1 套
直流电源(±15V,±4V)	1 台
myDAQ 数据采集器	1 套
PC	1 台
导线	若干

2. 实验设备介绍

本实验的霍尔传感器采用 CSY-2000 系列传感器与检测实验平台配置的霍尔传感器,如图 5-67 所示。

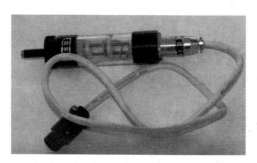

图 5-67　霍尔传感器

3. 实验系统设备连接

实验系统设备连接如图 5-68 所示。

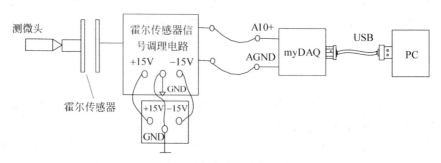

图 5-68　实验系统设备连接

霍尔传感器信号调理电路如图 5-69 所示。

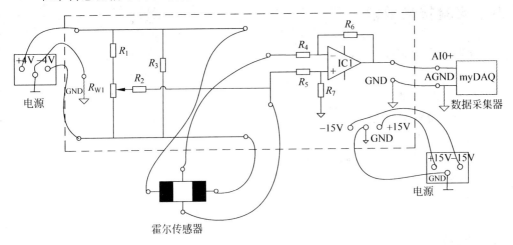

图 5-69　霍尔传感器信号调理电路

五、实验步骤

1. 运行虚拟仪器。

（1）按图 5-68 和图 5-69 连线，其中调理电路输出和 GND 分别接 myDAQ 的 AI0＋、AGND。

（2）在 PC 上运行虚拟仪器的电压表。

2. 检查接线无误后，开启电源，调节测微头使霍尔片处在两磁钢的中间位置，再调节 R_{W1} 使电压表显示为零。

3. 向某个方向调节测微头 2mm 位移，记录电压表读数作为实验起始点；再反方向调节测微头，每增加 0.2mm 记下一个读数（建议做 4mm 位移），将读数填入表 5-17 中。

实验结束，关闭电源。

六、实验数据记录

表 5-17　位移与检测系统输出电压的关系

X/mm									
V/mV									

七、实验数据处理与分析

画出 V-X 曲线，并计算灵敏度 S。

八、实验报告要求

实验报告主要内容包括：
(1) 实验目的和要求；
(2) 实验原理；
(3) 实验系统构成；
(4) 实验步骤；
(5) 整理、分析原始实验数据；
(6) 数据分析；
(7) 讨论。

九、思考题

1. 在测量数据时,测微头向上和向下移动时,电路的输出有何不同？输入输出关系曲线是否重合？为什么？
2. 在调节好位置后,为什么不能再移动磁路系统？

十、实验改进与讨论

讨论霍尔式传感器检测位移的误差源,如何提高检测性能。

第 6 章

传感器特性测试实验 　　　⟫⟫⟫

6.1　电涡流式传感器特性实验

一、实验目的

1. 了解电涡流传感器测量位移的工作原理和特性。
2. 掌握电涡流传感器的静态标定方法。

二、实验内容与要求

　　通过旋动测微头改变被测体的位移,利用电涡流传感器测量位移,掌握电涡流传感器的实际应用技术,了解其灵敏度、非线性度等性能特点。

三、实验基本原理

1. 测微头使用

测微头使用原理及方法见 5.4 节实验。

2. 电涡流传感器原理

　　通过交变电流的线圈产生交变磁场,当金属体处在交变磁场时,根据电磁感应原理,金属体内产生电流,该电流在金属体内自行闭合,并呈旋涡状,称为涡流,如图 6-1 所示。

　　涡流的大小影响线圈的阻抗 Z,而涡流的大小与金属导体的电阻率 ρ、磁导率 μ、线圈激磁电流频率 f 及线圈与金属体表面的距离 x 等参数

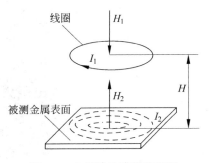

图 6-1　电涡流传感器原理图

有关,电涡流工作在非接触状态(线圈与金属体表面不接触),如果使线圈与金属体表面距离 x 以外的所有参数不变,并保持环境温度不变,阻抗 Z 只与距离 x 有关,将阻抗变化转换为电压信号 V 输出,那么输出电压 V 就是距离 x 的单值函数,因此电涡流传感器可以进行位移测量。

涡流效应与金属导体本身的电阻率和磁导率有关,因此不同的材料就会有不同的性能。电涡流传感器在实际应用中,由于被测体的形状、大小不同,导致被测体上涡流效应不充分,会减弱甚至不产生涡流效应,因而影响电涡流传感器的静态特性,所以在实际测量中,必须针对具体的被测体进行静态特性标定。

四、实验系统组建与设备连接

1. 实验仪器与器材

测微头	1 套
位移实验台架	1 套
电涡流传感器	1 只
电涡流传感器信号调理电路	1 套
直流电源(+15V)	1 套
被测体(铁片)	1 套
myDAQ 数据采集器	1 套
PC	1 台
导线	若干

2. 实验设备介绍

本实验测微头见 5.4 节实验。

电涡流传感器选用 CSY-2000 传感器实验平台配置的电涡流传感器,如图 6-2 所示。

图 6-2　电涡流传感器

基于电涡流传感器的位移测量台架如图 6-3 所示,测微头前端连接一个被测金属圆片,如图 6-4 所示。

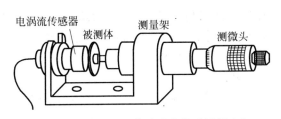

图 6-3　基于电涡流传感器的位移测量台架

图 6-4　被测金属圆片

3. 实验系统设备连接

实验系统设备连接如图 6-5 所示。

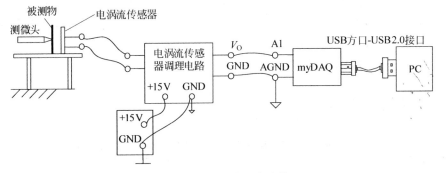

图 6-5　实验系统设备连接

电涡流传感器信号调理电路如图 6-6 所示。

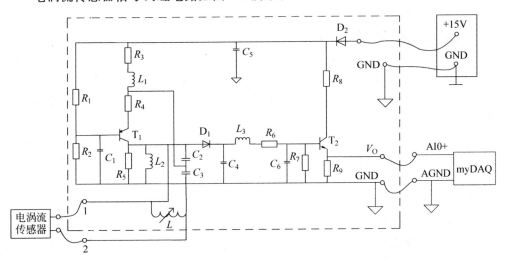

图 6-6　电涡流传感器信号调理电路

五、实验步骤

1. 运行虚拟仪器。

（1）按图 6-5 和图 6-6 所示，依次连接电涡流传感器、电涡流传感器信号调理电路、myDAQ 数据采集器、PC，其中电涡流传感器信号调理电路输出 V_0、GND 分别连接到 myDAQ 数据采集器的模拟输入端子 AI0＋、AGND。

（2）在 PC 上运行虚拟仪器的电压表功能。

2. 按图 6-3 所示，安装好电涡流线圈和铁质金属涡流片，注意两者必须保持平行，安装好测微头，被测体使用铁圆片。

3. 线路检查无误后，给系统供电，用测微头把电涡流线圈和涡流片分开一段距离，此时电压表有电压值输出。

4. 用测微头使电涡流线圈完全贴紧金属涡流片，此时由于涡流变换器中的振荡电路停振，电压表显示应该为零。

5. 旋动测微头使电涡流线圈离开金属涡流片，逐渐增大电涡流线圈和金属涡流片之间的距离，每移动 0.1mm 记录测微头的读数 X 和电压表显示数值，直到输出几乎不变为止，将数据填入表 6-1 中。

实验完毕，关闭电源，整理器材。

六、实验数据记录

表 6-1　电涡流传感器位移 X 与输出电压数据

X/mm											
V/V											

七、实验数据处理与分析

根据实验数据画出 V-X 曲线，找出线性区域以及进行正、负位移测量时的最佳工作点（即线性范围的中点）。请计算测量范围为 1mm 与 3mm 时的灵敏度和线性度（可以用端基法或其他拟合直线）。

八、实验报告要求

实验报告主要内容包括：

（1）实验目的和要求；

（2）实验原理；

（3）实验系统构成；

（4）实验步骤；

（5）整理、分析原始实验数据；

（6）数据分析；

（7）讨论。

九、思考题

电涡流传感器的测量范围与哪些因素有关？

十、实验改进与讨论

当被测体金属材料不同时会对电涡流传感器的性能造成什么影响？在测量前需要采取什么措施？

6.2　电涡流式传感器应用于材质判断实验

一、实验目的

1. 了解电涡流传感器测量位移的工作原理和特性。
2. 了解不同的被测体材料对电涡流传感器性能的影响。

二、实验内容与要求

通过旋动测微头改变被测体的位移，利用电涡流传感器分别测量被测体为铁圆片、铝圆片和铜圆片时的位移和输出电压的关系，分析不同的被测体材料对电涡流传感器性能的影响，会根据不同的量程选用电涡流传感器。

三、实验基本原理

实验基本原理见 6.1 节实验。

四、实验系统组建与设备连接

1. 实验仪器与器材

测微头	1 套
位移实验台架	1 套
电涡流传感器	1 只

电涡流传感器信号调理电路	1 套
直流电源(＋15V)	1 套
被测体(铁圆片、铝圆片、铜圆片)	1 套
myDAQ 数据采集器	1 套
PC	1 台
导线	若干

2. 实验设备介绍

实验设备介绍见 6.1 节实验。

3. 实验系统设备连接

实验系统连接见 6.1 节实验。

五、实验步骤

1. 运行虚拟仪器。

(1) 按图 6-5 和图 6-6 所示,依次连接电涡流传感器、电涡流传感器信号调理电路、myDAQ 数据采集器、PC,其中电涡流传感器信号调理电路输出 V_o、GND 分别连接到 myDAQ 数据采集器的模拟输入端子 AI0＋、AGND。

(2) 在 PC 上运行虚拟仪器的电压表功能。

2. 按图 6-3 所示,安装好电涡流线圈和铁质金属涡流片,注意两者必须保持平行,安装好测微头,被测体使用铁圆片。

3. 线路检查无误后,给系统供电,用测微头把电涡流线圈和涡流片分开一段距离,此时电压表有电压值输出。

4. 用测微头带动振动平台使电涡流线圈完全贴紧金属涡流片,此时由于涡流变换器中的振荡电路停振,电压表显示应该为零。

5. 旋动测微头使电涡流线圈离开金属涡流片,逐渐增大电涡流线圈和金属涡流片之间的距离,每移动 0.1mm 记录测微头的读数 X 和电压表显示数值,直到输出几乎不变为止,将数据填入表 6-2(a)中。

6. 将被测体铁圆片换成铝和铜圆片,重复步骤 2～5,分别进行被测体为铝和铜圆片的位移特性测试,将数据分别填入表 6-2(b)和表 6-2(c)中。

实验完毕,关闭电源,整理器材。

六、实验数据记录

表 6-2(a)　被测体为铁圆片时的位移与输出电压数据

X/mm									
V/V									

表 6-2（b）　被测体为铝圆片时的位移与输出电压数据

X/mm										
V/V										

表 6-2（c）　被测体为铜圆片时的位移与输出电压数据

X/mm										
V/V										

七、实验数据处理与分析

1. 根据表 6-2(a)、表 6-2(b)和表 6-2(c)的数据在同一坐标纸上画出 V-X 曲线，分析不同材料被测体的线性范围、最佳工作点，分别计算量程为 1mm 和 3mm 时的灵敏度和非线性误差（线性度）。

2. 比较以上实验的结果，进行归纳小结。

八、实验报告要求

实验报告主要内容包括：

（1）实验目的和要求；

（2）实验原理；

（3）实验系统构成；

（4）实验步骤；

（5）整理、分析原始实验数据；

（6）数据分析；

（7）讨论。

九、思考题

1. 用电涡流传感器进行非接触位移测量时，如何根据量程选用传感器？

2. 查阅资料，说明涡流效应和磁效应的关系，从理论上判断铁、铜、铝材质在涡流效应中灵敏度的高低，并与实验结果做比较。

十、实验改进与讨论

改进实验，研究被测物体尺寸、外形与电涡流传感器输出特性的关系。

6.3 超声波式传感器探伤特性实验

一、实验目的

1. 了解超声波式传感器的结构、工作原理。
2. 了解 A 型超声波探伤仪的工作原理。
3. 掌握 A 型超声波探伤仪的使用方法。

二、实验内容与要求

利用 A 型超声波探伤仪进行钢板探伤实验,掌握 A 型超声波探伤仪在探伤中的使用方法,了解超声波式传感器的特性。

三、实验基本原理

1. 超声波式传感器

声波是一种能在气体、液体和固体中传播的机械波。根据振动频率的不同,可分为次声波、声波、超声波和微波等。其中,次声波是振动频率低于 16Hz 的机械波;声波是振动频率在 $16 \sim 20 kHz$ 之间的机械波,在这个频率范围内能为人耳所听到;超声波是频率高于 20kHz 的机械波。

声波的频率、波长和声速间的关系是

$$\lambda = \frac{c}{f} \qquad\qquad (6\text{-}1)$$

式中,λ 为波长;c 为波速;f 为频率。

由式(6-1)可见,声波的波长与频率成反比,超声波与一般声波比较,它的振动频率高,而且波长短,因而具有束射特性,方向性强,可以定向传播,其能量远远大于振幅相同的一般声波,并且具有很高的穿透能力。

利用超声波物理特性和各种效应研制的装置称为超声波换能器,或超声波传感器、超声波探头。根据工作原理不同,可分为压电式、磁致伸缩式、电磁式等,在检测技术中压电式最为常用。压电式超声波探头的原理是压电材料的压电效应,其中发射探头利用逆压电效应,将高频电振动转换成高频机械振动,产生超声波,而接收探头利用正压电效应,将超声振动波转换成电信号。超声波探头按照结构的不同分为直探头式、斜探头式和双探头式。其中直探头式结构如图 6-7 所示。

2. A 型超声波探伤仪

超声波探伤的方法很多,最常用的是脉冲反射法。当被检测的均匀材料中存在缺陷时,将造成材料的不连续性,这种不连续性往往伴随着声阻抗的突变,超声波遇到不同声阻抗的物质,将在交界面上发生反射,根据反射波的大小、有无及其在时基轴上的位置可以判断出缺陷的大小、有无以及缺陷的深度。超声波在传播过程中,遇到缺陷或被测物底面时,会发生反射,通过换能装置将声能转换为电能,形成反射脉冲信号。如图 6-8(a)所示,声波直达工件底面,遇界面全反射回来。如图 6-8(b)所示,当工件中有垂直于声波传播方向的伤,声波遇到伤界面也反射回来。当伤的形状和位置导致界面和声波传播方向有角度时,将按声的反射规律产生声波的反射传播,如图 6-8(c)所示。

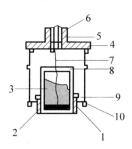

图 6-7　直探头式结构图

1—压电片;2—保护膜;3—吸收块;4—盖;

5—绝缘柱;6—换能片;7—导电螺杆;

8—接线片;9—压电片座;10—外壳

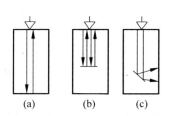

图 6-8　超声波在工件中的传播

目前在实际探伤中应用广泛的是 A 型脉冲反射式超声波探伤仪,这种仪器的荧光屏上横坐标表示超声波在工件中的传播时间(或传播距离),纵坐标表示反射回波波高,根据荧光屏上缺陷波的位置和高度可以判定缺陷的位置和大小。

A 型脉冲超声波探伤仪的型号规格较多,但基本电路大致相同,下面以 CST-22型探伤仪为例说明 A 型脉冲超声波探伤仪的基本电路。

CST-22 型超声探伤仪主要由同步电路、发射电路、接收放大电路、时基电路(扫描电路)、显示电路和电源电路组成,电路框图如图 6-9 所示。

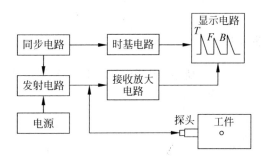

图 6-9　A 型超声波探伤仪电路框图

各电路的主要功能如下:

(1) 同步电路:产生一系列同步脉冲信号,控制整台仪器各电路按统一步调进

行工作;

(2) 发射电路:在同步脉冲信号触发下,产生高频电脉冲,激励探头发射超声波;

(3) 接收放大电路:将探头接收到的信号放大检波后,添加在示波管垂直偏转板上;

(4) 时基电路:在同步脉冲信号触发下,产生锯齿波,添加在示波管水平偏转板上形成时基线;

(5) 显示电路:显示时基线与探伤波形;

(6) 电源电路:提供仪器各部分所需要的电压。

在实际探伤过程中,各电路按统一步调协调工作。上电后,同步电路产生同步脉冲信号,同时触发发射电路和时基电路。发射电路触发后,产生高频电脉冲并作用在探头上,利用探头内部压电晶片的逆压电效应把电信号转换为声信号,发射出超声波。超声波在传播过程中遇到异质界面(缺陷或底面)反射回来被探头接收,通过探头的正压电效压把声信号转换为电信号,传输到放大电路被放大检波,然后加到示波管垂直偏转板上,形成重迭的缺陷波 F 和底波 B。时基电路被触发后产生锯齿波,加到示波管水平偏转板上,形成一条时基扫描亮线,并将缺陷波 F 和底波 B 按时间展开,从而获得一系列波形。

四、实验系统组建与设备连接

1. 实验仪器与器材

CST-22 型超声波探伤仪	1 套
钢板(有缺陷)	若干
耦合剂(机油、水)	1 套
超声波探头	1 套
导线	若干

2. 实验系统设备连接

实验系统架构图如图 6-10 所示,用超声波探伤仪分别检测良品和劣质钢板,观察并记录显示屏上的显示数据。

图 6-10 实验系统架构图

五、实验步骤

（1）清除被测钢板上的锈、污等，使被测钢板表面清洁。

（2）按照设备连接示意图 6-10 将超声波式探伤仪、探头等正确连接，组成超声波检测系统。

（3）打开电源，待扫描线出现后，调节扫描始点和零刻度值重合。

（4）先选择良品钢板，将探头垂直接触钢板表面，测定时以一定的压力缓慢移动探头，使探头与工作表面尽量接触好，将显示屏上显示的数据记录于表 6-3(a)中。

（5）换劣质钢板，重复（4）的步骤，将显示的数据记录于表 6-3(b)中。

实验完毕，关闭电源，整理器材。

注意事项：

（1）注意保护探头，测量粗糙表面时尽量减少探头在工作表面的划动。

（2）在实验过程中，防止摔坏仪器、探头和被测件，注意人身安全。

（3）在探伤过程中，为了排除探头和工件之间的空气间隙，使超声波能量尽可能多地入射到工件中，所以在探测时需在工件表面加上耦合剂，耦合剂要求有一定的黏度，流动性好，无害。通常选用机油作为耦合剂，实验完成后，必须擦干净钢板上残余的耦合剂。

六、实验数据记录

表 6-3(a)　被测体为良品钢板的时间与输出幅值数据

X/s										
Y										

表 6-3(b)　被测体为劣质钢板的时间与输出幅值数据

X/s										
Y										

七、实验数据处理与分析

根据实验数据画出 Y-X 曲线，分析不同钢板输出幅值变化的原因。

八、实验报告要求

实验报告主要内容包括：

（1）实验目的和要求；

（2）实验原理；

（3）实验系统构成；

（4）实验步骤；

（5）整理、分析原始实验数据；

（6）数据分析；

（7）讨论。

九、思考题

1. 在进行探伤检测时有时找不到回波，这是由什么原因造成的？

2. 查阅资料，了解其他的超声波探伤的方法。

十、实验改进与讨论

分析超声波传感器在无损探伤时测量误差的产生原因，如何提高测量精度，准确定位工件中缺陷的位置？

6.4 霍尔传感器特性实验（直流激励和交流激励时的特性）

一、实验目的

1. 了解霍尔传感器的结构、工作原理和使用方法。

2. 分析霍尔传感器的直流激励和交流激励时的输出特性，掌握霍尔传感器的应用。

二、实验内容与要求

分别给霍尔传感器通以直流激励和交流激励，通过移动测微头改变位移，测量测微头移动时对应的霍尔电势分析霍尔传感器在直流激励和交流激励下的输出特性。

三、实验基本原理

1. 测微头使用

测微头使用原理及方法见 5.4 节实验。

2. 霍尔传感器

如图 6-11 所示,由两个半圆形永久磁钢组成梯度磁场,将霍尔元件置于其中,当霍尔元件通以恒定电流并在梯度磁场中运动时,它的电势会发生变化,霍尔电势 V 值大小与其在磁场中的位移量 X 有关,利用这一特性可以进行位移测量。

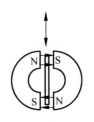

图 6-11　霍尔效应

霍尔电势

$$U_H = K_H \cdot I_B \tag{6-2}$$

四、实验系统组建与设备连接

1. 实验仪器与器材

测微头	1 套
位移实验台架	1 套
霍尔传感器	1 套
霍尔传感器信号调理模块	1 套
直流电源(+15V)	1 套
myDAQ 数据采集器	1 套
PC	1 台
导线	若干

2. 实验设备介绍

霍尔传感器选用 CSY-2000 平台配置的霍尔传感器,见 5.17 节实验。

3. 实验系统设备连接

霍尔传感器安装示意图如图 6-12 所示。

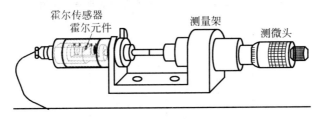

图 6-12　霍尔传感器安装示意图

直流激励和交流激励下的实验电路与接线图分别如图 6-13 和图 6-14 所示。其中低通滤波电路、移相电路、相敏检波电路图分别如图 6-15～图 6-17 所示。

图 6-17 中,(1)为输入信号端;(2)为交流参考电压输入端;(3)为检波信号输出端;(4)为直流参考电压输入端。

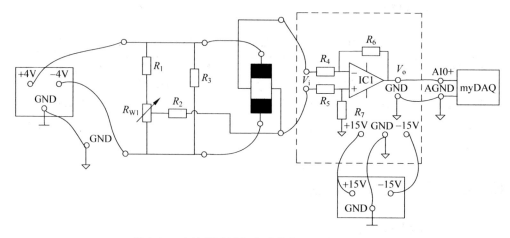

图 6-13　直流激励霍尔传感器实验电路与接线图

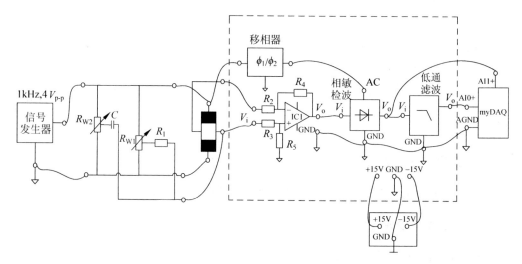

图 6-14　交流激励霍尔传感器实验电路与接线图

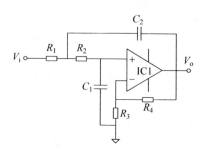

图 6-15　低通滤波电路图

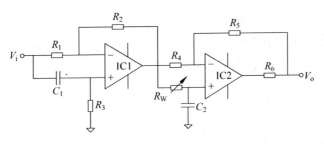

图 6-16 移相电路图

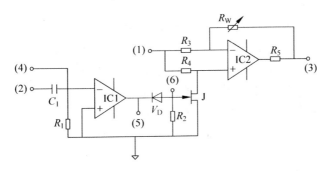

图 6-17 相敏检波电路图

实验系统设备连接如图 6-18 所示。

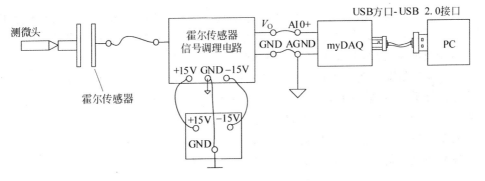

图 6-18 实验系统设备连接

五、实验步骤

1. 直流激励霍尔传感器的位移实验

（1）运行虚拟仪器。

① 按图 6-12、图 6-13 和图 6-18 连线，其中信号调理电路输出 V_O、GND 分别连接到 myDAQ 数据采集器的模拟输入端子 AI0＋、AGND。

② 在 PC 上运行虚拟仪器的电压表。

（2）检查接线无误后，开启电源，调节测微头使霍尔片处在两磁钢的中间位置，

再调节 R_{w1} 使电压表指示为零。

（3）向某个方向调节测微头 2mm 或者 4mm 位移，记录虚拟仪器电压表的读数作为实验起始点；再反方向调节测微头，每调节 0.2mm 记下一个读数，将输出值填入表 6-4(a)中。

实验完毕，关闭电源。

2. 交流激励霍尔传感器的位移实验

（1）运行虚拟仪器。

① 按图 6-12～图 6-14 和图 6-18 连接霍尔传感器、信号调理模块、数据采集器、PC（暂时先不要把信号发生器接入实验系统），其中低通滤波输出 V_O、GND 分别连接到 myDAQ 数据采集器的模拟输入端子 AI0＋、AGND，相敏检波输出（图 6-16 中的(3)）接到 myDAQ 数据采集器的模拟输入端子 AI1＋。

② 在 PC 上运行虚拟仪器的电压表、虚拟示波器。

（2）打开电源，调节信号发生器频率和幅度（用虚拟示波器监测），使输出信号频率为 1kHz，幅度为 $V_{p-p}=4V$。

（3）将信号发生器输出信号作为霍尔传感器的激励电压接入实验电路中。

（4）调节测微头使霍尔元件处于两磁钢的中间位置，再调节电位器 R_{w1}、R_{w2}，直到虚拟仪器的电压表输出为零。

（5）调节测微头使霍尔传感器产生一个较大位移，利用虚拟示波器观察相敏检波器输出，调节移相器单元电位器 R_w 和相敏检波器单元电位器 R_w，使示波器显示波形为全波整流波形，并观察电压表显示值。

（6）调节测微头使霍尔传感器回到磁钢中点，微调 R_{w1}、R_{w2} 与移相/相敏检波器中的电位器 R_w，直到虚拟仪器的电压表显示为零，将此点作为测量原点。然后旋动测微头，每转动 0.2mm 记录读数，填入表 6-4(b)中。

实验完毕，关闭电源，整理器材。

注意事项：激励电压幅值过大会烧坏霍尔传感器。

六、实验数据记录

表 6-4(a)   直流激励时的位移与输出电压数据

X/mm										
V/mV										

表 6-4(b)   交流激励时的位移与输出电压数据

X/mm										
V/mV										

七、实验数据处理与分析

根据实验数据分别作出 V-X 曲线,计算不同测量范围时的灵敏度和非线性误差。

八、实验报告要求

实验报告主要内容包括:

(1) 实验目的和要求;

(2) 实验原理;

(3) 实验系统构成;

(4) 实验步骤;

(5) 整理、分析原始实验数据;

(6) 数据分析;

(7) 讨论。

九、思考题

1. 本实验中霍尔元件位移的线性度实际上反映的是什么量的变化?

2. 利用霍尔元件在测量位移和振动时,使用上有何限制?

3. 查阅资料,结合以上实验,说明直流激励和交流激励时霍尔传感器进行位移测量的特点,并比较直流激励和交流激励时霍尔传感器的灵敏度和非线性误差。

十、实验改进与讨论

试定性分析移相器和相敏检波器电路的工作原理,移相器和相敏检波器电路分别如图 6-15 和图 6-16 所示。

6.5　气敏传感器特性实验(对酒精敏感的气敏传感器的原理实验)

一、实验目的

了解气敏传感器的工作原理及特性。

二、实验内容与要求

利用气敏传感器检测含有酒精成分的气体,掌握气敏传感器的特性和使用方法,验证气敏传感器的工作过程。

三、实验基本原理

气敏传感器,又称气敏元件,是指能将被测气体浓度转换为与其成一定关系的电量输出的装置或器件,一般可分为半导体式、红外吸收式、接触燃烧式、热导率变化式等。

本实验采用的 SnO_2(二氧化锡)半导体气敏传感器是对酒精敏感的电阻型气敏元件,当遇到有一定含量的酒精成分气体时,其表面电阻迅速下降,通过检测回路可以将这变化的电阻值转换成电信号输出,与酒精浓度对应,响应特性图如图 6-19 所示。

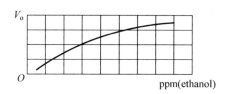

图 6-19　气敏传感器对酒精浓度的响应特性

四、实验系统组建与设备连接

1. 实验仪器与器材

TP-3 型气敏传感器	1 套
酒精及容器	1 套
气敏传感器信号调理模块	1 套
直流稳压电源(15V,6V)	1 套
myDAQ 数据采集器	1 套
PC	1 台
导线	若干

2. 实验设备介绍

本实验的气敏传感器选用 TP-3 型气敏传感器,直流电压 6V 供电,输出直流电压信号,结构示意图如图 6-20 所示。

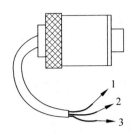

图 6-20 TP-3 型气敏传感器结构示意图

1—接电源正；2—输出信号；3—接地端

3. 实验系统设备连接

实验系统设备连接如图 6-21 所示，其中信号调理电路如图 6-22 所示。

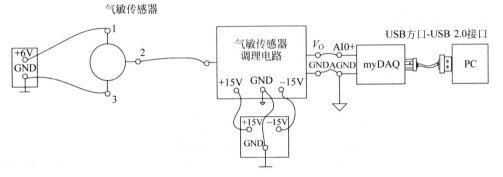

图 6-21 实验系统连接

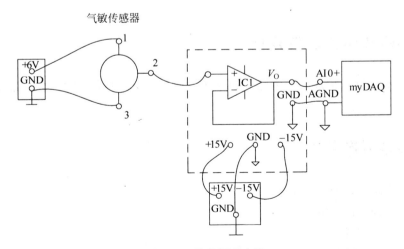

图 6-22 信号调理电路

五、实验步骤

1. 运行虚拟仪器。

(1) 按图 6-21 连接气敏传感器、信号调理模块、数据采集器、PC,其中信号调理输出 V_O、GND 分别连接到 myDAQ 数据采集器的模拟输入端子 AI0＋、AGND。

(2) 在 PC 上运行虚拟仪器的电压表功能。

2. 准备好酒精棉球,给气敏传感器预热数分钟(至少 5 分钟以上),若时间较短因为传感器内阻较小可能产生较大的测试误差。

3. 将酒精棉球逐步靠近传感器,观察虚拟仪器电压表示数并记录于表 6-5(a)中,移开酒精球,观察虚拟仪器电压表示数并记录于表 6-5(b)中。

实验完毕,关闭电源。

六、实验数据记录

表 6-5(a)　酒精棉球靠近传感器的实验数据

时间/s									
电压/V									

表 6-5(b)　酒精棉球离开传感器的实验数据

时间/s									
电压/V									

七、实验数据处理与分析

分别画出酒精棉球靠近传感器和离开传感器的采样值随时间变化的曲线,并分析原因。

八、实验报告要求

实验报告主要内容包括:

(1) 实验目的和要求;

(2) 实验原理;

(3) 实验系统构成;

(4) 实验步骤;

(5) 整理、分析原始实验数据;

（6）数据分析；

（7）讨论。

九、思考题

思考温度对气敏传感器的工作特性有什么影响？

十、实验改进与讨论

设计一个酒精气体报警器。

6.6　离子烟雾传感器实验

一、实验目的

了解离子烟雾传感器的工作原理、特性及用途。

二、实验内容与要求

通过实验了解离子烟雾传感器的使用方法以及报警原理。

三、实验基本原理

离子烟雾传感器是一种技术先进、工作稳定可靠的传感器，原理如图 6-23 所示，在网罩 1 内，有电极板 2 和 3，a、b 端接电源，4 是一块放射性同位素镅 241，它电离产生的正、负离子，在电场的作用下各自向正负电极移动。正常的情况下，内外电离室的电流、电压都是稳定的。一旦烟雾进入网罩，烟的颗粒吸收空气中的离子和镅放射出来的离子，导致电流、电压变化，通过外接测量设备就可以检测出这种变化，从而监测出空气中烟雾浓度的变化。

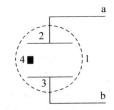

图 6-23　离子式烟雾传感器原理

四、实验系统组建与设备连接

1. 实验仪器与器材

NIS-07 离子烟雾传感器	1 套
喷雾器	1 套
离子式传感器信号调理电路模块	1 套
直流稳压电源(15V,9V)	1 套
myDAQ 数据采集卡	1 套
PC	1 台
导线	若干

2. 实验设备介绍

本实验所选用的离子烟雾传感器为 NIS-07 离子烟雾传感器,在近似标准大气压、相对湿度 95% 和 −10～40℃清洁空气中,工作电源电压为 9V,收集极平衡电位变化值保持为 5.3～6.5V,输出模拟型信号,收集极电位随烟浓度变化:减光率为 1%/英尺=0.6V。其外形与结构示意图如图 6-24 所示。图中,A 为外罩电极,接正极或电源正;B 为内电极,输出信号;C 为源电极,接地线或电源负;D 为支柱。

图 6-24　NIS-07 离子烟雾传感器外形与结构示意图

3. 实验系统设备连接

实验系统设备连接如图 6-25 所示。

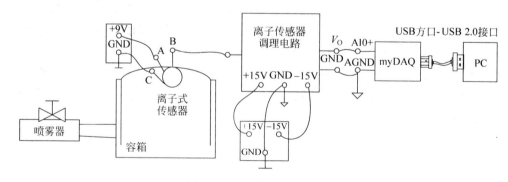

图 6-25　实验系统设备连接

通过喷雾器改变容器中的烟雾浓度,经过数据采集卡将测到的数据传输到 PC 端上位机,观察在不同浓度下测得数据的变化并进行分析。

图 6-25 中信号调理电路如图 6-26 所示。

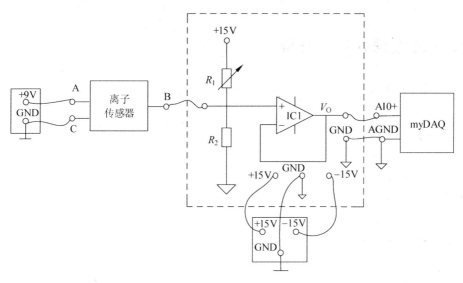

图 6-26　信号调理电路

五、实验步骤

1. 运行虚拟仪器。

（1）按图 6-25 和图 6-26 连接信号调理模块、数据采集器、PC,其中信号调理输出 V_O、GND 分别连接到 myDAQ 数据采集器的模拟输入端子 AI0+、AGND。

（2）在 PC 上运行虚拟仪器的电压表功能。

2. 将离子式传感器接上电源,观察虚拟仪器电压表的输出数据并记录于表 6-6(a)中。

3. 打开喷雾器开关,使容器中充入一定浓度的雾体,观察虚拟仪器电压表的输出数据并记录于表 6-6(b)中,关闭喷雾器开关。

实验完毕,关闭电源,整理器材。

六、实验数据记录

表 6-6(a)　充入烟雾前的实验数据

时间/s							
电压/V							

表 6-6(b)　充入烟雾后的实验数据

时间/s							
电压/V							

七、实验数据处理与分析

分别画出充入烟雾前和充入烟雾后的采样值随时间变化的曲线,并分析原因。

八、实验报告要求

实验报告主要内容包括:

(1) 实验目的和要求;

(2) 实验原理;

(3) 实验系统构成;

(4) 实验步骤;

(5) 整理、分析原始实验数据;

(6) 数据分析;

(7) 讨论。

九、思考题

分析当空气中烟雾浓度升高时,离子烟雾传感器的输出电流是如何变化的,为什么?

十、实验改进与讨论

试用离子烟雾传感器设计火灾自动报警系统。

6.7　光纤位移传感器特性实验

一、实验目的

了解光纤位移传感器的结构、工作原理和性能。

二、实验内容与要求

利用测微头改变反射体的位置,使用光纤位移传感器测量位移,分析传感器性能。

三、实验基本原理

反射式光纤传感器工作原理如图 6-27 所示,它由两束光纤混合组成 Y 型光纤,呈半圆分布即双 D 分布。一束光纤的一端部与光源相接发射光束;另一束光纤的另一端部与光电转换器相接接收光束。

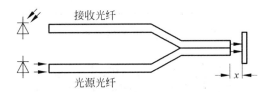

接收光纤

光源光纤

x

图 6-27　反射式光纤传感器工作原理

两束光纤混合后的端部是工作端(也称探头),它与被测体(光反射面)相距 X。

由光源发出的光经光纤传到端部发射后再经被测体反射回来,另一束光纤接收到光信号并由光电转换器转换成电量,而光电转换器转换的电量大小与间距 X 有关,因此可用于测量位移,通过对光强的检测可以得出位置量的变化。

四、实验系统组建与设备连接

1. 实验仪器与器材

Y 型光纤位移传感器	1 只
光纤传感器测试平台	1 套
测微头(＋反射面)	1 只
光纤传感器信号调理模块	1 套
直流电源	1 套
myDAQ 数据采集器	1 套
PC	1 台
导线	若干

2. 实验设备介绍

本实验用到的光纤位移传感器测试平台如图 6-28 所示,采用在测微头前段安装一个反射面,调节测微头,改变反射面与光纤传感器的距离,通过信号调理电路将该位移转变为模拟电压信号,由数据采集系统采集与处理。

本实验的光纤传感器选用 CSY-2000 平台配置的光纤传感器,如图 6-29 所示。

3. 实验系统设备连接

光纤位移传感器实验系统设备连接如图 6-30 所示,测量时旋转测微头带动反射

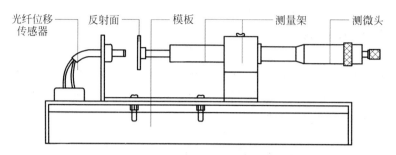

图 6-28   光纤位移传感器测试平台

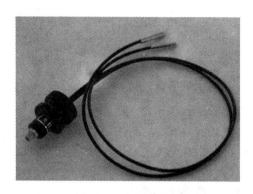

图 6-29   光纤传感器

体发生位移,通过信号调理电路和数据采集器将数据传输到上位机,从而对测量结果进行显示和分析。

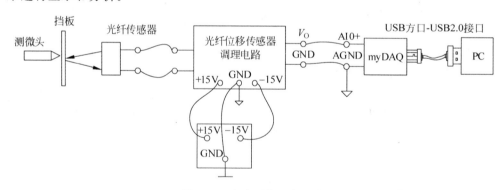

图 6-30   实验系统设备连接

光纤位移传感器信号调理电路如图 6-31 所示。

五、实验步骤

1. 运行虚拟仪器。

(1) 按图 6-30 和图 6-31 将 Y 型光纤安装在光纤位移传感器实验平台上,光纤

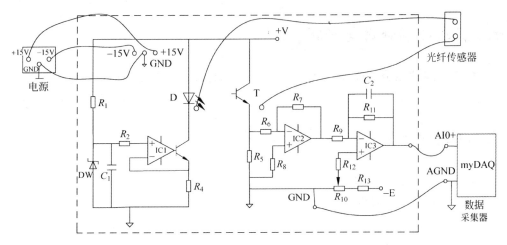

图 6-31　光纤位移传感器信号调理电路

接口端插入信号调理板的光电座内,其内部有发光管 D 和光电三极管 T。

（2）探头对准镀铬反射板,调节光纤探头端面与反射面平行,距离适中;固定测微头,将光纤位移传感器信号调理电路模块、myDAQ 数据采集器以及 PC 连接好,其中信号调理电路模拟输出 V_O、GND 分别连接到 myDAQ 数据采集器的模拟输入端子 AI0＋、AGND。

（3）在 PC 上运行虚拟仪器的电压表。

2. 将测微头起始位置调到 14cm 处,手动使反射面与光纤探头端面紧密接触,固定测微头。

3. 检查连线无误后,系统供电。

4. 仔细调节电位器 R_w 使虚拟电压表显示为零。

5. 旋动测微器,使反射面与光纤探头端面距离增大,每隔 0.1mm 读出一次输出电压值,填入表 6-7 中。

实验完毕,关闭电源,整理设备和器材。

注意事项:

1. 光纤三端面均经过精密光学抛光,其端面的光洁度直接会影响光源损耗的大小,需仔细保护。禁止使用硬物、尖锐物体碰触,遇脏可用镜头纸擦拭。

2. 工作时光纤端面不宜长时间直照强光,以免内部电路损耗。

六、实验数据记录

表 6-7　光纤位移传感器输出电压与位移数据

X/mm										
电压值/V										

七、实验数据处理与分析

根据实验数据分别作出 V-X 曲线,并计算测量范围 1mm 时的灵敏度和非线性误差。

八、实验报告要求

实验报告主要内容包括:
(1) 实验目的和要求;
(2) 实验原理;
(3) 实验系统构成;
(4) 实验步骤;
(5) 整理、分析原始实验数据;
(6) 数据分析;
(7) 讨论。

九、思考题

1. 光纤位移传感器测量位移时对被测体的表面有什么要求?
2. 光纤表面和物体表面不平行对实验结果将产生哪些影响?

十、实验改进与讨论

根据实验结果找出本实验仪的最佳工作点,举例说明光纤传感器的其他应用。

第7章

机械量检测实验

7.1　电感式位移测量系统实验

一、实验目的

1. 了解自感式、差动变压器式和电涡流式位移测量系统结构、工作原理和使用方法。
2. 比较三种电感式位移测量系统的性能。

二、实验内容与要求

分别使用自感式、差动变压器式和电涡流式位移测量系统进行位移量测量的实验，比较这三种测量仪的基本原理及其应用特点。

三、实验基本原理

电感式传感器是利用电磁感应原理，将被测非电量转换成线圈自感或互感量变化的一种装置，它常用来测量位移，凡是能够转变成位移的参数都可进行检测，例如力、压力、振动、尺寸、转速、计数测量和零件裂纹等缺陷的无损探伤等。由于它具有结构简单、工作可靠、灵敏度和分辨率高、重复性好、线性度优良等特点，因此得到广泛的应用。电感式传感器的缺点是存在交流零位信号及不宜于高频动态测量等。

电感式传感器按工作原理可分为自感式、差动变压器式和电涡流式三种。

1. 自感式位移检测原理

为提高自感式传感器的灵敏度，增大传感器的线性工作范围，实际应用中较多的是将两个结构相同的自感线圈组合在一起形成差动式电感传感器。如图 7-1 所示，当衔铁位于中间位置时，位移为零，两线圈上的自感相同。此时电流 $i_1=i_2$，负载 Z_1 上没有电流通过，$\Delta i=0$，输出电压 $u_1=0$。当衔铁向一个方向偏移时，其中的一个线圈自感增加，而另一个线圈自感减小，即，此时 $i_1 \neq i_2$，负载 Z_1 上流经电流 $\Delta i \neq 0$，输出电压 $u_1 \neq 0$。u_1 的大小表示了衔铁的位移量，其极性反映了衔铁移动的方向。若位移 δ_1 增大 $\Delta \delta$，则必定使 δ_2 减小 $\Delta \delta$。由此，使通过负载的电流产生 $2\Delta i$ 的变化，因此差动式自感传感器的灵敏度比单线圈自感传感器增加一倍，且线性度也大为提高，如图 7-2 所示。

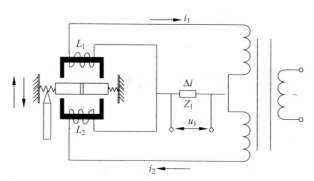

图 7-1　差动式电感位移传感器工作原理

　　采用差动式结构，除了可以改善非线性、提高灵敏度外，对电源电压、频率的波动及温度变化等外界影响也有补偿作用；作用在衔铁上的电磁力，由于是两个线圈磁通产生的电磁力之差，所以对电磁吸力有一定的补偿作用，从而提高了测量的准确性。

2. 差动变压器位移检测原理

　　差动变压器实验原理如图 7-3 所示。

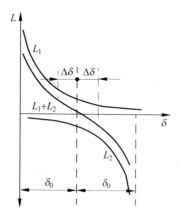

图 7-2　差动与单线圈自感位移
　　　　传感器线性度比较

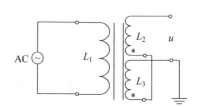

图 7-3　差动变压器实验原理

　　差动变压器由一只初级线圈和两只次级线圈及一个铁芯组成，根据内外层排列不同，有二段式和三段式，本实验采用三段式结构。

当被测体移动时差动变压器的铁芯也随着轴向位移,从而使初级线圈和次级线圈之间的互感发生变化,促使次级线圈感应电势产生变化(一只感应电势增加,另一只感应电势减少)。将两只次级线圈反向串接(同名端连接),引出差动电势输出。其输出电势大小反映出被测体的位移量。

差动变压器输出电压有效值的近似关系式为

$$U_0 = \frac{\omega(M_1 - M_2)U_i}{\sqrt{R_p^2 + \omega^2 L_p^2}} \tag{7-1}$$

式中,L_p、R_p 为初级线圈电感和损耗电阻;U_i、ω 为激励电压和频率;M_1、M_2 为初级与两次级间互感系数。

由关系式可以看出,当初级线圈激励频率太低时,若 $R_p^2 > \omega^2 L_p^2$,则输出电压 U_0 受频率变动影响较大,且灵敏度较低,只有当 $\omega^2 L_p^2 \gg R_p^2$ 时输出 U_0 与 ω 无关,当然 ω 过高会使线圈寄生电容增大,对性能稳定不利。

由于差动变压器两只次级线圈的等效参数不对称,初级线圈纵向排列的不均匀性,两次级的不均匀、不一致,铁芯 $B-H$ 特性的非线性等原因,因此在铁芯处于差动线圈中间位置时其输出电压并不为零,称其为零点残余电压。

3. 电涡流式位移检测原理

通过交变电流的线圈产生交变磁场,当金属体处在交变磁场时,根据电磁感应原理,金属体内产生电流,该电流在金属体内自行闭合,并呈旋涡状,故称为涡流。

涡流的大小与金属导体的电阻率、磁导率、厚度、线圈激磁电流频率及线圈与金属体表面的距离 x 等参数有关。

电涡流的产生必然要消耗一部分磁场能量,从而改变激磁线圈阻抗,涡流传感器就是基于这种涡流效应制成的。电涡流工作在非接触状态(线圈与金属体表面不接触),如果使线圈与金属体表面距离以外的所有参数不变时可以进行位移测量。

涡流效应与金属导体本身的电阻率和磁导率有关,因此不同的材料就会有不同的性能。

电涡流传感器在实际应用中,由于被测体的形状、大小不同会导致被测体上涡流效应的不充分,会减弱甚至不产生涡流效应,因此影响电涡流传感器的静态特性,所以在实际测量中,往往必须针对具体的被测体进行静态特性标定。

四、实验系统组建与设备连接

1. 实验仪器与器材

测微头	1 只
位移测试平台	1 套
被测体(铁片)	1 套
差动式自感位移传感器	1 只

差动式自感位移传感器信号调理电路　　　　1 套

差动变压器位移传感器　　　　　　　　　　1 只

差动变压器位移传感器信号调理电路　　　　1 套

电涡流式位移传感器　　　　　　　　　　　1 只

电涡流式位移传感器信号调理电路　　　　　1 套

信号发生器　　　　　　　　　　　　　　　1 台

直流电源(±15V)　　　　　　　　　　　　　1 台

myDAQ 数据采集器　　　　　　　　　　　　1 套

PC　　　　　　　　　　　　　　　　　　　1 台

导线　　　　　　　　　　　　　　　　　　若干

2. 实验设备介绍

本实验的差动变压器传感器及电涡流式位移传感器采用 CSY-2000 系列传感器实验平台配置的差动变压器传感器和电涡流位移传感器。

差动变压器传感器如图 7-4 所示。

图 7-4　差动变压器传感器

电涡流式位移传感器如图 7-5 所示。

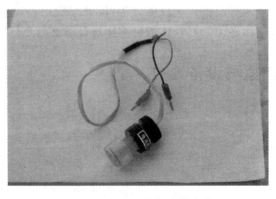

图 7-5　电涡流式位移传感器

　　本实验的自感式位移传感器型号为 DG-11 型,它的输入量是机械位移量,输出量是与机械位移成比例的交流电压。其技术指标为:测量范围±0.2mm,总行程0.6mm,前行程 0.25~0.35mm,线性误差±0.1%,重复性误差 0.0003mm,测力60~90g。

3. 实验系统设备连接

1) 自感式位移检测设备连接

自感式位移检测设备连接及信号调理电路如图 7-6 和图 7-7 所示。

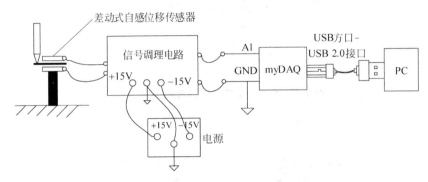

图 7-6　自感式位移检测设备连接

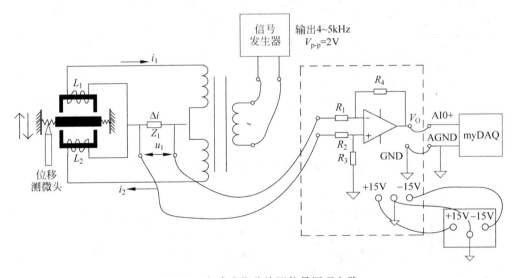

图 7-7　自感式位移检测信号调理电路

2) 差动变压器式位移检测设备连接

差动变压器式位移检测设备连接及信号调理电路如图 7-8 和图 7-9 所示。

3) 电涡流式位移检测设备连接

电涡流式位移检测设备连接及信号调理电路如图 7-10 和图 7-11 所示。

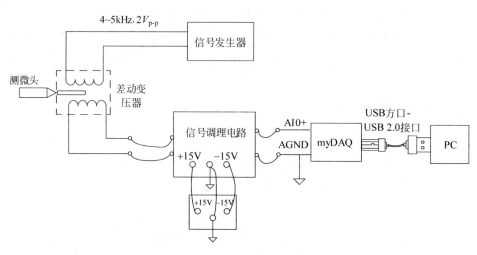

图 7-8　差动变压器式位移检测设备连接

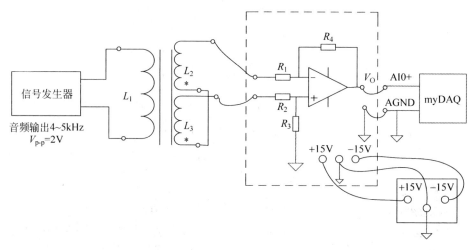

图 7-9　差动变压器式位移信号调理电路

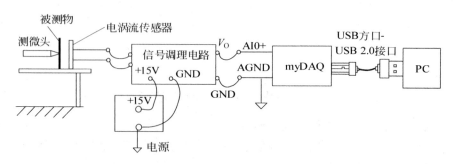

图 7-10　电涡流式位移检测系统设备连接

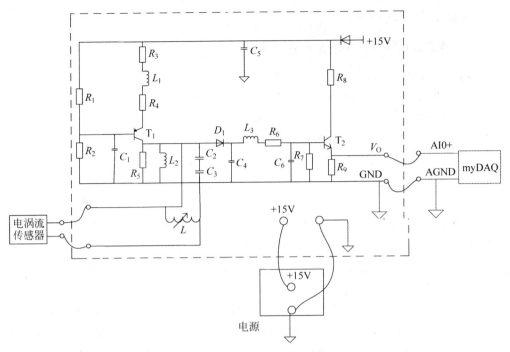

图 7-11　电涡流式位移检测信号调理电路

五、实验步骤

1. 自感式位移测量实验步骤

（1）运行虚拟仪器。

① 按图 7-6 和图 7-7 连接位移测试平台、信号发生器、信号调理模块、数据采集器、PC，其中信号调理板输出 V_o、GND 分别连接到 myDAQ 数据采集器的模拟输入端子 AI0＋、AGND。

② 在 PC 上运行虚拟仪器的万用表、虚拟示波器。

（2）打开电源，调节信号发生器频率和幅度（用虚拟示波器监测），使输出信号频率为 4～5kHz，幅度为 $V_{p-p}＝2V$，按图 7-7 接线。

（3）松开测微头的安装紧固螺钉，移动测微头的安装套使得 PC（虚拟示波器第二通道）波形 V_{p-p} 为较小值（变压器铁芯大约处在中间位置）。

拧紧紧固螺钉，仔细调节测微头的微分筒使差动变压器的次级输出波形 V_{p-p} 为最小值（零点残余电压），并定为位移的相对零点。

这时可以左右位移，假设其中一个方向为正位移，则另一个方向位移为负。

（4）从零点（次级输出波形 V_{p-p} 为最小值）开始旋动测微头的微分筒，每隔 0.2mm 从示波器上读出输出电压 V_{p-p}，填入表 7-1(a)中（可取 10～25 个点）。

一个方向结束后，再将测位头退回到零点反方向做相同的位移实验。

实验结束,关闭电源。

2. 差动变压器式位移测量实验步骤

(1) 运行虚拟仪器。

① 按图 7-8 和图 7-9 连接位移测试平台、信号发生器、信号调理模块、数据采集器、PC,其中信号调理板输出 V_O、GND 分别连接到 myDAQ 数据采集器的模拟输入端子 AI0+、AGND。其中,差动变压器 L_1 为初级线圈;L_2、L_3 为次级线圈;"＊"号为同名端。

② 在 PC 上运行虚拟仪器的万用表、虚拟示波器。

(2) 打开电源,调节信号发生器频率和幅度(用虚拟示波器监测),使输出信号频率为 $4\sim5\text{kHz}$,幅度为 $V_{p\text{-}p}=2\text{V}$,按图 7-9 接线。

(3) 松开测微头的安装紧固螺钉,移动测微头的安装套使差动变压器的次级输出(虚拟示波器第二通道)波形 $V_{p\text{-}p}$ 为较小值(变压器铁芯大约处在中间位置)。

拧紧紧固螺钉,仔细调节测微头的微分筒使差动变压器的次级输出波形 $V_{p\text{-}p}$ 为最小值(零点残余电压),并定为位移的相对零点。

这时可以左右位移,假设其中一个方向为正位移,则另一个方向位移为负。

(4) 从零点(次级输出波形 $V_{p\text{-}p}$ 为最小值)开始旋动测微头的微分筒,每隔 0.2mm 从示波器上读出输出电压 $V_{p\text{-}p}$,填入表 7-1(b)中(可取 $10\sim25$ 个点)。

一个方向结束后,再将测位头退回到零点反方向做相同的位移实验。

实验结束,关闭电源。

3. 电涡流式位移测量步骤

(1) 运行虚拟仪器。

① 按图 7-10 和图 7-11 连接位移测试平台、信号发生器、信号调理模块、数据采集器、PC,其中信号调理板输出 V_O、GND 分别连接到 myDAQ 数据采集器的模拟输入端子 AI0+、AGND。

② 在 PC 上运行虚拟仪器的万用表、虚拟示波器。

(2) 按图 7-11 接线,打开电源。

(3) 从有信号输出变化的某一段选一个位置作为起点,开始旋动测微头的微分筒,每隔 0.2mm 从示波器上读出输出电压 $V_{p\text{-}p}$,填入表 7-1(c)中(可取 $10\sim25$ 个点)。

一个方向结束后,再将测位头退回到起点反方向做相同的位移实验。

实验结束,关闭电源。

六、实验数据记录

表 7-1(a)　电感式位移测量仪实验数据记录

$V_{p\text{-}p}/\text{V}$									
X/mm									

表 7-1(b)　差动变压器式位移测量仪实验数据记录

$V_{p\text{-}p}/V$									
X/mm									

表 7-1(c)　电涡流式位移测量仪实验数据记录

$V_{p\text{-}p}/V$									
X/mm									

七、实验数据处理与分析

1. 根据实验数据画出实验曲线,观察非线性情况。
2. 根据实验数据计算系统灵敏度 S 和非线性误差 δ。

八、实验报告要求

实验报告主要内容包括:
(1) 实验目的和要求;
(2) 实验原理;
(3) 实验系统构成;
(4) 实验步骤;
(5) 整理、分析原始实验数据;
(6) 数据分析;
(7) 讨论。

九、思考题

1. 差动变压器次级输出的最小值即为差动变压器的零点残余电压,是如何产生的?
2. 试分析差动变压器与一般电源变压器的异同?
3. 分析被测体的线性范围、最佳工作点,分别计算量程为 1mm 和 3mm 时的灵敏度和非线性误差(线性度)。

十、实验改进与讨论

电感式、差动变压器式以及电涡流式位移测量仪的误差源有哪些? 如何提高测量准确度?

7.2 电容式位移测量系统实验

一、实验目的

1. 了解电容式传感器结构及其特点。
2. 掌握电容式位移测量的原理。

二、实验内容与要求

通过旋动测微头改变电容极板间距位移,利用电容变化量与位移量的正比关系,采取测量电容的方法研究位移与输出电压之间的关系。

三、实验基本原理

图 7-12 所示传感器为圆筒式变面积差动结构的电容式位移传感器,由两个圆筒和一个圆柱组成。设圆筒的半径为 R、圆柱的半径为 r、圆柱的长为 x,则电容量为

$$C = \varepsilon^2 \pi \frac{x}{\ln \dfrac{R}{r}} \tag{7-2}$$

 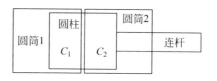

图 7-12　圆筒式变面积差动电容式位移传感器结构

通过控制 ε、A、d 三个参数中的两个参数不变,只改变其中一个参数,就可以分别组成测介质的性质(ε 变化)、测位移(d 变化)和测距离、液位(A 变化)等多种性质的电容传感器。

图中 C_1、C_2 是差动连接,当图中的圆柱产生 ΔX 位移时,电容量的变化量为

$$\Delta C = C_1 - C_2 = \varepsilon^2 \pi \frac{2\Delta X}{\ln \dfrac{R}{r}} \tag{7-3}$$

式中 $\varepsilon^2 \pi$、$\ln \dfrac{R}{r}$ 为常数,说明 ΔC 与位移 ΔX 成正比,利用如图 7-13 所示的测量电路就可以测量位移。

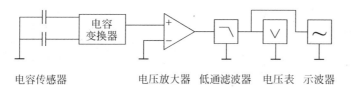

电容传感器　　　　　　电压放大器　低通滤波器　电压表　示波器

图 7-13　电容传感器位移实验电路示意图

四、实验系统组建与设备连接

1. 实验仪器与器材

电容传感器	1 套
电容传感器信号调理模块	1 套
测微头	1 套
信号发生器	1 台
直流电源（±15V）	1 台
myDAQ 数据采集器	1 套
PC	1 台
导线	若干

2. 实验设备介绍

本实验的电容式位移传感器采用 CSY-2000 系列传感器实验平台配置的电容式位移传感器，如图 7-14 所示。

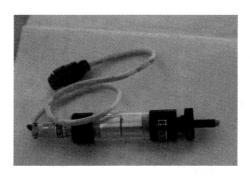

图 7-14　电容式位移传感器

3. 实验系统设备连接

实验系统设备连接及信号调理电路分别如图 7-15、图 7-16 所示。

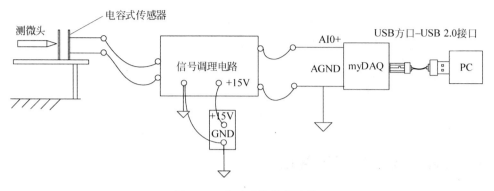

图 7-15　实验系统设备连接

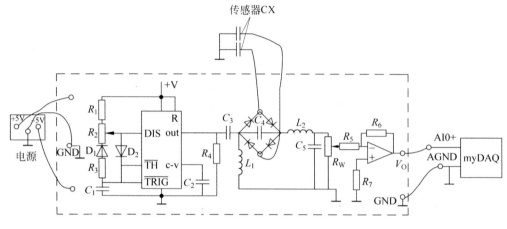

图 7-16　信号调理电路

五、实验步骤

1. 运行虚拟仪器。

（1）按图 7-15 和图 7-16 将电容传感器固定在实验装置上，连接电容传感器、电容传感器信号调理电路、myDAQ、PC；其中信号调理电路模拟输出 V_O、GND 连接到 myDAQ 数据采集器的模拟输入口 AI0＋、AGND。

（2）在 PC 上运行虚拟仪器的示波器、电压表。

2. 检查连线无误后，系统供电。

3. 旋转测微头改变电容传感器的动极板位置使电压表显示 0 V，再转动测微头（向同一个方向）5 圈，记录此时测微头读数和电压表显示值，此点作为实验起点值。

此后，反方向每转动测微头 1 圈即 $\Delta x = 0.5\text{mm}$ 位移读取电压表读数，共转 10 圈读取相应的电压表读数（单行程位移方向做实验可以消除测微头的回差）。

将数据填入表 7-2 中。

实验结束，关闭电源。

六、实验数据记录

表 7-2　电容式位移测量系统实验数据记录

X/mm								
V/mV								

七、实验数据处理与分析

1. 根据实验数据画出实验曲线,观察非线性情况。
2. 根据实验数据计算系统灵敏度 S 和非线性误差 δ。

八、实验报告要求

实验报告主要内容包括:
(1) 实验目的和要求;
(2) 实验原理;
(3) 实验系统构成;
(4) 实验步骤;
(5) 整理、分析原始实验数据;
(6) 数据分析;
(7) 讨论。

九、思考题

电容式位移测量系统的误差源有哪些? 如何提高测量准确度?

十、实验改进与讨论

试设计利用 ε 的变化测量谷物湿度的传感器原理及结构,并说明在设计中应考虑的因素。

7.3　电阻应变式位移测量系统实验

一、实验目的

1. 了解电阻应变式位移测量系统的结构、工作原理和使用方法。

2. 掌握电阻应变式位移测量技术。

二、实验内容与要求

利用电阻应变式位移传感器、放大器等器件组成应变式位移检测系统,旋转测微头改变位移大小,由数据采集器采集测量单臂电桥及调理电路输出的电压,并将结果输出给 PC,通过虚拟仪器软件分析位移与输出电压之间的关系。

三、实验基本原理

电阻应变式位移传感器是将电阻应变片粘贴在弹性元件上构成的,其工作原理为:由弹性元件把接收到的位移量转换成一定的应变值,再由应变片将应变变换成电阻的变化率,将应变电阻接在应变仪的电桥中实现位移的测量。位移传感器所用的弹性元件的刚度应当小,否则会因弹性恢复力过大而影响被测物体的运动。这种传感器的弹性元件可采用不同的形式,最常用的是梁式元件。

图 7-17 是一种悬臂梁-弹簧组合式的位移传感器,悬臂梁 1 上贴有应变计 2,梁的一端固定在壳体 3 上,另一端通过弹簧 4 和测杆 5 相连。测量时,测杆在力的作用下移动(即弹簧被拉伸或压缩),则弹簧的反作用力 $F = Kx$(其中 K 为弹簧的刚度系数)。当力作用于悬臂梁上,并使其变形时,应变计感受应变,再利用应变仪测出该应变的大小,最后按标定曲线即可换算得位移值。其动态特性除与应变计有关外,主要决定于弹性元件的刚度和运动部件的质量。这类传感器有 30mm、50mm 和 100mm 等几种量程。由于利用应变仪的放大电路进行测量,其分辨率很高,可达 0.02mm。

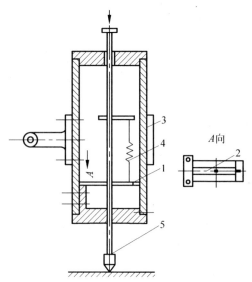

图 7-17　电阻应变式位移传感器

1—悬臂梁;2—应变计;3—壳体;4—弹簧;5—测杆

电阻应变式传感器输出与应变的关系式为

$$\frac{\mathrm{d}R}{R} = (1+2\mu)\varepsilon + \frac{\mathrm{d}\rho}{\rho} \tag{7-4}$$

式中,ρ 为电阻率;ε 为轴向应变;μ 为泊松系数。

记金属丝的灵敏系数为 $K_0 = \dfrac{\mathrm{d}R/R}{\varepsilon} = (1+2\mu) + \dfrac{\mathrm{d}\rho/\rho}{\varepsilon}$,其物理意义是单位应变所引起的电阻相对变化。则

$$\frac{\mathrm{d}R}{R} = K_0\varepsilon \tag{7-5}$$

由式 $K_0 = \dfrac{\mathrm{d}R/R}{\varepsilon} = (1+2\mu) + \dfrac{\mathrm{d}\rho/\rho}{\varepsilon}$ 可以看出,金属材料的灵敏系数受两个因素影响,一个是受力后材料的几何尺寸变化所引起的,即 $(1+2\mu)$ 项;另一个是受力后材料的电阻率变化所引起的,即 $\dfrac{\mathrm{d}\rho/\rho}{\varepsilon}$ 项。对于金属材料 $\dfrac{\mathrm{d}\rho/\rho}{\varepsilon}$ 项比 $(1+2\mu)$ 项小得多。

大量实验表明,在电阻丝拉伸比例极限范围内,电阻的相对变化与其所受的轴向应变是成正比的,即 K_0 为常数,有

$$\frac{\mathrm{d}R}{R} = K_0\varepsilon \tag{7-6}$$

通常金属电阻丝的 $K_0 = 1.7 \sim 4.6$。

本实验采用单臂电桥的原理检测电阻变化,相关内容请参照 5.1 节实验。

四、实验系统组建与设备连接

1. 实验仪器与器材

测微头	1 只
电阻应变式传感器 KD9030A	1 只
信号调理电路模块	1 套
稳压电源($\pm15\mathrm{V}$、$\pm5\mathrm{V}$)	1 套
myDAQ 数据采集器	1 套
PC	1 台
导线	若干

2. 实验设备介绍

本实验的电阻应变式位移传感器型号为 KD9030A,其采用全桥原理制作,量程宽,可达 200mm,综合精度为 $0.3\%\mathrm{F}\cdot\mathrm{S}$,系统精度为 $1\%\mathrm{F}\cdot\mathrm{S}$,灵敏度为 1mV/V,供桥电压为 2V。

KD9030A 电阻应变式传感器见图 7-18。

图 7-18　KD9030A 电阻应变式位移传感器

3. 实验系统设备连接

实验系统设备连接如图 7-19 所示。

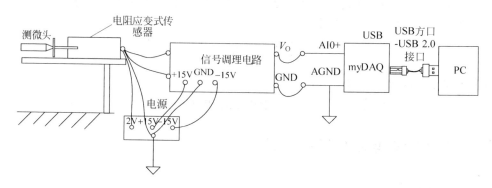

图 7-19　实验系统设备连接

信号调理电路如图 7-20 所示。

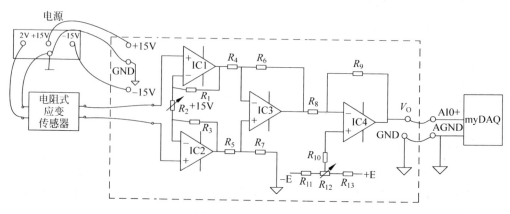

图 7-20　信号调理电路

五、实验步骤

1. 运行虚拟仪器

（1）按图 7-19 和图 7-20 连接信号调理模块、数据采集器、PC，其中信号调理板输出 V_O、GND 分别连接到 myDAQ 数据采集器的模拟输入端子 AI0＋、AGND。

（2）在 PC 上运行虚拟仪器的万用表功能。

2. 调理模块放大器调零

按图 7-20 将应变式传感器的其中一个应变片 R_1（即模板左上方的 R_1）接入电桥作为一个桥臂与 R_2、R_3、R_4 接成直流电桥。

（1）将信号调理电路上放大器的两输入端口引线暂时脱开，再用导线将两输入端短接（$V_i = 0$）。

（2）调节放大器的增益电位器 R_2 到中间位置（先逆时针旋到底，再顺时针旋转两圈）。

（3）模块供电，调节信号调理模块上放大器的调零电位器 R_{12}，使虚拟电压表 A1 显示为零。

3. 电桥调零

拆去放大器输入端口的短接线，将暂时脱开的引线复原。调节测微头的位置，使虚拟电压表 A1 显示为零。

4. 实验记录

往一个方向旋转测微头，每隔 0.2mm 记录虚拟电压表数值，然后反行程也每隔 0.2mm 记录相应的虚拟电压值。实验结果记录在表 7-3 中。

实验完毕，关闭电源。

六、实验数据记录

表 7-3　电阻应变式位移检测装置实验数据记录

X/mm									
V/mV									

七、实验数据处理与分析

1. 根据实验数据画出实验曲线，观察非线性情况。

2. 根据实验数据计算系统灵敏度 S 和非线性误差 δ。

八、实验报告要求

实验报告主要内容包括：
(1) 实验目的和要求；
(2) 实验原理；
(3) 实验系统构成；
(4) 实验步骤；
(5) 整理、分析原始实验数据；
(6) 数据分析；
(7) 讨论。

九、思考题

讨论电阻应变式位移传感器适用于哪些场合？

十、实验改进与讨论

电阻应变式位移检测装置的误差源有哪些？如何提高测量准确度？

7.4　光栅位移测量系统演示实验

一、实验目的

1. 了解光栅位移测量系统的结构、工作原理和使用方法。
2. 理解莫尔现象产生的机理。

二、实验内容与要求

通过旋转测微头改变指示光栅位移，产生莫尔条纹，由光敏元件输出电压信号进行变换整形成方波，通过虚拟仪器计数，研究光栅输出脉冲数与位移的关系。

三、实验基本原理

光栅是一种数字式位移检测元件，结构简单、测量范围大、精度高，广泛应用于高精度机床和仪器的精密定位或长度、速度、加速度、振动等测量。

图 7-21 为透射黑白长光栅的示意图,图中 a 为刻线宽度,b 为缝隙宽度,$a+b=W$,W 称为光栅的栅距(也称光栅常数),通常 $a=b=W/2$。

1. 光栅位移传感器结构

光栅位移传感器由光源、光路系统、光栅副(标尺光栅+指示光栅)和光敏元件组成,其结构如图 7-22 所示。光源通常采用钨丝灯泡或半导体发光器件,光敏元件为光电池和光敏二极管等,在光敏元件的输出端连接放大电路产生足够大的输出信号。

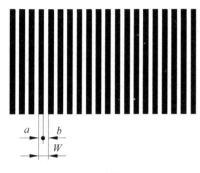

图 7-21　透射长光栅

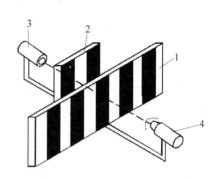

图 7-22　光栅位移传感器组成结构

1—标尺光栅；2—指示光栅；3—光敏元件；4—光源

光栅副由标尺光栅和指示光栅组成,两者栅距完全相同。标尺光栅的有效长度即为测量范围,指示光栅比标尺光栅短得多。两光栅互相重叠,但保持有 0.05～0.1mm 的间隙,可以相对运动。使用时标尺光栅固定,而指示光栅则安装在被测物体上随之移动。当被测物体运动时,光源发出的光透过光栅缝隙形成的光脉冲被光敏元件接收并计数,即可实现位移测量,被测物体位移=栅距×脉冲数。

2. 莫尔条纹

在用光栅测量位移时,由于刻线很密,栅距很小,而光敏元件有一定的机械尺寸,故很难分辨到底移动了多少个栅距。实际测量是利用光栅的莫尔条纹现象进行的。

(1) 莫尔条纹的产生。当栅距相等的标尺光栅与指示光栅的刻线条纹相交一个微小的夹角 θ 时,在两光栅的刻线重合处,光从缝隙透过,形成亮带;在两光栅刻线的错开处,由于相互挡光作用而形成暗带,于是在近似于垂直刻线条纹方向出现明暗相间的条纹,即在 a-a 线上形成亮带;在 b-b 线上形成暗带,如图 7-23 所示。这种明暗相间的条纹称为莫尔条纹,莫尔条纹方向与刻线条纹方向近似垂直。当指示光栅左右移动时,莫尔条纹则上下移动变化。

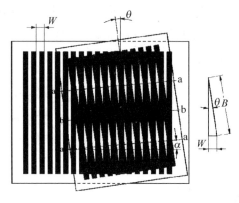

图 7-23　莫尔条纹

（2）莫尔条纹的特点：

① 放大作用。莫尔条纹两个亮条纹之间的宽度为其间距，从图 7-23 可知，莫尔条纹的间距 B 与两光栅夹角 θ 和栅距 W 的关系为

$$B = W/\sin\theta \approx W/\theta \tag{7-7}$$

由式（7-7）可知，θ 越小，B 越大，相当于把微小的栅距扩大了 $1/\theta$ 倍，调整夹角 θ 即可得到很大的莫尔条纹的宽度。例如，若 $\theta = 0.001\text{rad}$，$W = 0.01\text{mm}$，则 $B = 10\text{mm}$，即莫尔条纹间距是栅距的 1000 倍。所以，莫尔条纹具有放大栅距的作用，这既使得光敏元件便于安放，让光敏元件"看清"随光栅移动所带来的光强变化，又提高了测量的灵敏度。

② 误差平均作用。莫尔条纹是由光栅的大量刻线形成的，对光栅的刻划误差有平均作用，能在很大程度上消除光栅刻线不均匀引起的误差。

由于以上原因，莫尔条纹可以得到比光栅本身的刻线精度高的测量精度。

3. 光栅位移测量原理

光栅传感器主要由光源系统、光栅副系统、光电转换及处理系统等组成，如图 7-24 所示。光源系统使光源以平面波或球面波的形式照射到光栅副系统，光栅副系统产生各种类型的莫尔条纹。

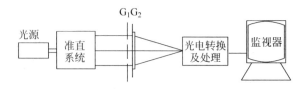

图 7-24　光栅传感器系统组成示意图

光敏元件接收莫尔条纹移动时光强的变化并转换为电信号输出，如果光敏元件同指示光栅一起移动，光栅每移动一个栅距 W，光强则变化一个周期，受莫尔条纹影响，光敏元件接收的光强变化近似于正弦波，其输出电压信号的幅值 U 为光栅位移

量 x 的正弦函数,即

$$U = U_0 + U_m \sin(2\pi x / W) \qquad (7-8)$$

式中 U_0 为输出信号中的直流分量; U_m 为输出信号中正弦交流分量的幅值; x 为两光栅间的相对位移。

将该电压信号放大、整形为方波,送到计数器计数,就可得出位移量的大小,位移量为脉冲数与栅距的乘积,测量分辨力为光栅栅距 W。

随着对测量精度要求的不断提高,光栅位移传感器需要有更高的测量分辨力,采取减小光栅栅距的办法虽然可以提高分辨力,但受制造工艺限制,潜力有限。通常采用细分技术对莫尔条纹间距进行细分,即采用内插法,使得光栅每移动一个栅距能均匀产生出 n 个计数脉冲,从而可使测量分辨力提高到 W/n。

四、实验系统组建与设备连接

1. 实验仪器与器材

测微头	1 只
标尺光栅基座	1 只
指示光栅基座	1 只
稳压电源(5V)	1 套
myDAQ 数据采集器	1 套
PC	1 台
导线	若干

2. 实验设备介绍

本实验采用的光栅位移传感器型号为 SMW-M-300mm,测量距离为 0～250mm,供电为 5V,输出 TTL 方波,栅距 0.02mm,精度 5μm。

SMW-M-300mm 光栅位移传感器见图 7-25。

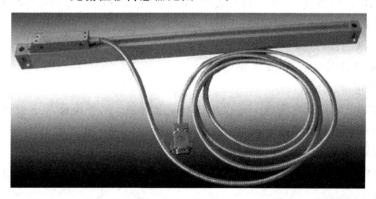

图 7-25　SMW-M-300mm 光栅位移传感器

3. 实验系统设备连接

实验系统架构如图 7-26 所示。

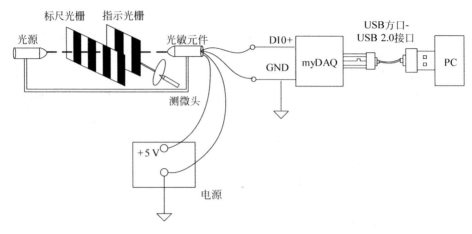

图 7-26   实验系统架构

信号调理电路如图 7-27 所示。

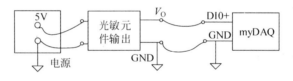

图 7-27   信号调理电路

五、实验步骤

1. 运行虚拟仪器。

（1）按图 7-26 和图 7-27 连接传感器、数据采集器、PC，其中 V_O、GND 分别连接到 myDAQ 数据采集器的模拟输入端子 DI0＋、GND。

（2）在 PC 上运行虚拟仪器的计数器功能。

2. 线路检查无误后，给系统供电。

3. 实验记录。

（1）使主光栅和副光栅成一定夹角 θ，旋动测微头，记下位移与虚拟计数器的数值，每 0.10mm 记下位移指示值和计数器显示数值。如此正反行程各测量 3 组，记下实验结果填入表 7-4(a)。

（2）改变夹角 θ，重复上述（1）中步骤，将结果记录在表 7-4（b）、表 7-4（c）、表 7-4（d）中。

实验完毕，关闭电源。

六、实验数据记录

表 7-4(a) 光栅位移检测装置实验数据记录

$\theta/(°)$							
莫尔条纹变化数							
游标读数/mm							

表 7-4(b) 光栅位移检测装置实验数据记录

$\theta/(°)$							
莫尔条纹变化数							
游标读数/mm							

表 7-4(c) 光栅位移检测装置实验数据记录

$\theta/(°)$							
莫尔条纹变化数							
游标读数/mm							

表 7-4(d) 光栅位移检测装置实验数据记录

$\theta/(°)$							
莫尔条纹变化数							
游标读数/mm							

七、实验数据处理与分析

1. 根据实验数据画出莫尔条纹变化数-游标读数实验曲线,观察非线性情况。
2. 根据实验数据计算系统灵敏度 S 和非线性误差 δ。

八、实验报告要求

实验报告主要内容包括:
(1) 实验目的和要求;
(2) 实验原理;
(3) 实验系统构成;
(4) 实验步骤;
(5) 整理、分析原始实验数据;
(6) 数据分析;
(7) 讨论。

九、思考题

如何提高光栅位移传感器的分辨率和量程?

十、实验改进与讨论

光栅位移检测装置的误差源有哪些? 如何提高测量准确度?

7.5 CCD 位移测量系统演示实验

一、实验目的

1. 了解 CDD 位移测量系统的结构及其特点。
2. 掌握 CCD 位移的测量原理。

二、实验内容与要求

本实验通过移动反射面与 CCD 传感器位移,采用多次反射光学放大的方法使微小的位移量反应在 CCD 采集到的图像上,利用数字处理方法计算出被测物位置,从而得出位移量。

三、实验基本原理

线阵 CCD 的输出信号包含了 CCD 各个像元的光强分布信息和像元位置信息,根据这些信息可以测量物体的尺寸和位置。

1. 线性 CCD 成像法测量原理

线性 CCD 成像法测量原理如图 7-28 所示。

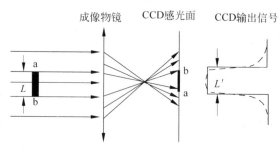

图 7-28 线性 CCD 成像法测量原理

当尺寸为 L 的被测物体 ab 置于成像镜头的物面,线阵 CCD 的感光面置于成像镜头的像面,则在 CCD 的感光面上形成物体倒立的像 ba,CCD 感光面上光强分布发生变化,从而输出电信号强度发生变化,理想的反映光强分布的电信号曲线应如实线所示。根据这个曲线,可以测得物体 ab 经成像镜头在像面的尺寸,若已知光学放大倍数 f,就可以计算物体的尺寸 L。当物体发生位移时,可由位移前后的像素位置的差值以及 f 确定位移,这是成像法。

2. 线性 CCD 平行光法测量原理

均匀的平行光垂直入射 CCD 感光面,将宽为 L 的物体放入光路,则 CCD 感光面接收到的光强,从而 CCD 输出信号将发生变化,理想情况如实线所示,但由于入射光非平行性和直边衍射等因素的影响,实际输出信号的强度变化如虚线所示,不能唯一确定,如图 7-29 所示,要实际进行定量测量,必须对 CCD 输出信号进行处理。其处理方法就是对虚线所示输出信号进行所谓“二值化处理”,如图 7-30 所示。

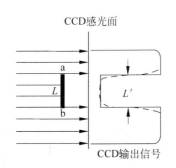

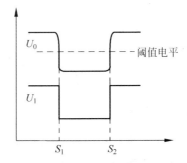

图 7-29　线性 CCD 平行光法测量原理　　　　图 7-30　阈值二值化

硬件二值化过程只能定性观察,要定量测量,需通过软件来实现,由数据采集电路采集 CCD 输出信号,再给出阈值电平,则可提取表示物体边缘的像元 S_1 和 S_2,S_1 和 S_2 的差值即为被测物体在 CCD 像面上所占据的像元数目。当物体在垂直于平行光线的方向上运动时,物体在 CCD 上的边缘为 S_1' 和 S_2'。则物体在 CCD 上显示的位移为 $|S_1' - S_2'|$。

本实验采用成像法测量。

四、实验系统组建与设备连接

1. 实验仪器与器材

标尺杆	1 只
线阵 CCD 位移传感器	1 只
PC	1 台

2. 实验设备介绍

本实验采用的摄像头型号为罗技 C270。

3. 实验系统设备连接

实验系统设备连接如图 7-31 所示。

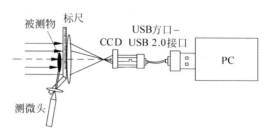

图 7-31　实验系统设备连接

五、实验步骤

1. 运行虚拟仪器

（1）按图 7-31 连接 CCD 传感器、PC。
（2）在 PC 上运行图像采集软件。

2. 实验记录

（1）垂直安装标尺杆，使 PC 上的显示如图 7-30 所示。
（2）记下当前的位置以及 PC 上显示的 S_1 端像素高度，移动标尺杆，每间隔 0.1m 记像素高度。
（3）如此正反行程重复测量 3 组，记录在表 7-5 中。
实验完毕，关闭电源。

六、实验数据记录

表 7-5　CCD 位移测量系统实验数据记录

X/mm										
S_1 像素高度										

七、实验数据处理与分析

1. 根据实验数据画出实验曲线，观察非线性情况。
2. 根据实验数据计算系统灵敏度 S 和非线性误差 δ。

八、实验报告要求

实验报告主要内容包括：
（1）实验目的和要求；
（2）实验原理；
（3）实验系统构成；
（4）实验步骤；
（5）整理、分析原始实验数据；
（6）数据分析；
（7）讨论。

九、思考题

本实验的误差源有哪些？如何提高测量准确度？

十、实验改进与讨论

讨论如何用软件方法自动实现位移测量，讨论当标尺杆倾斜时位移如何准确测量。

7.6　超声波测距方法实验

一、实验目的

1. 了解超声波的传播特性。
2. 掌握脉冲超声波测距原理和方法。

二、实验内容与要求

本实验采用压电效应实现超声波信号与电信号的转换，研究超声波传播渡越时间与距离的关系。

三、实验基本原理

超声波测距原理见 5.8 节实验及 6.4 节实验。

四、实验系统组建与设备连接

1. 实验仪器与器材

挡板	1 只
超声波探头 NU40A16TR-1	2 只
超声波信号调理电路模块	1 只
稳压电源(±15V)	1 台
myDAQ 数据采集卡	1 台
PC	1 台
导线	若干

2. 实验设备介绍

超声波传感器采用 NU40A16TR-1,如图 7-32 所示,其具有如下性能:

型号	NU40A16TR-1
中心频率	40.0 ± 1.0kHz
声压级别	105dB min.
灵敏度	-82dB min.
电容	2000Pf$\pm20\%$
余振	1.4ms max.
最大输入电压	$120V_{p\text{-}p}$
方向角	$80°\pm15°(-6$dB)

图 7-32 超声波传感器

3. 实验系统设备连接

实验系统设备连接如图 7-33 所示。

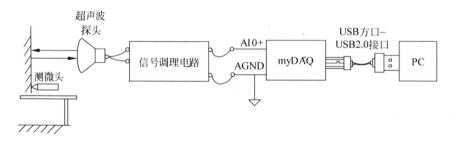

图 7-33 实验系统设备连接

信号调理电路如图 7-34 所示。

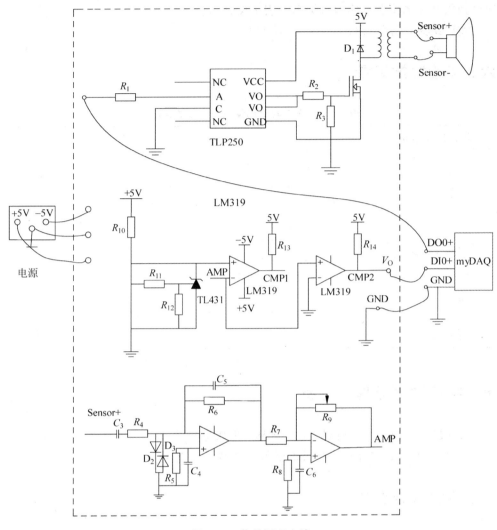

图 7-34 信号调理电路

五、实验步骤

1. 运行虚拟仪器。

（1）按图 7-33 和图 7-34 连接挡板基座,调整使挡板与超声波探头方向垂直,将超声波距离检测装置、采集卡以及 PC 接口连接好,其中超声波测距信号调理板输出 V_O、GND 连接到 myDAQ 数据采集器的数字输入口 DI0＋、GND,超声波测距信号调理板测距启动端子接 myDAQ 数字输出口 DO0＋。

（2）在 PC 上运行虚拟仪器的计时计,测量超声波传播的渡越时间。

2. 检查接线无误后,开启电源。

3. 从 20～80cm,每间隔 10cm 依次改变挡板位置,每个位置记录三次渡越时间,记录挡板基座的位置。实验数据填入表 7-6 中。

实验结束，关闭电源。

六、实验数据记录

表 7-6　超声波距离测量系统实验数据记录

挡板位置/mm									
渡越时间/ms									
平均渡越时间/ms									
声速/(m/s)									
挡板位置/mm									
渡越时间/ms									
平均渡越时间/ms									
声速/(m/s)									
挡板位置/mm									
渡越时间/ms									
平均渡越时间/ms									
声速/(m/s)									

七、实验数据处理与分析

1. 根据实验数据画出挡板位置-渡越时间关系曲线。

2. 根据实验数据计算系统灵敏度 S 和非线性误差 δ。

八、实验报告要求

实验报告主要内容包括：

（1）实验目的和要求；

（2）实验原理；

（3）实验系统构成；

（4）实验步骤；

（5）整理、分析原始实验数据；

（6）数据分析；

（7）讨论。

九、思考题

超声波距离测量系统的误差源有哪些？如何提高测量准确度？

十、实验改进与讨论

讨论如何补偿温度和界面反射对超声波测距系统的影响？

7.7 电容式角位移测量实验

一、实验目的

1. 了解电容式角位移传感器结构及其特点。
2. 掌握电容式角位移测量原理。

二、实验内容与要求

利用电容式角位移传感器及其信号调理电路,将电容变化量转换成电压变化,研究角位移与输出电容之间的关系。

三、实验基本原理

1. 电容式角位移传感器结构原理

图 7-35 为电容敏感元件拓扑结构示意图,主要由 3 个同轴且彼此平行的极板组成,即固定的分瓣式导电圆盘发射极板、固定的导电圆盘接收极板和可转动的金属分瓣转动极板。

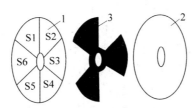

图 7-35 电容敏感元件拓扑结构示意图
1—固定的分瓣式导电圆盘发射极板；2—固定的导电圆盘接收极板；3—可转动的金属分瓣转动极板

这 3 个同轴且彼此严格平行的极板中心通过转轴,并使动极板和转轴一起转动。为保证动极板在固定的极板中能灵活自由转动,相对间隙应尽可能小,装配时,在转轴上装有两个滚动轴承。将发射极板分割成面积相等但彼此间电气隔离的 6 个扇形单元 S1~S6,每瓣近似为 60°,相邻扇形单元的间隙尽可能小,以获得较大的电容量；接收极板接收来自发射极板的感生电荷,实际设计过程中,发射与接收极板内部和外部都有接地保护环,以屏蔽电磁干扰；转动极板由 3 个角度相同(60°)间隔相同

(60°)的金属扇形叶片组成。动极板叶片转动的角度 θ 决定了发射极板和接收极板之间 6 个电容值及相应感生电荷的大小，也就决定了发射极板和接收极板之间产生的电容。

如图 7-36 为 60°内电极模型，电容计算值为

$$C_1 = \frac{\varepsilon_r \varepsilon_0 S_1}{\delta} = \frac{1}{6} \pi R^2 \frac{\theta}{60°} \frac{\varepsilon_r \varepsilon_0}{\delta} = F_1(\theta) \tag{7-9}$$

$$C_1 = \frac{\varepsilon_r \varepsilon_0 S_1}{\delta - d} = \frac{1}{6} \pi R^2 \frac{60° - \theta}{60°} \frac{\varepsilon_r \varepsilon_0}{\delta - d} = F_2(60° - \theta) \tag{7-10}$$

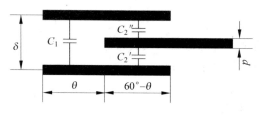

图 7-36　　60°内电容模型

可见，电容输出值 C 与角度 θ 存在函数关系，故 θ 的变化可以通过对电容值 C 的测量得到。

2. 信号处理电路

由于以上的简化计算模型实际上忽略了电场的边缘效应，故通过简化计算的电容值与真实值应有一定误差。这里采用电容测量电路对其电容实际值进行检测。

因被测电容量值很小，只有几十皮法，故采取充放电法测量电容，与传统方法不同，这里采用的是一种抗寄生抗杂散的微小电容测量电路，如图 7-37 所示。该电路中被测电容一端与充电电压相连，另一端为浮地接法。其中开关 K1、K2、K3、K4 受时钟脉冲的控制。通断情况为 K1 与 K3 通、K2 与 K4 断为充电状态；K1 与 K3 断、K2 与 K4 通为放电状态。这样就形

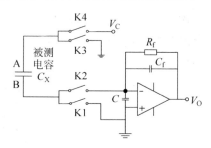

图 7-37　　测量电路示意图

成对被测电容的周期性充放电。同时在电荷检测器的输出端 V_0 形成一正比于被测电容的输出电压。如果考虑被测电容 C 两极的寄生电容以及与 C_X 相连开关的杂散电容，有图 7-38 电路模型，其中，C_{s1}、C_{s2} 分别为被测电容两极 A，B 与电容的屏蔽壳之间的寄生电容。C_{p1}、C_{p2}、C_{p3}、C_{p4} 分别为 C_X 连接到开关 K1、K2、K3、K4 的杂散电容。由于检测器的输入阻抗较大，使得放电电流流经检测器输入端时产生瞬间电压脉冲尖峰，故将检测器的输入阻抗并接一解耦电容 $C(C \gg C_X)$，既不影响平均电荷测量，又能确保在电路的输入端有一个稳定的虚地电压。$T_f = R_f C_f$，一般较大。其中高电平是开，低电平是关，T_1 为 20ns，主要使两对开关彼此可靠互锁。

测量电路分为两个过程，充电过程和放电过程，开关脉冲时序如图 7-39 所示。

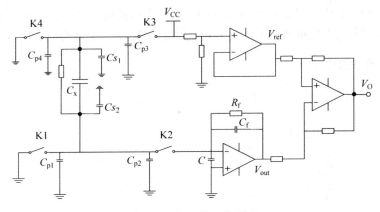

图 7-38　抗杂散电路模型

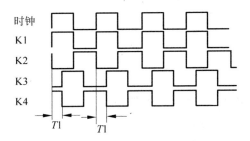

图 7-39　开关脉冲信号时序图

输出电压的稳态值为

$$V_{\text{out}} = f V_c R_f C_X \tag{7-11}$$

由此可见,被测电容与输出电压成正比,且测量的灵敏度由时钟频率、充电电压和反馈电阻决定,通过合理的改变这些参数可以进一步提高灵敏度。

四、实验系统组建与设备连接

1. 实验仪器与器材

带刻度的旋钮	1 只
电容式角位移传感器 JD-C90	1 只
电容式角位移信号调理电路	1 套
直流电源(5V)	1 套
myDAQ 数据采集器	1 套
PC	1 台
导线	若干

2. 实验设备介绍

本实验采用的电容式角位移传感器型号为 JD-C90,其主要技术指标如下：测量

范围为 $0\sim90°$、电压输出分辨率为 4.8mV、电压输出精度 <20mV、负载电阻 $\geqslant1$kΩ、响应频率为 2Hz、工作电压为 5V、工作电流 <30mA、工作温度为 $-40\sim+85$℃。

3. 实验系统设备连接

实验系统设备连接如图 7-40 所示。

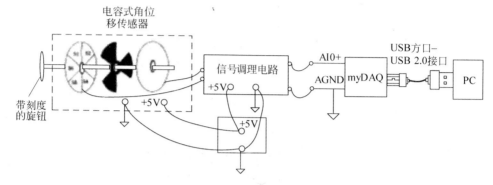

图 7-40　实验系统设备连接

电容式角位移传感器信号调理电路如图 7-41 所示。

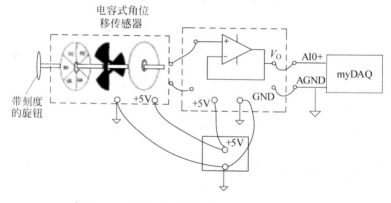

图 7-41　电容式角位移传感器信号调理电路

五、实验步骤

1. 运行虚拟仪器。

（1）按照图 7-40 和图 7-41 将电容式角位移传感器安装在带有刻度的旋钮上，连接信号调理模块、数据采集器、PC，其中信号调理板输出 V_O、GND 分别连接到 myDAQ 数据采集器的模拟输入端口 AI0＋、AGND。

（2）在 PC 上运行虚拟仪器的电压表功能。

2. 检查接线无误后，开启电源。

3. 实验记录。

旋动带刻度的旋钮,记下旋钮角度位置与虚拟电压表的数值,每 5°记下 PC 上的计数值。

如此正反行程重复测量 3 组,记下实验结果填入表 7-7 中。

实验完毕,关闭电源。

六、实验数据记录

表 7-7　电容式角位移测量系统实验数据记录

旋转角度/(°)								
测量值/mV								

七、实验数据处理与分析

1. 根据实验数据画出实验曲线,观察非线性情况。
2. 根据实验数据计算系统灵敏度 S 和非线性误差 δ。

八、实验报告要求

实验报告主要内容包括:

(1) 实验目的和要求;

(2) 实验原理;

(3) 实验系统构成;

(4) 实验步骤;

(5) 整理、分析原始实验数据;

(6) 数据分析;

(7) 讨论。

九、思考题

讨论电容式角位移传感器的应用场合。

十、实验改进与讨论

电容式角位移测量系统的误差源有哪些? 如何提高测量准确度?

7.8　用光电编码器测量角位移

一、实验目的

1. 了解光电编码器的结构及其特点。
2. 掌握用光电编码器测量角位移的原理。

二、实验内容与要求

通过对增量式光电编码器的输出脉冲进行计数，研究角位移与光电编码器输出的关系。

三、实验基本原理

增量式光电编码器的特点是每产生一个输出脉冲信号就对应于一个增量位移，但是不能通过输出脉冲区别出在哪个位置上的增量。它能够产生与位移增量等值的脉冲信号，其作用是提供一种对连续位移量离散化或增量化以及位移变化（速度）的传感方法，它是相对于某个基准点的相对位置增量，不能够直接检测出轴的绝对位置信息。一般来说，增量式光电编码器输出 A、B 两相互差 90°电角度的脉冲信号（即所谓的两组正交输出信号），从而可方便地判断出旋转方向。同时还有用作参考零位的 Z 相标志（指示）脉冲信号，码盘每旋转一周，只发出一个标志信号。标志脉冲通常用来指示机械位置或对积累量清零。

增量式光电编码器主要由光源、码盘、检测光栅、光电检测器件和转换电路组成，如图 7-42 所示。码盘上刻有节距相等的辐射状透光缝隙，相邻两个透光缝隙之间代表一个增量周期；检测光栅上刻有 A、B 两组与码盘相对应的透光缝隙，用以通过或阻挡光源和光电检测器件之间的光线。它们的节距和码盘上的节距相等，并且两组透光缝隙错开 1/4 节距，使得光电检测器件输出的信号在相位上相差 90°电角度。当码盘随着被测转轴转动时，检测光栅不动，光线透过码盘和检测光栅上的透过缝隙照射到光电检测器件上，光电检测器件就输出两组相位相差 90°电角度的近

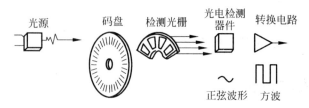

图 7-42　光电编码器结构原理图

似于正弦波的电信号,电信号经过转换电路的信号处理,可以得到被测轴的转角或速度信息。

　　增量式光电编码器输出信号波形如图 7-43 所示。增量式光电编码器的优点是原理构造简单、易于实现,机械平均寿命长,可达到几万小时以上,分辨率高,抗干扰能力较强,信号传输距离较长,可靠性较高;其缺点是它无法直接读出转动轴的绝对位置信息。

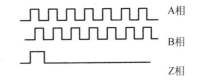

图 7-43　增量式光电编码器输出波形

四、实验系统组建与设备连接

1. 实验仪器与器材

带刻度的旋钮	1 只
光电编码器 E6A2-CW3C	1 只
直流电源(5V)	1 套
myDAQ 数据采集器	1 套
PC	1 台
导线	若干

2. 实验设备介绍

本试验采用的传感器型号为欧姆龙 500 线,E6A2-CW3C,外形如图 7-44 所示。

图 7-44　光电编码器 E6A2-CW3C

接线为:黑色是 A 相,白色是 B 相,棕色是 5～12V,蓝色是 GND。

3. 实验系统设备连接

实验系统设备连接如图 7-45 所示。

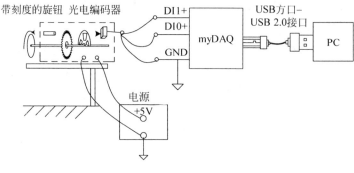

图 7-45　实验系统连接

五、实验步骤

1. 运行虚拟仪器。

（1）按照图 7-45 将光电编码器安装在旋转体上，将光电编码器的输出的黑线接 DI0＋、白线接 DI1＋，棕线接 5V 电源，GND 与 myDAQ 的 GND 相接，myDAQ 通过 USB 接口连接 PC 与 myDAQ。

（2）在 PC 上运行虚拟仪器的计数器功能。

2. 检查接线无误后，开启电源。

3. 实验记录。

旋动带刻度的旋钮，记下旋钮角度位置与虚拟计数器的数值，每 1°记下 PC 上的计数值。

如此正反行程重复测量 3 组，记下实验结果填入表 7-8 中。

实验完毕，关闭电源。

六、实验数据记录

表 7-8　光电编码角位移测量系统实验数据记录

旋转角度/(°)									
计数值									

七、实验数据处理与分析

1. 根据实验数据画出实验曲线，观察非线性情况。

2. 根据实验数据计算系统灵敏度 S 和非线性误差 δ。

八、实验报告要求

实验报告主要内容包括：
(1) 实验目的和要求；
(2) 实验原理；
(3) 实验系统构成；
(4) 实验步骤；
(5) 整理、分析原始实验数据；
(6) 数据分析；
(7) 讨论。

九、思考题

光电编码式角位移测量系统的误差源有哪些？如何提高测量准确度？

十、实验改进与讨论

试利用光电编码器设计角速度测量方案。

7.9　电容式厚度测量实验

一、实验目的

1. 了解电容式厚度测量装置的结构及其特点。
2. 掌握用电容式厚度测量原理。

二、实验内容与要求

将已知厚度的板材放置在电容极板间，通过交流电桥、整流、滤波将电容的变化转换成电压信号输出，研究输出电压与板材厚度的关系。

三、实验基本原理

电容传感器具有温度稳定性好、结构简单、精度高、响应快、线性范围宽和实现非接触式测量等优点，近年来，由于电容测量技术的不断完善，微米级精度的电容测微仪已是一般性产品，电容测微技术作为高精度、非接触式的测量手段广泛应用于科研和生产加工行业。电容传感器最常用的形式为平行平板电容器，物理学上用下式描述

$$C = \varepsilon \frac{S}{h} \tag{7-12}$$

即电容器的电容值 C 与极间距 h 成反比,与极板面积 S 和介电常数 ε 成正比。对于变极距型传感器,测量中被测物与大地连接,单极式电容传感器与之形成一个电容器 C_r,此电容器接入开环放大倍数为 A 的运算放大器反馈回路中,由此得到其原理公式

$$V_O = \frac{C_s V_s}{C_r} = \frac{C_s V_s}{\varepsilon S} h \tag{7-13}$$

式中,V_O 为电容式精密测微仪的电压输出;C_s 为标准参比电容;V_s 为信号源标准方波输出信号;S 为传感器测头有效端面面积;C_r 为传感器测头的有效待测电容;h 为传感器与被测物体之间的距离。

电容测厚仪用于测量金属板材在轧制过程中的厚度变化,安装示意如图 7-46 所示。C_1,C_2 放在板材两边,板材是电容的动极板,总电容为 $C_1 + C_2$,作为一个桥臂。

如果板材只是上下波动,电容的增量一个增加一个减少,总的电容量 $C_x = C_1 + C_2$ 不变;如果板材的厚度变化使电容 C_x 变化,电桥将该信号变化输出为电压,经放大器、整流电路的直流信号送出处理显示,显示为厚度变化。

图 7-47 所示为测厚原理,由于被测物 3 是非绝缘体,特别是在线测量时,由于工件加工中存在振幅为 Δx 的振动,所以采用差动测量的方法,使其表面分别与传感器 1、2 构成电容器,由此形成对其厚度变化量 Δh 的实时监测,即当给定传感器 2 的相对位置和板材初始厚度 h 时,板材厚度变化 Δh,则有 $\Delta h = \Delta h_a + \Delta h_b$,传感器引起电压的变化为

$$\Delta V_1 = \frac{C_0 U_s}{\varepsilon s} \Delta a \tag{7-14}$$

$$\Delta V_2 = \frac{C_0 U_s}{\varepsilon s} \Delta b \tag{7-15}$$

式中

$$\Delta a = \Delta h_a + \Delta x$$
$$\Delta b = \Delta h_b + \Delta x$$

可得总的变化电压为

$$\Delta U = \Delta V_1 + \Delta V_2 = -\frac{C_0 U_s}{\varepsilon s} \Delta h \tag{7-16}$$

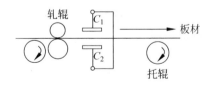

图 7-46　电容测厚仪传感器安装示意图

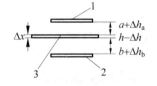

图 7-47　测厚原理示意图

差动测量方法可有效地解决工件加工过程中的振动问题,测量电路原理如图 7-48 所示。

输出信号通过放大、整流、差放电路和指示仪表即可显示板材的厚度。

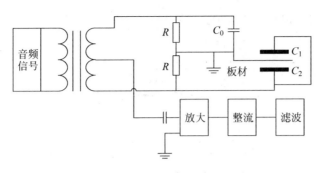

图 7-48 电容测厚仪电路原理图

四、实验系统组建与设备连接

1. 实验仪器与器材

板材(已知厚度)	1 套(不同厚度)
电容式测厚传感器	1 只
电容式测厚仪信号调理电路	1 套
信号发生器	1 台
直流电源	1 台
myDAQ 数据采集器	1 套
PC	1 台
导线	若干

2. 实验系统设备连接

实验系统设备连接如图 7-49 所示。

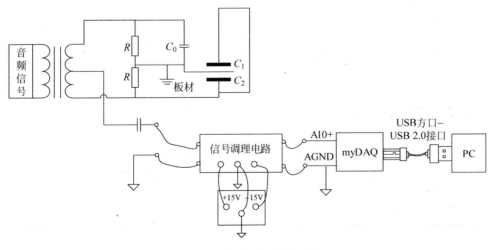

图 7-49 实验系统设备连接

信号调理电路如图 7-50 所示。

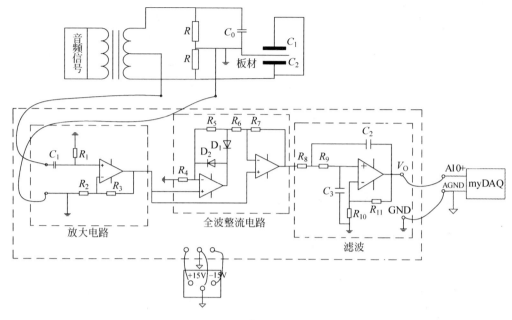

图 7-50　信号调理电路

五、实验步骤

1. 运行虚拟仪器。

（1）按图 7-49 和图 7-50 连线,其中调理电路输出 V_O、GND 接 myDAQ 的 AI0＋、AGND 口。

（2）在 PC 上运行虚拟仪器的电压表。

2. 检查接线无误后,开启电源。

3. 依次放入不同厚度的板材,记录下 PC 上的电压表示数,将结果填入表 7-9 中。实验完毕,关闭电源。

六、实验数据记录

表 7-9　电容式厚度测量系统实验数据记录

板材厚度（标称值）/mm									
测量值/mV									

七、实验数据处理与分析

1. 根据实验数据画出实验曲线,观察非线性情况。
2. 根据实验数据计算系统灵敏度 S 和非线性误差δ。

八、实验报告要求

实验报告主要内容包括:
(1) 实验目的和要求;
(2) 实验原理;
(3) 实验系统构成;
(4) 实验步骤;
(5) 整理、分析原始实验数据;
(6) 数据分析;
(7) 讨论。

九、思考题

电容测厚仪的误差源有哪些? 如何提高测量准确度?

十、实验改进与讨论

温度和湿度是否会对测量造成干扰,应该如何修正?

7.10　电涡流测厚仪实验

一、实验目的

1. 了解电涡流测厚仪结构、工作原理和使用方法。
2. 分析电涡流测厚仪的特点与应用场合,掌握电涡流测厚仪的测量技术。

二、实验内容与要求

通过改变被测金属片的厚度,采集电涡流传感器的输出电压经数据采集卡传输至 PC 上位机,由虚拟仪器计算并显示厚度,从中了解电涡流测厚仪基本原理及其应用特点。

三、实验基本原理

通过交变电流的线圈产生交变磁场,当金属体处在交变磁场时,根据电磁感应原理,金属体内产生电流,该电流在金属体内自行闭合,并呈旋涡状,称为涡流,如图 7-51 所示。

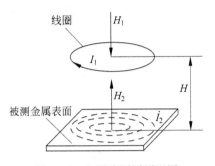

涡流的大小影响线圈的阻抗 Z,而涡流的大小与金属导体的电阻率 ρ、磁导率 μ、线圈激磁电流频率 f 及线圈与金属体表面的距离 x 等参数有关,电涡流工作在非接触状态(线圈与金属体表面不接触),如果使线圈与金属体表面距离 x 以外的所有参数不变,并保持环境温度不变,阻抗 Z 只与距离 x 有关,将阻抗变

图 7-51   电涡流测厚原理图

化转换为电压信号 V 输出,那么输出电压 V 就是距离 x 的单值函数,因此电涡流传感器可以进行位移测量。

涡流效应与金属导体本身的电阻率和磁导率有关,因此不同的材料就会有不同的性能。电涡流传感器在实际应用中,由于被测体的形状,大小不同,导致被测体上涡流效应不充分,会减弱甚至不产生涡流效应,因此影响电涡流传感器的静态特性,所以在实际测量中,往往必须针对具体的被测体进行静态特性标定。

此类传感器适宜金属板材的厚度测量,且特性曲线接近线性,可根据测量时的精度要求对其进行分段线性化,分段越多测量精确度越高。

四、实验系统组建与设备连接

1. 实验仪器与器材

电涡流测厚仪 EPK minitest600 B-FN   1 套
不同厚度铝板   1 套

2. 实验设备介绍

本实验采用电涡流测厚仪采用德国 EPK minitest600 B-FN,如图 7-52 所示。本测厚仪具有的性能参数如下:

测量范围:$0\sim3000\mu m$

误差:$\pm2\mu m$ 或 $\pm2\%\sim4\%$

最小曲率半径:5mm(凸);25mm(凹)

最小基体厚度:0.5mm(F);$50\mu m$(N)

3. 实验系统设备连接

本实验为演示型实验,利用测厚仪直接测量金属板材的厚度,如图 7-53 所示。

图 7-52　电涡流测厚仪

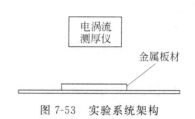

图 7-53　实验系统架构

五、实验步骤

1. 按图 7-53 搭建检测系统,将不同厚度铝板放在测厚仪下方,打开电涡流测厚仪。
2. 不断改变测量的金属板材,并记录测厚仪上显示的数值。
3. 将实验数据填入表 7-10 中。

实验完成。

六、实验数据记录

表 7-10　高频反射式电涡流测厚仪实验数据记录

铝板厚度/mm								
测厚仪显示厚度/mm								

七、实验数据处理与分析

1. 根据实验数据画出实验曲线,观察非线性情况。
2. 根据实验数据计算系统灵敏度 S 和非线性误差 δ。

八、实验报告要求

实验报告主要内容包括:
(1) 实验目的和要求;

（2）实验原理；

（3）实验系统构成；

（4）实验步骤；

（5）整理、分析原始实验数据；

（6）数据分析；

（7）讨论。

九、思考题

高频反射式电涡流测厚仪的误差源有哪些？如何提高测量准确度？

十、实验改进与讨论

讨论电涡流式测厚仪的厚度自动检测系统方案。

7.11　平均速度法测量物体运动速度实验

一、实验目的

掌握平均速度法测量物体运动速度的系统构成和实现原理。

二、实验内容与要求

让斜面上小车从静止开始加速下滑，利用虚拟研究基于超声波传感器检测小车平均速度的方法。

三、实验基本原理

如图 7-54 所示，利用位移传感器记录小车的位移随时间变化的过程，通过数据采集器将测得的数据上传到 PC 的上位机，由虚拟仪器显示小车的位移随时间变化的曲线。然后选择不同的研究区域，计算相应区域的平均速度。

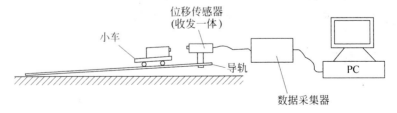

图 7-54　平均速度法测物体运动速度

位移传感器分为发射端和接收端,具体可以采用多种传感器,如超声波传感器、激光传感器等,本实验系统采用收发一体的超声波传感器。

设在时间 $t=t_1$ 时,测得小车的位置为 S_1,在 $t=t_2$ 时,小车所处的位置为 S_2,则小车在时间 Δt 内的平均速度为

$$V(t) = \frac{\Delta S(t)}{\Delta t} = \frac{S_2 - S_1}{t_2 - t_1} \tag{7-17}$$

四、实验系统组建与设备连接

1. 实验仪器与器材

斜面平台装置	1 台
小车	1 辆
超声波传感器	1 套
超声波信号调理模块	1 套
直流电源(+15V)	1 台
myDAQ 数据采集器	1 套
PC	1 台
导线	若干

2. 实验设备介绍

超声波传感器采用 NU40A16TR-1,如图 7-55 所示。其具有如下性能:

型号	NU40A16TR-1
中心频率	40.0 ± 1.0kHz
声压级别	105dB min.
灵敏度	-82dB min.
电容	2000pF$\pm$20%
余振	1.4ms max.
最大输入电压	$120V_{p-p}$
方向角	$80°\pm15°(-6$dB$)$

图 7-55　超声波传感器

3. 实验系统设备连接

实验系统设备连接如图 7-56 所示,用超声波位移传感器测得小车的实时位移数据,然后经数据采集器将测到的数据传输到上位机(PC),对测量结果进行显示和分析。

超声波探头发射电路及回波信号调理模块电路如图 7-57、图 7-58 所示。

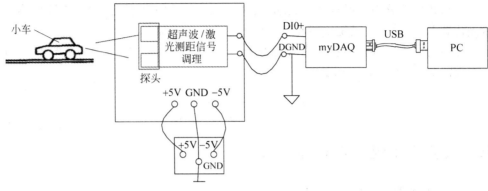

图 7-56　实验系统架构

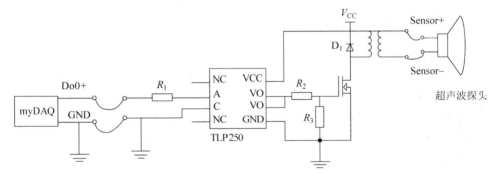

图 7-57　超声波探头发射电路

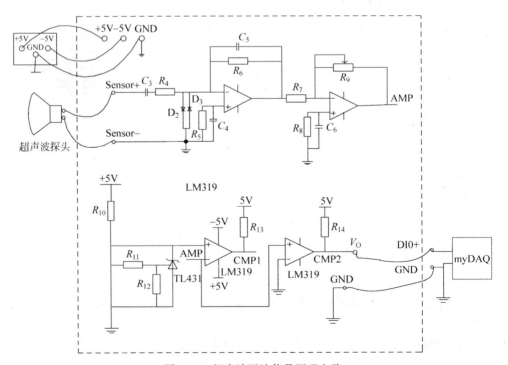

图 7-58　超声波回波信号调理电路

五、实验步骤

1. 运行虚拟仪器

（1）按图 7-56～图 7-58 将超声波距离检测装置、数据采集器以及 PC 接口连接好，其中超声波测距信号调理板输出 V_0 连接到 myDAQ 数据采集器的数字输入口 DI0＋、超声波测距信号调理板测距启动端子接 myDAQ 数字输出口 DI1＋。

（2）在 PC 上运行虚拟仪器的计时器。

2. 超声波位移传感器平均速度法测速

（1）按图 7-56 将超声波位移传感器和数据采集器以及 PC 接口连接好连接线。

（2）将小车放在斜面上，让其向下加速运动。

（3）观察上位机中位移的变化情况，读取虚拟计时器输出。

（4）将实验数据填入表 7-11 中。

实验完毕，关闭电源。

六、实验数据记录

表 7-11　超声波位移传感器平均速度法测速实验数据记录

时间/s									
位移/cm									

七、实验数据处理与分析

根据时间位移曲线，然后选择不同的研究区域，计算相应区域的平均速度。

八、实验报告要求

实验报告主要内容包括：

（1）实验目的和要求；

（2）实验原理；

（3）实验系统构成；

（4）实验步骤；

（5）整理、分析原始实验数据；

（6）数据分析；

（7）讨论。

九、思考题

　　1. 平均速度法测量物体运动速度有什么优点和缺点？
　　2. 如何提高平均速度法的动态响应。

十、实验改进与讨论

　　设计平均速度法测速的自动测量系统方案。

7.12　物体运动瞬时速度测量实验

一、实验目的

　　掌握变速直线运动物体的瞬时速度测量原理与实现技术。

二、实验内容与要求

　　让斜面上小车从静止开始加速下滑,通过虚拟仪器研究基于超声波传感器测量实时速度的方法。

三、实验基本原理

　　如图 7-59 所示,利用位移传感器记录小车的位移随时间变化的过程,通过数据采集卡将测得的数据上传到上位机,由虚拟仪器显示小车的位移随时间变化的曲线。然后在上位机中计算并画出位移时间曲线及其微分曲线。位移传感器分为发射端和接收端,具体可以采用多种传感器,如超声波传感器、激光传感器等。本实验系统采用收发一体的超声波传感器。

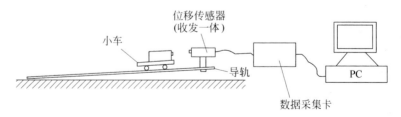

图 7-59　瞬时速度法测物体运动速度

　　瞬时速度测量方法为根据位移传感器测得的小车的实时位移 $S(t)$,然后对这个位移 $S(t)$ 曲线进行微分得到瞬时速度 $V(t)$。如下式所示

$$V(t) = \frac{\mathrm{d}S(t)}{\mathrm{d}t} \tag{7-18}$$

四、实验系统组建与设备连接

1. 实验仪器与器材

斜面平台装置	1 台
小车	1 辆
超声波传感器	1 套
超声波信号调理模块	1 套
直流电源($\pm 5\mathrm{V}$)	1 台
myDAQ 数据采集器	1 套
PC	1 台
导线	若干

2. 实验设备介绍

本实验选用的传感器同 7.11 节实验。

3. 实验系统设备连接

实验系统架构见图 7-56；超声波探头发射电路及回波信号调理电路见图 7-57 和图 7-58。

五、实验步骤

1. 运行虚拟仪器

（1）按图 7-56～图 7-58 将超声波距离检测装置、数据采集器以及 PC 接口连接好，其中超声波测距信号调理板输出 V_o 连接到 myDAQ 数据采集器的数字输入口 DI0＋、超声波测距信号调理板测距启动端子接 myDAQ 数字输出口 DI1＋。

（2）在 PC 上运行虚拟仪器的计时器。

2. 超声波位移传感器测瞬时速度实验步骤

（1）按图 7-56 将超声波位移传感器和数据采集器以及 PC 接口连接好连接线。

（2）将小车放在斜面上，让其向下加速运动。

（3）观察上位机中瞬时速度的变化情况，读取 PC 上虚拟计时器示值。

（4）将实验数据填入表 7-12 中。

实验完毕，关闭电源。

六、实验数据记录

表 7-12　超声波位移传感器测瞬时速度实验数据记录

时间/s										
速度/(m/s)										

七、实验数据处理与分析

由表 7-12 数据,分析超声波测瞬时速度的灵敏度,并与理论分析相结合,分析其误差。

八、实验报告要求

实验报告主要内容包括:
(1) 实验目的和要求;
(2) 实验原理;
(3) 实验系统构成;
(4) 实验步骤;
(5) 整理、分析原始实验数据;
(6) 数据分析;
(7) 讨论。

九、思考题

本实验中采用的测量瞬时速度的方法有什么优点和缺点? 与平均速度法进行比较。

十、实验改进与讨论

是否有其他更好的方法测量物体运动的瞬时速度? 进行相应的系统方案设计和讨论。

7.13　多普勒测速方法演示实验

一、实验目的

1. 了解多普勒测速的原理和方法。

2. 通过多普勒测速系统测速实验，了解多普勒测速方法的特点。

二、实验内容与要求

超声波传感器发射超声波，经运动的小车反射后，对反射的回波进行相应处理，根据测得的回波频率变化，计算得到小车的运动速度，最后通过数据采集器将测得的参数上传到上位机，在上位机上做相应显示，并做相应记录和分析。

三、实验基本原理

多普勒测速方法实验系统原理如图 7-60 所示。

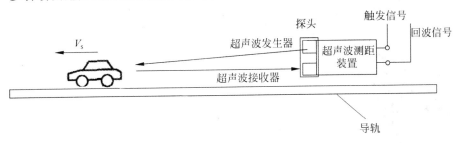

图 7-60　实验系统原理

如果波源发出波的频率为 f_s，且波源以速度 V_s 相对介质运动，而波传播的速度为 V（波源运动方向与波传播方向共线），相对介质静止的观察者接收到波的频率为 f_R，则

$$V_S = \frac{f_R - f_s}{f_R} V \tag{7-19}$$

当观察者接收到波是通过运动物体反射而得到的，此时运动物体的速度 V'_s 为

$$V'_s = \frac{f_R - f_s}{2 f_R} V \tag{7-20}$$

当运动物体的速度与波速相比很小时，可用 f_s 近似地代替式(7-20)分母中的 f_R，当波源向观察者运动时，$f_R > f_s$，V'_s 为正频率 f_R 的波与频率 f_s 的波相互叠加后，会产生"拍"，包络线的频率就是"差频"（拍频），差频 $\Delta f = |f_R - f_s|$。代入式(7-20)便可以得到被测物体的速度。

四、实验系统组建与设备连接

1. 实验仪器与器材

多普勒测速仪 J2358　　　1 台

2. 实验设备介绍

本实验为演示型实验,本实验采用美国 hotwheels 公司的多普勒测速仪 J2358,如图 7-61 所示,实现速度测量,J2358 具有如下参数:

测速范围:0~299km/h

测速距离:0~40m

测速误差:≤±1%

3. 实验系统设备连接

实验系统如图 7-62 所示。

图 7-61　多普勒测速仪

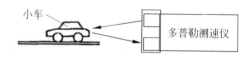

图 7-62　实验系统

五、实验步骤

本实验为演示型实验,利用多普勒测速仪直接在安全的公路上对汽车进行测速。

1. 选取合适的保证安全且有车的公路作为本次实验的实验地点。

2. 手持多普勒测速仪,使其对着正在行驶的汽车。

3. 进行多次实验,并将实验数据填入表 7-13 中。

六、实验数据记录

表 7-13　多普勒测速结果

实验标号						
速度/(m/s)						

七、实验数据处理与分析

结合演示实验中,测得的速度情况,分析与讨论多普勒测速仪测速的原理和特点。

八、实验报告要求

实验报告主要内容包括:
(1) 实验目的和要求;
(2) 实验原理;
(3) 实验系统构成;
(4) 实验步骤;
(5) 整理、分析原始实验数据;
(6) 数据分析;
(7) 讨论。

九、思考题

1. 多普勒测速系统的性能与哪些因素有关? 如何提高测量性能?
2. 多普勒测速仪与超声波用时间渡越法测速相比有何异同? 各自有何优缺点?

十、实验改进与讨论

设计多普勒测速的在线自动测量系统。

7.14　磁电频率式转速测量实验

一、实验目的

1. 了解感应线圈、电涡流、霍尔器件多种磁电频率式转速测量的实验原理和组成。
2. 比较感应线圈、电涡流、霍尔器件等的区别和特点。
3. 掌握磁电频率式转速测量的实验方法。

二、实验内容与要求

用感应线圈、电涡流、霍尔器件多种磁电频率式转速测量方法测量转速,并对测量结果进行比较分析,讨论不同的磁电频率式转速测量方法的异同点。

三、实验基本原理

1. 感应线圈式

根据电磁感应定律,当导体在稳恒均匀磁场中沿垂直磁场方向运动时,导体内产生的感应电势为

$$e = \left| \frac{\mathrm{d}\phi}{\mathrm{d}t} \right| = Bt \frac{\mathrm{d}x}{\mathrm{d}t} = Blv \tag{7-21}$$

式中,B 为稳恒均匀磁场的磁感应强度;l 为导体有效长度;v 为导体相对磁场的运动速度。

当一个 W 匝线圈相对静止地处于随时间变化的磁场中时,设穿过线圈的磁通为 φ,则线圈内的感应电势 e 与磁通变化率 $\mathrm{d}\varphi/\mathrm{d}t$ 有如下关系

$$e = -N \frac{\mathrm{d}\phi}{\mathrm{d}t} \tag{7-22}$$

如图 7-63 所示,线圈和磁铁部分都是静止的,与被测物连接而运动的部分是用导磁材料制成的,在运动中,它们改变磁路的磁阻,因而改变贯穿线圈的磁通量,在线圈中产生感应电动势用来测量转速,线圈中产生感应电动势的频率作为输出,而感应电动势的频率取决于磁通变化的频率。

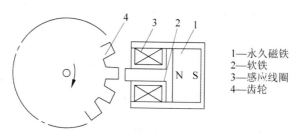

图 7-63 磁电式转速测量原理

2. 电涡流式

利用电涡流的位移传感器及其位移特性,当被测转轴的端面或径向有明显的位移变化(齿轮,凸台)时,就可以得到相应的电压变化量,再配上相应电路测量转轴转速。

3. 霍尔式

利用霍尔效应表达式:$UH = K_H IB$,实验装置如图 7-64 所示。当被测圆盘上装上 N 只磁性体时,圆盘每转一周磁场就变化 N 次,霍尔电势相应变化 N 次,输出电势通过放大、整形和计数电路就可以测量被测旋转物的转速。

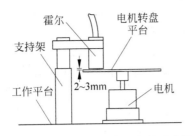

图 7-64　霍尔转速传感器安装示意图

四、实验系统组建与设备连接

1. 实验仪器与器材

转动台控制器	1 套
转动台	1 套
旋转圆盘	1 只
磁电式转速传感器	1 只
电涡流传感器	1 只
霍尔传感器	1 只
磁敏传感器信号调理电路	1 套
直流电源(15V)	1 台
myDAQ 数据采集器	1 套
PC	1 台
高精度转速表 DT2259	1 台

2. 实验设备介绍

本实验传感器为磁电式传感器、电涡流传感器、霍尔传感器，分别见 5.17 节实验、6.1 节实验和 6.4 节实验。实验台架见 5.7 节实验。

高精度光电转速表采用如图 7-65 所示的台湾 DT2259 高精度光电转速表，该转速表具有如下参数：

测量范围：5～99 999RPM

分辨率：0.1RPM(＜1000RPM)

工作温度：0～50℃

3. 实验系统设备连接

实验系统设备连接如图 7-66 所示。

感应线圈、电涡流和霍尔式转速传感器的信号调理电路分别如图 7-67～图 7-69 所示。

图 7-65　高精度光
电转速表

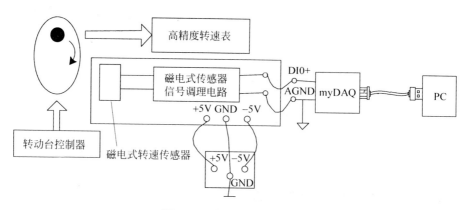

图 7-66　实验系统设备连接

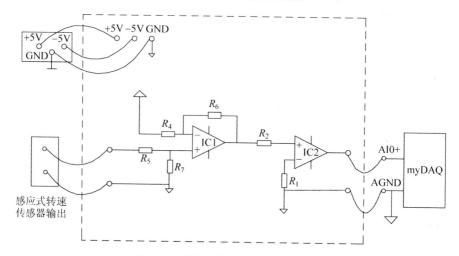

图 7-67　线圈式传感器信号调理电路

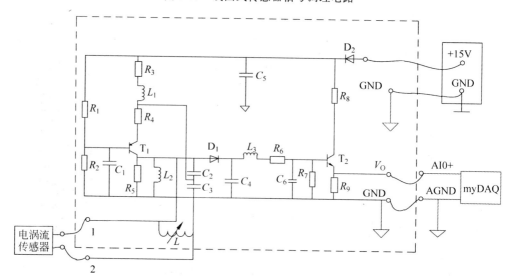

图 7-68　电涡流传感器信号调理电路

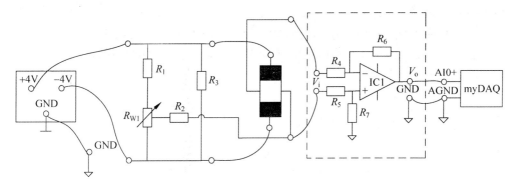

图 7-69　霍尔式传感器信号调理电路

五、实验步骤

1. 运行虚拟仪器

（1）将高精度转速表和磁电式转速传感器在转台上安装好,然后按图 7-66 将磁电式传感器和信号处理电路、数据采集器以及 PC 接口连接好,其中磁电式信号调理板输出 V_O 连接到 myDAQ 数据采集器的数字输入口 DI0＋、地线接到 myDAQ 的 DGND 端。

（2）在 PC 上运行虚拟仪器的虚拟频率计。

2. 感应线圈式转速传感器测转速

（1）按图 7-67 将感应线圈式转速传感器及其信号处理电路、数据采集器以及 PC 接口连接好连接线。

（2）根据高精度转速表,从 10～2000r/min 调节转速控制台转速。

（3）读取虚拟频率计的输出频率,换算成对应转速大小,实验数据填入表 7-14(a) 中。关闭电源。

3. 电涡流式转速传感器测转速

（1）按图 7-68 将电涡流式转速传感器及其信号处理电路、数据采集器以及 PC 接口连接好连接线。

（2）根据高精度转速表,从 10～2000r/min 调节转速控制台转速。

（3）读取虚拟频率计的输出频率,换算成对应转速大小,实验数据填入表 7-14(b) 中。关闭电源。

4. 霍尔式转速传感器测转速

（1）按图 7-69 将霍尔式转速传感器及其信号处理电路、数据采集卡以及 PC 接口连接好连接线。

（2）根据高精度转速表，从 10～2000r/min 调节转速控制台转速。

（3）读取虚拟频率计的输出频率，换算成对应转速大小，实验数据填入表 7-14(c) 中。实验完毕，关闭电源。

六、实验数据记录

表 7-14（a）　线圈式转速传感器

转速标号					
测得频率/Hz					
测量转速/(rad/s)					
标准转速表/(rad/s)					

表 7-14（b）　电涡流式转速传感器

转速标号					
测得频率/Hz					
测量转速/(rad/s)					
标准转速表/(rad/s)					

表 7-14（c）　霍尔转速传感器

转速标号					
测得频率/Hz					
测量转速/(rad/s)					
标准转速表/(rad/s)					

七、实验数据处理与分析

感应线圈、电涡流，霍尔器件多种磁电频率式转速测量的实验结果与高精度转速表的结果进行比较，分析不同的磁电式转速传感器的精度，并说明各自的特点。

八、实验报告要求

实验报告主要内容包括：

（1）实验目的和要求；

（2）实验原理；

（3）实验系统构成；

（4）实验步骤；

（5）整理、分析原始实验数据；

（6）数据分析；

（7）讨论。

九、思考题

1. 为什么说磁电式转速传感器不能测很低速的转动,能说明理由吗？

2. 已进行的实验中用了三种传感器测量转速,试分析比较一下哪种方法最简单、方便。

十、实验改进与讨论

设计一个磁电式转速在线自动测量系统。

7.15 光电频率式转速测量系统设计与实验

一、实验目的

了解光电频率式转速传感器测量转速的原理及方法。

二、实验内容与要求

利用光电频率式转速传感器测量转盘的转速,对转速测量结果的精度进行讨论,分析影响频率式转速传感器测量精度的因素。

三、实验基本原理

光电式转速传感器有反射型和直射型两种,如图 7-70 所示,本实验装置是反射型的,传感器端部有发光管和光电管,发光管发出的光源在转盘上反射后由光电管接受转换成电信号,由于转盘有黑白相间的 12 个间隔,转动时将获得与转速及黑白间隔数有关的脉冲,将电脉计数处理即可得到转速值。

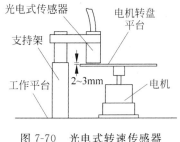

图 7-70 光电式转速传感器

四、实验系统组建与设备连接

1. 实验仪器与器材

转动台控制器   1 套

转动台	1 套
旋转圆盘	1 只
光电式转速传感器 E6A2-CW3C	1 只
直流电源(±5V)	1 台
myDAQ 数据采集卡	1 套
PC	1 台
高精度转速表 DT2259	1 台
导线	若干

2. 实验设备介绍

本实验用转动台与转动台控制器均采用 CSY-2000 型传感器实验平台配置的转台及其控制器。

本实验采用的传感器型号为欧姆龙 500 线,E6A2-CW3C,如图 7-71 所示。

图 7-71　光电式转速传感器 E6A2-CW3C

接线为:黑色——A 相　白色——B 相　棕色——5~12V　蓝色——GND

高精度转速表采用中国台湾 DT2259 高精度光电转速表,见实验 7.14。

3. 实验系统设备连接

实验系统设备连接如图 7-72 所示。

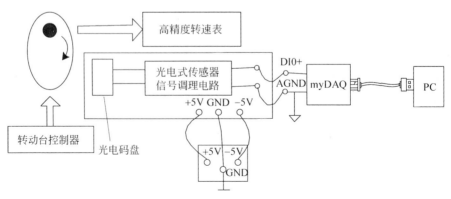

图 7-72　实验系统设备连接

光电传感器信号调理电路如图 7-73 所示。

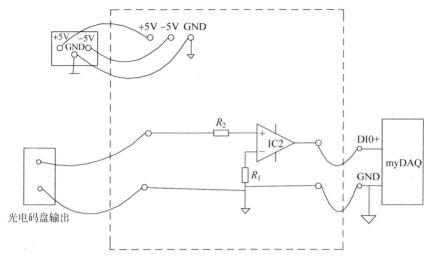

图 7-73　光电传感器信号调理电路

五、实验步骤

1. 运行虚拟仪器。

（1）按图 7-72 和图 7-73 所示,将高精度转速表和光电式传感器在转台上安装好,依次连接光电式转速传感器、光电转速传感器信号调理电路、myDAQ 数据采集器、PC,其中磁敏转速传感器信号调理电路输出 V_0、GND 分别连接到 myDAQ 数据采集器的数字输入端子 DIO＋、DGND。

（2）在 PC 上运行虚拟仪器的虚拟频率计。

2. 线路检查无误后,给系统供电。

3. 根据高精度转速表,从 10～2000r/min 调节转速控制台转速。

4. 读取虚拟频率计的输出频率,换算成对应转速大小,实验数据填入表 7-15 中。

实验完毕,关闭电源。

六、实验数据记录

表 7-15　光电式转速传感器

标准转速表/(rad/s)					
测得频率/Hz					
测量转速/(rad/s)					

七、实验数据处理与分析

观察不同转速下光电式传感器测量的转速结果,对转速测量结果的精度进行讨论,并分析影响频率式转速传感器测量精度的因素有哪些。

八、实验报告要求

实验报告主要内容包括:
(1) 实验目的和要求;
(2) 实验原理;
(3) 实验系统构成;
(4) 实验步骤;
(5) 整理、分析原始实验数据;
(6) 数据分析;
(7) 讨论。

九、思考题

频率式转速测量仪有什么特点? 转速的高低对其测量的精度是否有影响?

十、实验改进与讨论

针对被测对象转速变化范围较大时,说明如何提高频率式转速测量仪的精度。

7.16　陀螺仪角速度测量演示实验

一、实验目的

1. 了解现代陀螺仪的工作原理和结构。
2. 掌握陀螺仪角速度测量方法。

二、实验内容与要求

了解陀螺仪的工作原理,并用现代陀螺仪对角速度进行测量,对测量结果进行记录并分析。

三、实验基本原理

振动陀螺仪,是现代陀螺仪的一种,振动陀螺仪是基于哥氏效应的原理工作的,从其基本工作原理来说,它还是基于经典力学而工作的,但又不同于转子陀螺(基于角动量守恒)。

如图 7-74 所示,根据哥氏力效应,即高频振动的物体在被基座带动旋转时会产生哥氏加速度或哥氏力。这是因相对运动与牵连转动相互影响所引起的一种现象,旋转物体在径向线速度的作用下就会产生哥氏加速度(哥氏力),有

$$F_c = mv \times a_c \qquad (7\text{-}23)$$

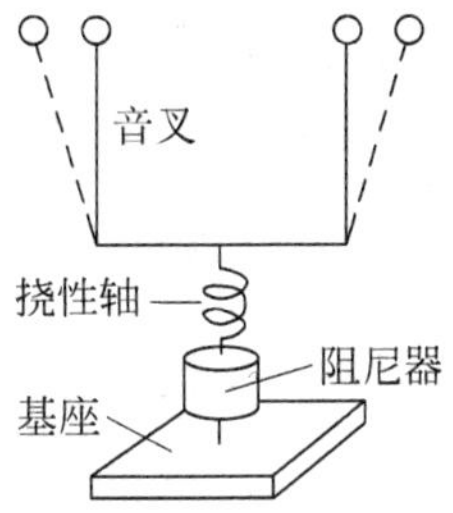

图 7-74　振动陀螺仪原理

振动陀螺仪角速度测量步骤如下:

(1) 驱动力激励两音叉作相向振动;

(2) 当基座绕音叉的中心轴转动时产生哥氏惯性力矩;

(3) 带动音叉作扭转振动,其幅值正比于输入角速度;

(4) 检测扭转角来实现角速度测量。

振动陀螺仪具有结构简单、体积小、重量轻、可靠性高、性能稳定、成本低等众多优点。

四、实验系统组建与设备连接

1. 实验仪器与器材

转动台控制器	1 套
转动台	1 套
旋转圆盘	1 只
ENC03 陀螺仪传感器	1 只
陀螺仪角速度测量系统	1 套
直流电源(±5V)	1 套
myDAQ 数据采集卡	1 套
PC	1 台
高精度转速表 DT2259	1 台
导线	若干

2. 实验设备介绍

本实验用转动台与转动台控制器均采用 CSY-2000 型传感器实验平台配置的转台及其控制器,本实验采用的陀螺仪传感器是使用广泛的陀螺仪传感器 ENC03,如

图 7-75 所示。该传感器具有如下参数：

工作电压 2.7～5.25V

消耗电流 1.5mA(typ.)

灵敏度 0.67mV/dps

静态输出电压 1.35V(当角速度为 0)

静态输出电压的温度特性＋/－150dps(75～25℃)

动态温度范围－5～75℃

高精度转速表见 7.14 节实验。

图 7-75　加速度传感器

3. 实验系统设备连接

实验系统设备连接如图 7-76 所示,陀螺仪信号调理电路见图 7-77。

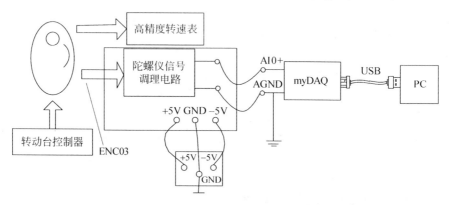

图 7-76　实验系统设备连接

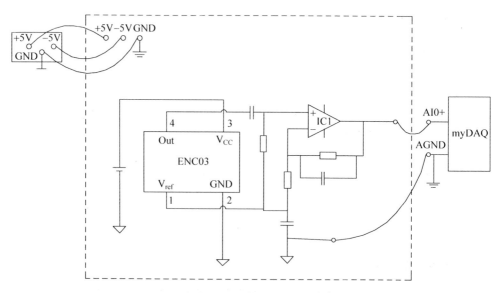

图 7-77　陀螺仪信号调理电路

五、实验步骤

1. 运行虚拟仪器。

(1) 按图 7-76 和图 7-77 所示,将高精度转速表和陀螺仪传感器在转台上安装好,然后依次连接陀螺仪传感器、陀螺仪传感器信号调理电路、myDAQ 数据采集器、PC,其中陀螺仪传感器信号调理电路输出 V_O、GND 分别连接到 myDAQ 数据采集器的模拟输入端子 AI0+、AGND。

(2) 在 PC 上运行虚拟仪器的虚拟电压表功能。

2. 线路检查无误后,给系统供电。

3. 根据高精度转速表,从 $10\sim2000r/min$ 调节转速控制台转速。

4. 读取虚拟电压表的输出电压,换算成对应转速大小,实验数据填入表 7-16 中。

实验完毕,关闭电源。

六、实验数据记录

表 7-16　陀螺仪角速度测量结果

转速/(r/min)					
角速度测量值/(rad/s)					

七、实验数据处理与分析

对测量结果进行记录并分析,并与传统的陀螺仪进行对比,总结其特点和区别。

八、实验报告要求

实验报告主要内容包括:

(1) 实验目的和要求;

(2) 实验原理;

(3) 实验系统构成;

(4) 实验步骤;

(5) 整理、分析原始实验数据;

(6) 数据分析;

(7) 讨论。

九、思考题

现代陀螺仪相对传统陀螺仪的优点是什么？

十、实验改进与讨论

设计陀螺仪角速度自动测量系统。

7.17　测速发电机转速测量实验

一、实验目的

1. 了解直流测速发电机原理、特点及应用。
2. 了解影响直流测速发电机测量精度的因素和减少误差的方法。
3. 掌握直流测速发电机转速测量实验。

二、实验内容与要求

使用直流测速发电机测量转速，对测速发电机的输出特性进行相关分析和讨论。

三、实验基本原理

测速发电机(tachogenerator)是一种检测机械转速的电磁装置，它把机械转速变换成电压信号，测速发电机输出电压和转速的关系，即 $U = f(n)$。直流测速发电机的工作原理与一般直流发电机相同。根据直流电机理论，在磁极磁通量 Φ 为常数时，电枢感应电动势为

$$E_a = C_e \Phi_n = K_e n \tag{7-24}$$

空载时，电枢电流 $I_a = 0$，直流测速发电机的输出电压和电枢感应电动势相等，因而输出电压与转速成正比。带负载时，如图 7-78 所示，因为电枢电流 $I_a \neq 0$，直流测速发电机的输出电压为

$$E_a - I_a R_a - \Delta U_b \tag{7-25}$$

式中，ΔU_b 为电刷接触压降；R_a 为电枢回路电阻。在理想情况下，若不计电刷和换向器之间的接触电阻，则

$$U_a = E_a - I_a R_a \tag{7-26}$$

显然，带有负载后，由于电阻 R_a 上有电压降，测速发电机的输出电压比空载时小。负载时电枢电流为

$$I_{a} = \frac{U_{a}}{R_{L}} \qquad (7\text{-}27)$$

式中，R_{L} 为测速发电机的负载电阻，由以上各式化简得到

$$U_{a} = \frac{E_{a}}{1 + \dfrac{R_{a}}{R_{L}}} = \frac{K_{e}}{1 + \dfrac{R_{a}}{R_{L}}} n = Cn \qquad (7\text{-}28)$$

式中，C 为测速发电机输出特性的斜率。当不考虑电枢反应，且认为 $\varPhi$、R_{a}、R_{L} 都能保持为常数，斜率 C 也是常数，输出特性便有线性关系。对于不同的负载电阻 R_{L}，测速发电机输出特性的斜率也不同，它将随负载电阻的增大而增大，如图 7-79 中实线所示。

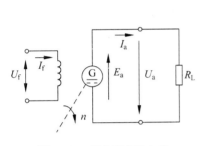

图 7-78　直流测速发电机

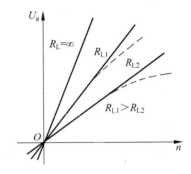

图 7-79　直流测速发电机输出特性

四、实验系统组建与设备连接

1. 实验仪器与器材

转动台控制器	1 套
转动台	1 套
旋转圆盘	1 只
直流测速发电机	1 套
测速发电机信号调理电路	1 套
直流电源(± 5V)	1 套
myDAQ 数据采集卡	1 套
PC	1 台
高精度转速表 DT2259	1 台
导线	若干

2. 实验设备介绍

本实验的测速发电机传感器采用 Shnaiger 的 YCT1604A 系列测速发电机传感

器,如图 7-80 所示。其具有如下参数:

　　测速范围:1230～125r/min

　　转速变化率:2.5%

　　高精度转速表与 7.14 节实验相同。

3. 实验系统设备连接

实验系统设备连接如图 7-81 所示。

测速发电机信号调理电路如图 7-82 所示。

图 7-80　测速发电机

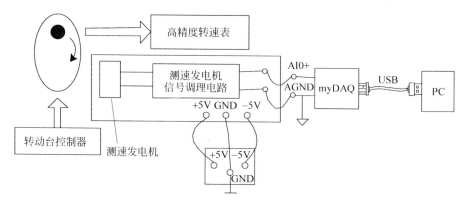

图 7-81　实验系统设备连接

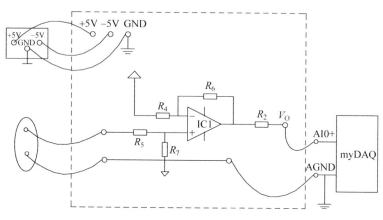

图 7-82　测速发电机信号调理电路

五、实验步骤

1. 运行虚拟仪器。

(1) 按图 7-81 和图 7-82 所示,将高精度转速表和测速发电机传感器在转台上安装好,然后依次连接测速发电机传感器、测速发电机信号调理电路、myDAQ 数据采集器、PC,其中测速发电机信号调理电路输出 V_0、GND 分别连接到 myDAQ 数据采集器的模拟输入端子 AI0+、AGND。

（2）在 PC 上运行虚拟仪器的虚拟电压表。

2. 线路检查无误后,给系统供电。

3. 根据高精度转速表,从 10～2000r/min 调节转速控制台转速。

4. 读取虚拟电压表的输出电压,换算成对应转速大小,实验数据填入表 7-17 中。

实验完毕,关闭电源。

六、实验数据记录

表 7-17　直流测速发电机测量结果

标准转速表/(rad/s)					
测得电压/V					
陀螺仪转速表/(rad/s)					

七、实验数据处理与分析

画出实验数据曲线,直流电机的输出特性,并分析其线性度、灵敏度和测量误差等。

八、实验报告要求

实验报告主要内容包括:

（1）实验目的和要求;

（2）实验原理;

（3）实验系统构成;

（4）实验步骤;

（5）整理、分析原始实验数据;

（6）数据分析;

（7）讨论。

九、思考题

直流测速发电机的误差及减小误差的方法有哪些?

十、实验改进与讨论

设计直流测速发电机自动检测系统。

7.18　压电加速度计的标定与加速度测量实验

一、实验目的

1. 了解压电加速度计结构、工作原理和使用方法。
2. 掌握压电加速度计加速度测量技术。

二、实验内容与要求

研究压电加速度计的结构和原理，对压电式加速度传感器进行标定，理解机械式频响标定系统的原理和组成，并对测量的加速度结果进行相应讨论和分析。

三、实验基本原理

压电式加速度传感器又称压电加速度计，属于惯性式传感器。它是利用某些物质如石英晶体或压电陶瓷的压电效应，在加速度计振动时，质量块加在压电元件上的力也随之变化。当被测振动频率远低于加速度计的固有频率时，则力的变化与被测加速度成正比。

加速度传感器标定系统主要研究的是压电式加速度传感器的动态特性，压电式加速度传感器以石英晶体或压电陶瓷为测力元件来测量惯性质量在加速度影响下所施加的惯性力。如图 7-83 质量为 M 的惯性质量和压电传感器直接接触，两者一起封装在一个金属容器中，测量加速度方向与惯性质量和压电晶体的接触面垂直，根据牛顿第二定律 $a = F/M$，通过测量惯性质量 M 对压电晶体施加的压力 F，可以得到被测物体的加速度 a。

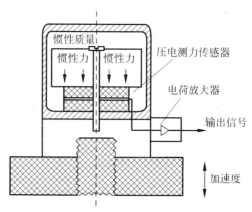

图 7-83　压电式加速度传感器结构

加速度传感器的标定有绝对和相对两种校准法,绝对法是以标准质量参照物在激励环境下为目标,用于高精度传感器或标准传感器标定;相对标定是将被测传感器与标准传感器处于同样激励环境下,以其间输出差别来评价被测传感器响应特性,适宜于常规生产和工程应用。

相对标定过程中,将标准传感器与被测传感器背靠背或刚性连接安装在振动台上,测试过程中两者将受到相同加速度激励作用,以被测传感器动态输出特性与标准加速度传感器比较,来评价其动态特性。

标定时,由信号发生器发出振动信号,经功率放大器推动振动台振动;被测传感器和标准传感器输出的信号经电荷放大器放大,经数据采集卡采集到 PC 上位机,比较待标定的加速度传感器和标准加速度传感器测得的结果,用标准加速度传感器测得的结果对待标定的压电式加速度传感器测的结果进行修正,最终实现压电式加速度计的标定。

四、实验系统组建与设备连接

1. 实验仪器与器材

压电式加速度传感器	1 套
标准加速度传感器	1 套
标定试验振动台	1 套
信号调理电路(电荷放大器)	2 套
直流电源(±5V)	1 套
myDAQ 数据采集卡	1 台
PC	1 台

2. 实验设备介绍

本实验的加速度传感器采用 YD121-100 系列压电加速度传感器,如图 7-84 所示,其具有如下参数:

电压灵敏度:100mV/g(精度 5%,10%)

频率范围:0.3～12000Hz

量程:50g(1g=9.8m/s²)

温度范围:−20～120℃

本实验采用的标准加速度计采用 LC2200BN,如图 7-85 所示。其具有如下指标:

测量范围:0.1～199.9m/s²(单峰值)

测量精度:振动 5%±2 个字

温度:1%±1 个字

图 7-84 压电加速度传感器

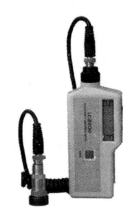

图 7-85 标准加速度计

3. 实验系统设备连接

实验系统设备连接如图 7-86 所示。

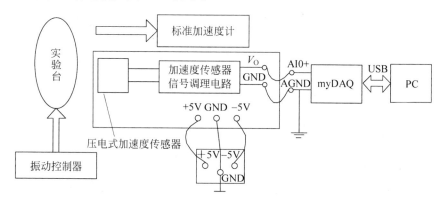

图 7-86 实验系统设备连接

压电式加速度传感器信号调理电路如图 7-87 所示。

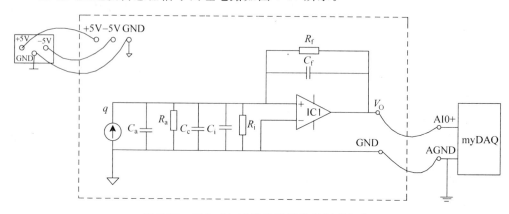

图 7-87 压电式加速度传感器信号调理电路

五、实验步骤

1. 运行虚拟仪器。

（1）按图 7-86 和图 7-87 所示，让待标定的压电式传感器和标准的加速度计一起固定安装在同一个试验振动台上，依次连接压电式加速度传感器、压电式加速度传感器信号调理电路、myDAQ 数据采集卡、PC，其中信号调理电路输出 V_O、GND 分别连接到 myDAQ 数据采集器的模拟输入端子 AI0＋、AGND。

（2）在 PC 上运行虚拟仪器的虚拟电压表功能。

2. 检查线路无误后，给系统供电。

3. 让实验振动台开始运作，读取标准加速度计测得的加速度值和虚拟仪器上待标定的压电式传感器对应的电压值，将实验数据填入表 7-18 中。

实验完毕，关闭电源。

六、实验数据记录

表 7-18　压电式加速度传感器

标准加速度传感器测得加速度/(m/s^2)						
压电式加速度传感器测得电压/V						
压电式加速度传感器测得加速度/(m/s^2)						

七、实验数据处理与分析

根据实验数据，分析加速度测量仪的非线性、灵敏度等性能指标。并讨论该加速度标定系统与传统的机械式加速度标定系统相比有何优缺点。

八、实验报告要求

实验报告主要内容包括：

（1）实验目的和要求；

（2）实验原理；

（3）实验系统构成；

（4）实验步骤；

（5）整理、分析原始实验数据；

（6）数据分析；

（7）讨论。

九、思考题

除了机械式加速度标定还有哪些加速度标定方法？

十、实验改进与讨论

加速度测量系统的误差源主要有哪些，如何减小误差？

7.19　应变式加速度计测量实验

一、实验目的

1. 了解应变式加速度计的结构及原理。
2. 掌握应变式加速度计信号调理电路的结构和调试方法。

二、实验内容与要求

通过应变式加速度计实现重力加速度的测量及倾角测量，研究应变式加速度传感器特性。

三、实验基本原理

应变式加速度计原理如图 7-88(a)所示。加速度计的核心部分是惯性质量块、弹性悬臂梁和电阻应变片，当加速度作用在传感器上时，质量块受惯性作用力，使得悬臂发生弹性形变，导致应变片电阻发生变化。通过测量电阻变化量，可以得知传感器所受的加速度大小和方向。

应变式加速度计可等效为一质量-弹簧-阻尼二阶系统，如图 7-88(b)所示。其运动方程为

$$m \frac{\mathrm{d}^2 x}{\mathrm{d}t^2} + c \frac{\mathrm{d}y}{\mathrm{d}t} + ky = 0 \tag{7-29}$$

式中，k 为弹性梁弹性系数；m 为质量块质量；c 为阻尼器阻尼系数；z、x 为壳体和质量块的位移；y 为质量块与壳体间相对位移。$y = x - z$。当壳体与质量块保持相对静止时，即有

$$a = m \frac{\mathrm{d}^2 z}{\mathrm{d}t^2} = m \frac{\mathrm{d}^2 x}{\mathrm{d}t^2} \approx -ky \tag{7-30}$$

由于质量块位移 x 正比于悬臂形变量 ε，而悬臂形变量又正比于应变片电阻变化量 ΔR，通过测量应变片电阻变化量，即可得到系统的加速度。

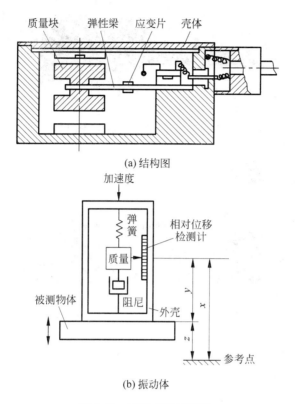

(a) 结构图

(b) 振动体

图 7-88　应变式加速度计

四、实验系统组建与设备连接

1. 实验仪器与器材

XL1106 应变式加速度传感器	1 只
稳压电源(5V)	1 台
CSY-2000 配套振动源	1 台
myDAQ 数据采集卡	1 台
PC	1 台
导线	若干

2. 实验设备介绍

本实验使用 XL1106 应变式加速度传感器,如图 7-89 所示。传感器内置了信号调理、放大电路,供电电压 $5 \sim 16V$,输出零点电压 $2.5V$,量程 $\pm 50 \text{m/s}^2$,灵敏度 $40 \text{mV/m} \cdot \text{s}^{-2}$。故可以将传感器模拟输出端直接连接至数据采集卡的模拟输入端。

实验中使用的是 CSY-2000 配套振动源,如图 7-90 所示。

图 7-89　XL1106 应变式加速度传感器

图 7-90　CSY-2000 配套振动源

3. 实验设备连接

应变式加速度计实验设备连接如图 7-91 所示。

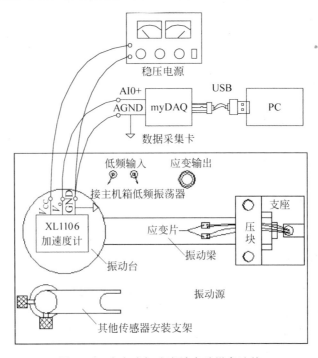

图 7-91　应变式加速度计实验设备连接

五、实验步骤

1. 将 XL1106 加速度计固定在振动台上。

2. 运行虚拟仪器。

（1）按图 7-91 所示，依次连接应变式加速度传感器、myDAQ 数据采集器、PC，其中传感器的输出 V_o、GND 分别连接到 myDAQ 数据采集器的模拟输入端子 A1、AGND。

（2）打开稳压电源，检查电压是否是 5V，并连接至传感器的供电输入端。

（3）在 PC 上运行虚拟仪器的虚拟示波器功能。

3. 将振动源的低频输入接上主机箱的低频振荡器，调节低频振荡器输出的幅度和频率使振动台（圆盘）有明显振动。

4. 保持低频振荡器幅度钮旋位置（幅值）不变，调节低频振荡器频率（如 3～25Hz），每增加 2Hz 用虚拟示波器读出低通滤波器输出 V_o 的电压（峰峰值）。

5. 将数据填入表 7-19 中。

实验完毕，关闭电源。

六、实验数据记录

表 7-19　应变式加速度计实验数据记录

角度/(°)	0	10	20	30	40	50	60	70	80	90
第一次实验 AD 值/V										
第二次实验 AD 值/V										
角度/(°)	100	110	120	130	140	150	160	170	180	—
第一次实验 AD 值/V										—
第二次实验 AD 值/V										—

七、实验数据处理与分析

1. 根据实验数据，分别绘出两次实验角度余弦值与 AD 值的关系曲线。

2. 设重力加速度为 9.8m/s^2，使用线性拟合分析加速度值与 AD 输出的对应关系，求传感器系统的灵敏度 S 和非线性误差 δ。

八、实验报告要求

实验报告主要内容包括：

（1）实验目的和要求；

（2）实验原理；

（3）实验系统构成；

（4）实验步骤；

（5）整理、分析原始实验数据；

（6）数据分析；

（7）讨论。

九、思考题

1. 此实验针对的是静态加速度测量,如测量振动等动态加速度,传感器的特性会有何不同？

2. 影响应变式加速度计精度的因素有哪些？如何改善传感器的线性特性和灵敏度？

十、实验改进与讨论

应变式加速度传感器检测系统误差因素有哪些,如何提高其动态响应。

7.20 压阻式振动测量系统实验

一、实验目的

1. 了解压阻式振动传感器的原理与应用场合。

2. 使用压阻式振动传感器测量振动,掌握压阻式加速度特性。

二、实验内容与要求

通过压阻式加速度计测量振动实验台振动性能,研究振动式加速度传感器特性。

三、实验基本原理

1. 压阻式加速度传感器原理

压阻式加速度传感器的敏感芯体为半导体材料制成的电阻测量电桥,其结构动态模型是 7.19 节实验中介绍的弹簧质量系统。现代微加工制造技术的发展使压阻形式敏感芯体的设计具有很大的灵活性,可适合各种不同的测量要求。在灵敏度和量程方面,从低灵敏度高量程的冲击测量,到直流高灵敏度的低频测量都有压阻形式的加速度传感器。同时压阻式加速度传感器测量频率范围也可从直流信号到几十千赫的高频。需要指出的是尽管压阻敏感芯体的设计和应用具有很大灵活性,但对某个特定设计的压阻式芯体而言其使用范围一般要小于压电型传感器。压阻式加速度传感器的另一缺点是受温度的影响较大,实用的传感器一般都需要进行温度补偿。图7-92是一个常见的压阻式加速度传感器。

图 7-92　压阻式加速度传感器

加速度计的弹簧质量系统可看作一个阻尼二阶系统。在不同阻尼比下,其频率响应曲线如图7-93所示。为了实现加速度测量,一般让其工作在远小于自身固有振动频率的频率下。此时 $\omega/\omega_0 \ll 1$。

2. 振动台实验原理

本实验由振动台产生振动,然后使用压阻式加速度传感器测量。振动台装置如图7-94所示,电机带动振动台产生上下振动。接近传感器用作电机转速测量,从而确定振动台的振动频率。压阻式加速度传感器紧固在振动台上,随振动台一起做上下运动。通过改变偏心连杆与电机转盘之间的连接点,可以改变振动台振动幅度。

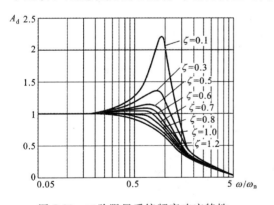

图 7-93　二阶阻尼系统频率响应特性

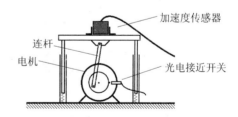

图 7-94　振动台结构示意图

四、实验系统组建与设备连接

1. 实验仪器与器材

HAAM-346B 压阻式加速度传感器模块	1 只
CSY-2000 配套振动源	1 台
稳压电源(5V)	1 台
MyDAQ 数据采集卡	1 只

PC　　　　　　　　　　　　　　　　　　1 台

振动实验台　　　　　　　　　　　　　1 套

导线　　　　　　　　　　　　　　　　若干

2. 实验设备介绍

本实验中使用的是日本北陆电气工业公司生产的 HAAM-346B 压阻式加速度传感器,该传感器使用 MEMS 微机电工艺制造,尺寸仅有 3×3mm,如图 7-95 所示。传感器集成了三个轴,可以测量加速度在空间中的矢量。传感器为模拟电压输出,量程 ±2g,灵敏度 400mV/g,中心电压值 1.5V。

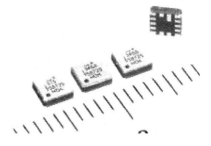

图 7-95　HAAM-346B 压阻式加速度传感器

3. 实验设备连接

实验设备连接如图 7-96 所示。本实验中的加速度计模块是三轴加速度计,只采集振动方向上单轴的数据。传感器为模拟量输出,可直接连接至 MyDAQ 数据采集卡的模拟输入端。

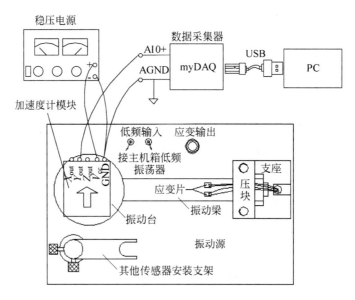

图 7-96　压阻式加速度计实验连接

五、实验步骤

1. 将 HAAM-346B 加速度传感器模块固定在振动台上,注意 z 轴方向与振动方向相一致。

2. 运行虚拟仪器。

(1) 按图 7-96 所示,依次连接加速度传感器的 z_{out}、myDAQ 数据采集器、PC,其中传感器的输出 V_O、GND 分别连接到 myDAQ 数据采集器的模拟输入端子 A1、AGND。

(2) 打开稳压电源,检查电压是否是 5V,并连接至传感器的供电输入端。

(3) 在 PC 上运行虚拟仪器的虚拟示波器功能。

3. 将振动源的低频输入接上主机箱的低频振荡器,调节低频振荡器输出的幅度和频率使振动台(圆盘)有明显振动。

4. 保持低频振荡器幅度钮旋位置(幅值)不变,调节低频振荡器频率(如 3～25Hz),每增加 2Hz 用虚拟示波器读出低通滤波器输出 V_O 的电压(峰峰值)。

5. 将数据填入表 7-20 中。

实验完毕,关闭电源。

六、实验数据记录

表 7-20　压阻式加速度计实验数据记录

f/Hz						
$V_{\text{p-p}}/\mathrm{V}$						

七、实验数据处理与分析

1. 计算不同频率下波形的幅值,并作出传感器的幅频特性曲线。

2. 计算传感器在 100Hz 振动频率范围内不同频率下的非线性度。

八、实验报告要求

实验报告主要内容包括:

(1) 实验目的和要求;

(2) 实验原理;

(3) 实验系统构成;

(4) 实验步骤;

(5) 整理、分析原始实验数据;

(6) 数据分析;

(7) 讨论。

九、思考题

1. 请比较压电加速度传感器和压阻式加速度传感器在振动测量方面的应用。
2. 在实际应用中,应该如何根据应用场合选择合适的振动传感器?

十、实验改进与讨论

压阻式加速度传感器振动检测系统误差因素有哪些? 如何提高其动态响应和测量性能。

7.21　振动分析方法与仪器使用实验

一、实验目的

1. 了解并熟悉振动分析的几种常用方法。
2. 对振动进行时域和频域上的分析,确定振动体性质以及振动自身的频率特点。

二、实验内容与要求

使用压阻式加速度传感器和数据采集卡采集音叉的衰减振动和电机运转的机械振动波形,使用上位机观察波形特点,并进行快速傅里叶变换,分析振动的频谱。

三、实验基本原理

对振动分析的方法主要有时域法和频域法。时域分析直接观察振动信号的波形,方法简单且直观,对于比较简单的振动波形,如二阶系统的阻尼振荡,可以方便计算出振动体自身的阻尼比、固有频率等特性,对分析系统特点有较大的意义。

对于二阶系统,其衰减振荡过程的时域函数可写成

$$c(t) = 1 - e^{-\zeta\omega_n t}\left[\cos\omega_d t + \frac{\zeta}{\sqrt{1-\zeta^2}}\sin\omega_d t\right] \quad (t \geqslant 0) \qquad (7\text{-}31)$$

式中,ω_n 为系统的固有频率;ζ 为系统阻尼比;ω_d 为系统的受迫振荡频率。$\omega_d = \omega_n\sqrt{1-\zeta^2}$。通过测量振动波形衰减速率和振荡频率,即可获得表征系统特性的 ω_n 和 ζ 值。

振动的频域分析方法通常是将振动信号进行傅里叶变换,将振动信号分解为一

系列不同频率、幅值的简谐振动的叠加。通过分析信号的频谱,可以实现对不规则振动波形的分析。例如,可以通过分析一个机械系统振动波形的频谱,找到引起设备振动的原因。

四、实验系统组建与设备连接

1. 实验仪器与器材

HAAM-346B 压阻式加速度传感器模块	1 只
DH1715 可调稳压电源(0~30V)	1 台
音叉和激振锤	1 套
Y100 直流电机(24V 100W)	1 台
myDAQ 数据采集卡	1 台
PC	1 台

2. 实验设备连接

振动时域分析方法实验设备连接如图 7-97 所示,振动频域分析方法实验设备连接如图 7-98 所示。压阻式加速度传感器见 7.20 节实验。

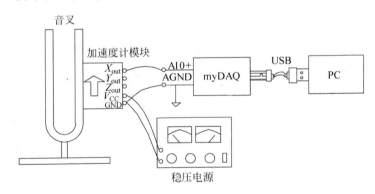

图 7-97　振动时域分析方法实验设备连接

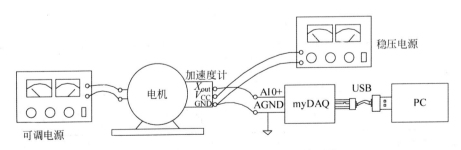

图 7-98　振动频域分析方法实验设备连接

五、实验步骤

1. 运行虚拟仪器

（1）按图 7-97 所示，依次连接压阻式加速度传感器、myDAQ 数据采集器、PC，其中传感器的 X 轴输出、GND 分别连接到 myDAQ 数据采集器的模拟输入端子 AI0、AGND。

（2）打开稳压电源，检查电压是否是 5V，并连接至传感器的供电输入端。

（3）在 PC 上运行虚拟仪器的直流万用表、示波器、频谱分析仪。

2. 振动的时域分析

（1）将传感器固定在音叉上的固定孔处。

（2）用激振锤敲击音叉，用虚拟示波器记录音叉衰减振荡的波形。

（3）根据波形的振荡频率和包络，计算振动的阻尼比和固有振动频率，填入表 7-21(a)中。

3. 振动的频域分析

（1）按图 7-98 所示，将传感器固定在直流电机机壳上。

（2）将电机连接至可调电源，启动电机，用虚拟示波器采集电机振动波形。

（3）采集 10s 左右波形后，停止采集，运行虚拟频谱分析仪，采样点选 1024，分析波形的频谱组成，找出频谱峰值。

（4）改变电机供电电压，调节电机转速，然后重复上述实验过程，实验数据记录在表 7-21(b)中。

实验结束，关闭电源。

六、实验数据记录

表 7-21(a)　音叉振动参数记录

ω_d/Hz	ω_n/Hz	ζ

表 7-21(b)　电机振动频谱峰值频率记录

电机转速/(r/min)			
峰值振动频率/Hz			

七、实验数据处理与分析

1. 根据音叉振动波形,求出该音叉的固有频率和阻尼比。
2. 根据电机振动的频谱,分析电机振动的主要来源。

八、实验报告要求

实验报告主要内容包括:
(1) 实验目的和要求;
(2) 实验原理;
(3) 实验系统构成;
(4) 实验步骤;
(5) 整理、分析原始实验数据;
(6) 数据分析;
(7) 讨论。

九、思考题

请简述振动时域分析和频域分析法各自的运用场合和优缺点。

十、实验改进与讨论

如何提高振动检测系统误差的动态响应?

7.22　磁电式力平衡测力系统实验

一、实验目的

1. 了解磁电式力平衡测力法的原理和使用场合。
2. 使用磁电式力平衡法实现力的测量,并分析传感器性能。

二、实验内容与要求

组装磁电式力平衡测力实验系统,使用砝码产生待测力,用装置实现待测力的测量。通过 myDAQ 数据采集卡和 PC 采集实验数据,分析磁电式力平衡测力系统的静态和动态性能。

三、实验基本原理

　　力平衡式测力法是基于比较测量的原理,用一个已知力来平衡未知的待测力,从而得出待测力的大小。力平衡测力法中,使用的平衡力可以是已知的重力、电磁力或气动力等。例如我们所熟悉的天平,即是用已知重量的砝码所产生的重力,去平衡待测物体未知的重力,实现物体质量的测量。

　　使用机械系统如类似天平的杠杆结构实现力的测量简单易行,可获得很高的测量精度,但是这种方法是基于静态重力力矩平衡,因此只适合用作静态测量。

　　磁电式力平衡测力系统的原理如图 7-99 所示。

　　无外力作用时,系统处于初始的平衡状态,光源发出的光线全部被遮挡,光敏元件无电流输出,因此力矩线圈不产生力矩。

　　当被测力 F_i 作用在平衡杠杆上时,杠杆发生偏转,光源的光线透过遮光板打开的缝隙照射在光敏元件上,光照强度与杠杆偏转的角度成比例,因此光敏元件也输出成比例的电流信

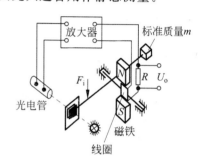

图 7-99　磁电式力平衡测力系统原理

号。信号经放大器放大,驱动力矩线圈产生电磁力矩,用来平衡被测力 F_i 与标准质量 m 产生的重力力矩之差,使杠杆重新趋于平衡。此时,杠杆转角与被测力 F_i 成正比,放大器输出信号在采样电阻 R 上的电压降 U_o 也因此与被测力 F_i 成正比。通过测量 U_o,即可测出被测量 F_i 的大小。

　　与机械杠杆式力平衡测量法相比,由于磁电式力平衡测力系统本质是一个闭环控制系统,因此它的动态性能有很大改善。除此之外,磁电式力平衡测力系统还具有使用方便、受环境影响小、体积小、输出信号易于记录和远传等优点。

四、实验系统组建与设备连接

1. 实验仪器与器材

磁电式力平衡测力实验平台　　　　　　　1 台
砝码盒　　　　　　　　　　　　　　　　1 套
myDAQ 数据采集卡　　　　　　　　　　 1 台
PC　　　　　　　　　　　　　　　　　 1 台
导线　　　　　　　　　　　　　　　　 若干

2. 实验设备连接

本实验的实验平台结构如图 7-100 所示。实验平台上的电磁平衡线圈、光电收

发管以及线圈驱动电路均已在内部连接完毕,实验时只需将实验平台的电流采样输出端连接至 myDAQ 数据采集卡的模拟输入即可。

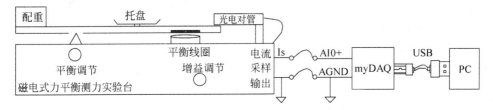

图 7-100　磁电式力平衡测力系统结构示意图

实验平台内部的放大器电路原理如图 7-101 所示。调节增益电阻 R_g 可以改变电流检测反馈回路的增益,从而改变光电管输出到平衡线圈电流的增益。电流采样电阻 R_s 的输出除了送入运算放大器构成电流环外,也同时连接至 myDAQ 进行采样。

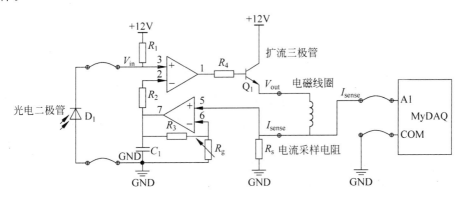

图 7-101　磁电式力平衡测力系统电路

五、实验步骤

1. 运行虚拟仪器。

(1) 按图 7-100 和图 7-101 所示,依次连接磁电式力平衡测力实验平台、myDAQ 数据采集器、PC,其中信号调理电路输出 I_{sense}、GND 分别连接到 myDAQ 数据采集器的模拟输入端子 A1、GND。

(2) 在 PC 上运行虚拟仪器的直流电压表。

2. 线路检查无误后,给实验台上电。

3. 观察虚拟电压表给出的力平台输出电压,调节平衡杠杆,使得输出值为 0。

4. 调节测力实验平台的增益旋钮至 10x 挡,然后依次往平衡杆连接的载物台上放置砝码。待输出值稳定时,记录此时实验台的输出电压。

5. 分别调节测力实验平台的增益旋钮至 30x 和 50x 挡,重复上述实验,并将三次实验的数据一同记录于表 7-22 中。

6. 在载物台上放置 100g 砝码,上位机软件打开到连续测量模式。分别在增益为 10x、20x、30x 的情况下,对平衡杆加以阶跃扰动,观察并记录测力系统的输出电压波形。

实验结束,关闭电源。

六、实验数据记录

表 7-22 磁电式力平衡测力系统静态特性表

砝码质量/g	10	20	30	40	50	60	70	80	90	100
10x 增益输出电压/V										
30x 增益输出电压/V										
50x 增益输出电压/V										

七、实验数据处理与分析

1. 在坐标纸中绘制不同增益下磁电式力平衡测力系统输出电压与待测砝码质量关系曲线,求出测力系统的灵敏度 S 和非线性误差 δ。

2. 分析测力系统在阶跃扰动下不同增益时的响应,求系统的阻尼比和自然振荡频率。

八、实验报告要求

实验报告主要内容包括:
(1) 实验目的和要求;
(2) 实验原理;
(3) 实验系统构成;
(4) 实验步骤;
(5) 整理、分析原始实验数据;
(6) 数据分析;
(7) 讨论。

九、思考题

1. 与应变式测力方法相比,磁电式力平衡测力法有何优点缺点?
2. 根据磁电式力平衡测力法的原理,请总结此种测力方法的适用场合。

十、实验改进与讨论

如何提高磁电式力平衡测力法动态性能？

7.23　位移式测力系统实验

一、实验目的

1. 了解位移式测力法的原理和使用场合。
2. 使用位移式测力法实现力的测量，并分析传感器性能。

二、实验内容与要求

了解和掌握位移式测力系统的原理和组成结构，使用位移式测力系统测量砝码所受重力，分析传感器性能并完成实验报告。

三、实验基本原理

胡克定律表明，在弹性限度内，固体应变量 x 与固体所受应力 F 成正比关系，即 $F=kx$，其中，比例系数 k 即为材料的劲度系数。因此，已知材料的劲度系数，我们即可以通过测量材料形变产生的位移，得知施加在材料上力的大小，实现力的测量。

为了获得较大的精度和量程范围，实际应用中，我们通常使用弹簧作为测量元件，使用滑变电阻、霍尔传感器、电涡流传感器、电容传感器或光电传感器测量弹簧在待测力作用下形变发生的位移。相比之下，使用磁电或光电式的非接触位移传感器测量弹簧位移，比起滑变电阻，虽然成本较高、电路复杂，但是对弹簧没有阻力，且完全没有触电磨损之类问题，因此可以实现更高精度和可靠性的测量。

本实验中，使用电涡流传感器测量弹簧形变带来的位移，实现未知力的测量。

四、实验系统组建与设备连接

1. 实验仪器与器材

位移式测力实验平台　　　　　　　　　　　1 台

砝码盒	1 套
CSY-2000 配套电涡流传感器	1 只
CSY-2000 配套电涡流传感器信号调理模块	1 块
稳压电源(±15V)	1 台
myDAQ 数据采集卡	1 台
PC	1 台

2. 实验设备连接

实验设备结构如图 7-102 所示,载物台上的重物所受重力使得弹簧受压力形变,电涡流传感器测量载物台下方金属板与传感器之间的距离,经信号调理电路转变成电压信号输出。数据采集卡采集电压信号到 PC 端上位机,实现数据显示和分析。

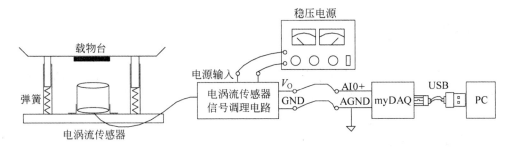

图 7-102　位移式测力实验系统结构

实验中使用的信号调理模块电路同 7.10 节实验,不再赘述。

五、实验步骤

1. 运行虚拟仪器。

(1) 按图 7-102 所示,将电涡流传感器固定在实验平台上;依次连接电涡流传感器、电涡流传感器信号调理电路、myDAQ 数据采集器、PC,其中电涡流传感器信号调理电路输出 V_O、GND 分别连接到 myDAQ 数据采集器的模拟输入端子 AI0＋、AGND。

(2) 在 PC 上运行虚拟仪器的直流电压表功能。

2. 检查线路无误后,给系统供电,记录载物台空载情况下虚拟电压表上显示的电压值和弹簧初始长度。

3. 依次往载物台上放置砝码,记录不同砝码重量,电涡流测量系统的输出电压和弹簧长度,直到所有砝码均已放置在载物台上。

4. 将实验数据填入表 7-23 中。

实验完毕,关闭电源。

六、实验数据记录

表 7-23　电涡流位移式测力系统实验数据记录表

砝码质量/g	0	10	20	30	40	50	60	70	80	90
弹簧长度/mm										
电涡流传感器输出/V										
砝码质量/g	100	200	300	400	500	600	700	800	900	1000
弹簧长度/mm										
电涡流传感器输出/V										

七、实验数据处理与分析

1. 在坐标纸中绘制电涡流传感器输出电压与待测砝码质量关系曲线,求出此测力系统的灵敏度 S 和非线性误差 δ。

2. 在坐标纸中绘制弹簧长度与待测砝码质量关系曲线,求出弹簧劲度系数 k。

3. 分析此次实验中主要误差来源。

八、实验报告要求

实验报告主要内容包括:

(1) 实验目的和要求;

(2) 实验原理;

(3) 实验系统构成;

(4) 实验步骤;

(5) 整理、分析原始实验数据;

(6) 数据分析;

(7) 讨论。

九、思考题

当需要测量微小的力或要求较大量程时,此实验中的位移测力装置应该有何改动?

十、实验改进与讨论

请用霍尔传感器和光电传感器重新设计位移式测力装置。

7.24 压磁式力传感器测力实验

一、实验目的

1. 了解压磁式力传感器的原理和特性。
2. 使用压磁式力传感器实现力的测量,并分析传感器性能。

二、实验内容与要求

了解和掌握压磁式力传感器的原理和组成结构,使用位移式测力系统测量砝码所受重力,分析传感器性能并完成实验报告。

三、实验基本原理

在铁磁性材料的微观结构中,小范围内电子自旋元磁矩之间的相互作用力使相邻电子元磁矩的方向一致而形成磁畴,磁畴之间相互作用很小。从宏观上看,在没有外磁场作用时,各磁畴相互平衡,总磁化强度为零。在有外磁场作用时,各磁畴的磁化强度矢量都转向外磁场方向,使总磁化强度不为零,直至达到饱和。在磁化过程中各磁畴的界限发生移动,因而使材料产生机械变形,这种现象称为磁致伸缩效应。而在外力的作用下,材料内部产生应力,使各磁畴间的界限移动,从而使磁畴的磁化强度矢量转动,引起材料的总磁化强度发生相应变化,这种现象称为压磁效应。如果产生压磁效应的作用力是拉力,那么沿作用力方向的磁导率就提高,而在其垂直方向上,磁导率略有降低。反之,该作用力为压力时,其效果相反。常用的铁磁材料有硅钢片、坡莫合金等。大多数情况下采用硅钢片。把同样形状的硅钢片叠起来就形成一个压磁元件。

压磁传感器可分为阻流圈式、变压器式、桥式、电阻式、魏德曼效应和巴克豪森效应传感器,其中阻流圈式、变压器式和桥式用得较多,其结构如图 7-103 所示。

阻流圈式:这种传感器的敏感元件是绕有线圈的用铁磁材料制成的铁芯,在线圈中通有交流电,铁芯在外力 F 的作用下磁导率发生变化,磁阻和磁通也相应变化,从而改变了线圈的阻抗,引起线圈中的电流变化。这种结构在不受力时有初始信号,需要用补偿电路加以抵消。

变压器式:在它的铁芯上有两个分开的线圈,一个是接交流电源的激励线圈;另一个是输出测量线圈,改变线圈的匝数比即可得到不同档次的电压输出信号。

桥式:它由两个垂直交叉放置的Ⅱ型铁芯构成,在两个铁芯上分别绕以激磁线圈和测量线圈。这种传感器用于测量铁磁材料的受力状况(如转矩),在被测材料上

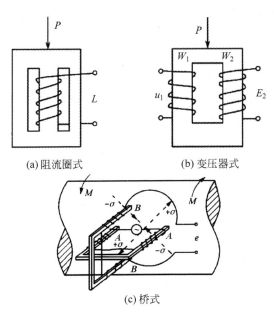

(a) 阻流圈式   (b) 变压器式

(c) 桥式

图 7-103 压磁式力传感器的三种结构

4 点 P_1、S_1、P_2、S_2 之间的磁阻形成一个磁桥。在未受力时,由于材料的各向同性,各桥臂磁阻相等,测量线圈内通过两束方向相反、大小相等的磁通,相互抵消后没有感应电动势,输出为零。当材料受转矩力 M 时,其上发生压磁效应,两个方向的磁导率发生不同变化,磁桥失去平衡,于是测量线圈就能输出与转矩大小成一定关系的感应信号。

此次实验中,我们采用的是桥式压磁传感器。传感器工作时,使用信号发生器给传感器激磁线圈以激励信号,并将测量线圈输出的交流信号进行放大、整流、峰值检波和滤波,最后送给数据采集卡进行 AD 转换。施加在传感器上的力会导致感应电压产生变化,从而实现检测功能。

四、实验系统组建与设备连接

1. 实验仪器与器材

桥式压磁传感器	1 只
测力实验平台	1 台
砝码盒	1 套
压磁传感器信号调理模块	1 块
稳压电源(±15V)	1 台
信号发生器	1 台

myDAQ 数据采集卡	1 台
PC	1 台

2. 实验设备连接

本实验的设备连接如图 7-104 所示,其中的压磁传感器信号调理电路原理如图 7-105 所示。

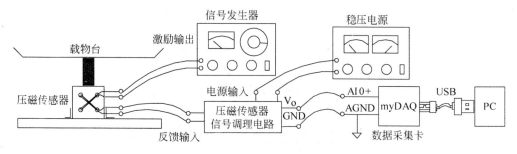

图 7-104　压磁式力传感器实验设备连接

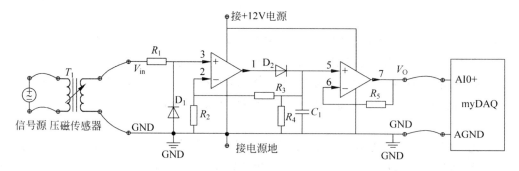

图 7-105　压磁式力传感器信号调理电路原理

五、实验步骤

1. 运行虚拟仪器。

（1）按图 7-104,将压磁传感器安装在测力实验台上;连接压磁传感器、信号发生器、信号调理模块、数据采集卡和 PC,其中信号调理板输出 V_O、GND 分别连接到 myDAQ 数据采集器的模拟输入端子 AI0、AGND。

（2）在 PC 上运行虚拟仪器的万用表、虚拟示波器。

2. 打开电源,调节信号发生器频率和幅度（用虚拟示波器监测）,使输出信号频率为 4～5kHz,幅度为 $V_{p-p}=2V$。

3. 检查无误后,给系统上电。使用虚拟仪器的万用表功能,记录载物台空载时信号调理电路输出的电压值。

4. 依次往载物台上放置砝码,记录不同砝码重量下,信号调理电路输出的电压值,直到所有砝码均已放置在载物台上。

5. 依次取下载物台上的砝码,记录不同砝码重量下,信号调理电路的输出电压值,直到所有砝码均已取下。

6. 重复上述实验三次,测量三组数据并将数据填入表 7-24 中。

实验完毕,关闭电源。

六、实验数据记录

表 7-24　压磁式测力系统实验数据记录表

第一组实验

正向过程	砝码质量/g	0	10	20	30	40	50	60	70	80	90
	信号输出/V										
反向过程	砝码质量/g	90	80	70	60	50	40	30	20	10	0
	信号输出/V										

第二组实验

正向过程	砝码质量/g	0	10	20	30	40	50	60	70	80	90
	信号输出/V										
反向过程	砝码质量/g	90	80	70	60	50	40	30	20	10	0
	信号输出/V										

第三组实验

正向过程	砝码质量/g	0	10	20	30	40	50	60	70	80	90
	信号输出/V										
反向过程	砝码质量/g	90	80	70	60	50	40	30	20	10	0
	信号输出/V										

七、实验数据处理与分析

1. 根据实验数据画出检测系统输出电压与砝码质量的关系曲线。
2. 求检测系统的灵敏度 S 和非线性误差 δ。

八、实验报告要求

实验报告主要内容包括:

（1）实验目的和要求；

（2）实验原理；

（3）实验系统构成；

（4）实验步骤；

（5）整理、分析原始实验数据；

（6）数据分析；

（7）讨论。

九、思考题

1. 采用桥式压磁式力传感器测量时，激励信号应当满足什么要求？

2. 从原理上分析，与变压器式压磁传感器相比，桥式压磁传感器有什么优点？

十、实验改进与讨论

试改良本实验中的信号调理电路，使得压磁式力传感器可以测量正负压力，并具有调零功能。

7.25　应变式转矩测量系统实验

一、实验目的

1. 了解应变式转矩测量的原理。

2. 使用应变法测量转矩。

二、实验内容与要求

使用应变式转矩传感器测量转矩，掌握应变式转矩传感器的使用方法和功能特点。

三、实验基本原理

使机械元件转动的力矩称为转动力矩，简称转矩。转矩是各种工作机械传动轴的基本载荷形式，与动力机械的工作能力、能源消耗、效率、运转寿命及安全性能等因素紧密联系，转矩的测量对传动轴载荷的确定与控制、传动系统工作零件的强度设计以及原动机容量的选择等都具有重要的意义。

图 7-106 是应变式转矩测量的原理图,应变式转矩测量法所测的是待测转轴表面在转矩作用下的应变。当转轴受到转矩时,转轴会产生一定的扭转变形,从材料力学可知,这个形变量与转轴所受转矩成正比。如图中所示,在转轴表面贴四片方向相互垂直的应变片,互相垂直的应变片会分别受到拉应力和压应力,电阻反方向变化。如果把四个应变片构成电桥,我们就可以实现转矩测量。

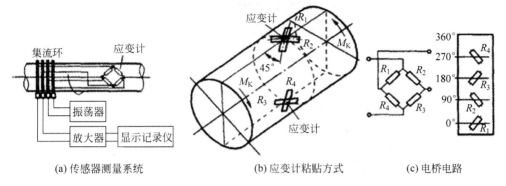

(a) 传感器测量系统　　　　(b) 应变计粘贴方式　　　　(c) 电桥电路

图 7-106　应变式转矩测量原理图

四、实验系统组建与设备连接

1. 实验仪器与器材

转矩测量实验台	1 台
TJN-5 静态扭矩传感器(量程 10N·m)	1 只
砝码盒	1 套
电桥调理模块	1 块
稳压电源(±15V)	1 台
myDAQ 数据采集卡	1 台
PC	1 台
导线	若干

2. 实验设备介绍

本实验所用传感器为 TJN-5 静态扭矩传感器如图 7-107 所示,传感器内置四片金属箔应变片,构成全桥,应变片名义电阻 350Ω,供桥电压 10V。实验使用的信号调理电路与 5.1 节实验相同。

3. 实验设备连接

实验装置连接如图 7-108 所示,其中的信号调理电路模块与 5.1 节实验的全桥电路实验相同,不再赘述。

图 7-107　TJN-5 静态扭矩传感器

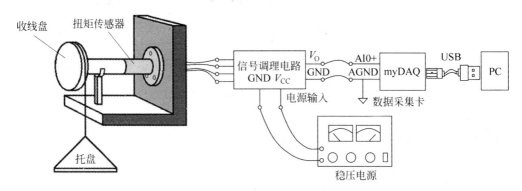

图 7-108　应变式转矩测量实验系统结构图

五、实验步骤

1. 运行虚拟仪器。

（1）按图 7-108，依次连接应变片、信号调理模块、数据采集卡和 PC，其中信号调理模块输出 V_O、GND 分别连接到 myDAQ 数据采集器的模拟输入端子 AI0＋、AGND。

（2）在 PC 上运行虚拟仪器的电压表，检查系统连接无误后，给系统上电，调节信号调理单元上的调零电位器，使得虚拟电压表读数归零。

2. 将托盘和悬挂线挂在实验台的收线盘上，托盘悬挂于实验桌边缘，记录托盘空载时信号调理电路输出的电压值。

3. 依次往托盘上放置砝码，待虚拟电压表读数稳定后，记录不同砝码重量下，信号调理电路输出的电压值，直到所有砝码均已放置在载物台上。

4. 依次取下托盘上的砝码，待虚拟电压表读数稳定后，记录不同砝码重量下，信号调理电路的输出电压值，直到所有砝码均已取下。

5. 重复上述实验三次，测量三组数据并将数据填入表 7-25 中。

实验完毕，关闭电源。

六、实验数据记录

表 7-25　压磁式测力系统实验数据记录表

第一组实验

正向过程	砝码质量/g	0	10	20	30	40	50	60	70	80	90
	实际转矩/(N·cm)										
	信号输出/V										
反向过程	砝码质量/g	90	80	70	60	50	40	30	20	10	0
	实际转矩/(N·cm)										
	信号输出/V										

第二组实验

正向过程	砝码质量/g	0	10	20	30	40	50	60	70	80	90
	实际转矩/(N·cm)										
	信号输出/V										
反向过程	砝码质量/g	90	80	70	60	50	40	30	20	10	0
	实际转矩/(N·cm)										
	信号输出/V										

第三组实验

正向过程	砝码质量/g	0	10	20	30	40	50	60	70	80	90
	实际转矩/(N·cm)										
	信号输出/V										
反向过程	砝码质量/g	90	80	70	60	50	40	30	20	10	0
	实际转矩/(N·cm)										
	信号输出/V										

七、实验数据处理与分析

1. 在坐标纸上绘制放大器输出与实际转矩的关系曲线,求出转矩测量系统灵敏度。

2. 分析测量系统的回程差,并探讨回程差产生的原因和解决措施。

八、实验报告要求

实验报告主要内容包括:

(1) 实验目的和要求;

(2) 实验原理;

（3）实验系统构成；

（4）实验步骤；

（5）整理、分析原始实验数据；

（6）数据分析；

（7）讨论。

九、思考题

1. 如果采用两片应变片构成半桥或只使用一片应变片，是否能实现转矩测量？电路应当如何连接？

2. 应变片粘贴的方向是否会对测量结果和精度造成影响？为什么？

十、实验改进

如何在转轴连续转动时使用应变法实现转矩测量？

7.26　扭转角式转矩测量方法实验

一、实验目的

1. 了解光电扭转角式转矩测量的原理。

2. 使用光电扭转角式转矩传感器对电动机和发电机的效率进行测量。

二、实验内容与要求

使用光电扭转角式转矩传感器测量直流电机输出力矩并计算电动机和发电机的工作效率，通过实验掌握光电扭转角式转矩传感器的使用方法和功能特点。

三、实验基本原理

扭转角式转矩传感器的原理是测量弹性扭转轴两端角度的差别，从而测量扭转轴的扭转形变，进而实现扭矩的测量。常用的扭转角测量方法主要是光电测量。图 7-109（a）便是一个光电转矩测量装置的原理图。

光电扭转角式转矩传感器主要由弹性轴、固定在弹性轴两端的两片光栅、光电发射管及光电接收管组成。转矩传感器的两片光栅盘刻有相同的窗口。弹性轴不受转矩时，两片光栅的窗口重合，光线可顺利通过两片光栅到达光电接收管，如图 7-109（c）所示。此时光电接收管检测到的光强信号最大。当转轴受到转矩，两片光栅片产生角度差,其通光部分不再重合,而是被不透光部分遮挡,如图 7-109(b)所示。此时,光电接收管接收到的光强会与两片光栅的角度差成比例减小。通过光电接收管的输出变化,便可以实现扭矩的测量。

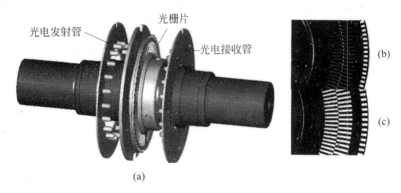

图 7-109　光电扭转角式转矩测量原理图

通常的光电式转矩测量传感器的光栅最外侧还会开有连续的窗口,构成光电编码器的码盘,以实现转速的测量。

四、实验系统组建与设备连接

1. 实验仪器与器材

直流发电机/电动机实验平台	1 套
E200/ORT 光电转矩传感器	1 只
直流可调电源(0～30V 3A)	1 台
电子负载(150W)	1 台
PC	1 台
导线	若干

2. 实验设备介绍

本实验使用的是 CSY-2000 系列实验平台配套的直流发电机/电动机实验平台和 E200/ORT 光电转矩传感器。光电传感器如图 7-110 所示。实验中,将转矩传感器串接在电动机和发电机之间,如图 7-111 所示。

3. 实验设备连接

实验装置连接如图 7-111 所示。转矩传感器为数字 RS-232 接口输出,可直接连接至 PC。

图 7-110　E200/ORT 光电转矩传感器

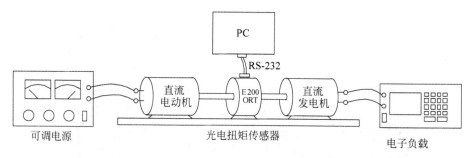

图 7-111　光电扭转角式转矩测量实验装置连接

五、实验步骤

1. 运行虚拟仪器。

（1）按图 7-111 依次连接可调电源、直流电动机、直流发电机和电子负载，并将光电转矩传感器的通信接口用 RS-232 线连接至 PC。

（2）在 PC 上运行虚拟仪器，检查系统连接无误后，给系统上电。

2. 打开可调电源，将电子负载设置在空载状态。调节电源电压，记录电机在 10V、15V、20V、25V 和 30V 下的空载转速以及电流，并记录发电机的输出电压。

3. 分别将电子负载的功率调至 10W、30W 和 50W，重复步骤 2，并通过上位机记录光电扭矩传感器读出的转矩值。

4. 将实验数据填入表 7-26 中。

实验完毕，关闭电源。

六、实验数据记录

表 7-26　扭转角式转矩测量实验数据记录表

负载功率/W								
电动机电压/V								
电动机电流/mA								
电机输出力矩/(N·m)								
发电机电压/V								
发电机功率/W								
电动机效率								
发电机效率								

七、实验数据处理与分析

1. 在坐标纸中绘制电动机和发电机的效率曲线，并计算电动机的最大效率点。

2. 绘制电动机在 20V 下的输出力矩和功率关系曲线,分析电动机特性。

八、实验报告要求

实验报告主要内容包括:

(1) 实验目的和要求;

(2) 实验原理;

(3) 实验系统构成;

(4) 实验步骤;

(5) 整理、分析原始实验数据;

(6) 数据分析;

(7) 讨论。

九、思考题

请探讨影响光电扭转角式转矩测量传感器精度的因素和解决方法。

十、实验改进

是否还有别的方法可以实现更高精度的扭转角式转矩测量?(提示:相位法)

第 8 章

压力检测实验

8.1 液柱式压力测量方法实验

一、实验目的

1. 了解单管压力计、倾斜式压力计结构、工作原理和使用方法。
2. 比较单管压力计、倾斜式压力计的性能,掌握液柱式压力测量技术。

二、实验内容与要求

通过将砝码加在托盘上,产生压力,研究单管压力计、倾斜式压力计的高度与重量之间的关系。

三、实验基本原理

1. 单管压力计

单管压力计如图 8-1 所示。它相当于将 U 形管的一端换成一个大直径的容器,测压原理与 U 形管相同。当大容器一侧通入被测压力 p_1,管一侧通入大气压 p_2 时,满足下列关系

$$\Delta p = p_1 - p_2 = h\rho g = (h_1 + h_2)\rho g = \left(1 + \frac{d^2}{D^2}\right)h_1\rho g$$

$$(8\text{-}1)$$

式中,h 为两液面的高度差;h_1 为玻璃管内液面上升的高度;h_2 为大容器内液面下降高度;d 为玻璃管直径;D 为大容器直径。

由于 $D \gg d$,故 d^2/D^2 可以忽略不计,则式(8-1)可写成

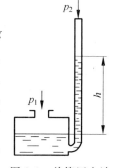

图 8-1　单管压力计

$$\Delta p = h\rho g \approx h_1 \rho g \tag{8-2}$$

表明管内工作液面上升的高度 h_1 即可表示被测压力的大小。

本实验系统的被测压力 p_1 由砝码的重力产生,加入不同质量的砝码,产生不同的压力,分析砝码产生的压力与高度 h_1 的关系。

2. 斜管压力计

用单管压力计来测量微小的压力时,因为液柱高度变化很小,读数困难,为了提高灵敏度,减小误差,可将单管压力计的玻璃管制成斜管,如图 8-2 所示。

大容器通入被测压力 p_1,斜管通大气压力 p_2,则 p_1 与液柱之间的关系仍然与式(8-2)相同,于是有

$$\Delta p = h\rho g = L\rho g \sin\alpha \tag{8-3}$$

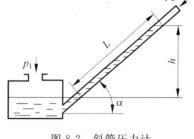

图 8-2 斜管压力计

式中,L 为斜管内液柱的长度;α 为斜管倾斜角。

由于 $L > h$,所以斜管压力计比单管压力计更灵敏,可以提高测量精度。

液柱式压力计结构简单、读数直观、价格低廉,适合于低压测量,可作为标准压力计。

本实验系统的被测压力 p_1 由砝码的重力产生,加入不同质量的砝码,产生不同的压力,分析砝码产生的压力与高度 h 的关系。

四、实验系统组建与设备连接

1. 实验仪器与器材

单管式液位检测实验平台　　　　　1 只
斜管式液位检测实验平台　　　　　1 只
托盘、砝码　　　　　　　　　　　1 套

2. 实验系统设备连接

实验系统架构如图 8-3 所示,图 8-3(a)为单管式液位计系统连接,图 8-3(b)为斜管式液位计系统连接。包括水槽容器、带刻度的单玻璃管或斜管、活塞、托盘、砝码。

五、实验步骤

1. 单管式液位计实验步骤

(1) 检查容器中水容量大于 80%,如低于 80%,需要补充水。

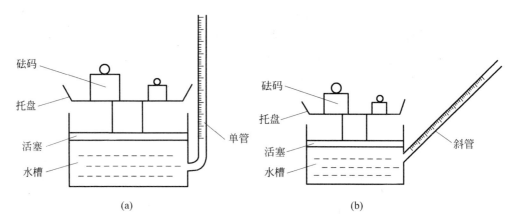

图 8-3 实验系统架构

（2）记录在不加砝码时的液位高度，此高度为零位。

（3）在托盘上放置一只砝码（每只 20g），读取液柱高度数值，依次增加砝码并读取相应的高度值，直到 200g 砝码加完。

（4）再依次减少砝码，直到砝码全部取出；如此重复测试 3 组。

（5）记录数据，实验数据填入表 8-1（a）中。

2. 斜管式液位计实验步骤

（1）记录在不加砝码时的液位高度，此高度为零位。

（2）在托盘上放置一只砝码（每只 20g），读取液柱高度数值，依次增加砝码并读取相应的高度值，直到 200g 砝码加完。

（3）再依次减少砝码，直到砝码全部取出；如此重复测试 3 组。

（4）记录数据，实验数据填入表 8-1（b）中。

六、实验数据记录

表 8-1（a） 单管式液位计实验数据记录

重量/g							
高度/mm							
重量/g							
高度/mm							
重量/g							
高度/mm							

表 8-1(b)　斜管式液位计实验数据记录

重量/g								
高度/mm								
重量/g								
高度/mm								
重量/g								
高度/mm								

七、实验数据处理与分析

1. 根据实验数据画出实验曲线,观察非线性情况。
2. 根据实验数据计算系统灵敏度 S 和非线性误差 δ。

八、实验报告要求

实验报告主要内容包括:
(1) 实验目的和要求;
(2) 实验原理;
(3) 实验系统构成;
(4) 实验步骤;
(5) 整理、分析原始实验数据;
(6) 数据分析;
(7) 讨论。

九、思考题

单管液位计与斜管液位计的误差源有哪些? 如何提高测量准确度?

十、实验改进与讨论

讨论液柱式液位自动检测系统方案。

8.2　弹性压力计测压实验

一、实验目的

1. 了解弹簧管压力表的结构,工作原理和使用方法。

2. 掌握仪表迟滞,线性度,灵敏度测量方法。

3. 掌握仪表精度测量方法。

二、实验内容与要求

将弹簧管压力计安装在活塞式压力计校准装置上,通过调节产生不同压力源,研究弹簧管压力计的迟滞、线性度、灵敏度等性能参数,并确定弹簧管压力计仪表精度。

三、实验基本原理

根据所用弹性元件的不同可构成多种形式的弹性压力计,其基本组成环节如图 8-4 所示。弹性元件是核心部分,用于感受压力并产生弹性变形,采用何种形式的弹性元件要根据测量要求选择和设计;弹性元件的位移变形经变换放大机构进行变换与放大;指示机构用于给出压力示值,其形式有直读式的指针或刻度标尺,也可将压力值转为电信号远传;调整机构用于调整压力计的零点和量程。

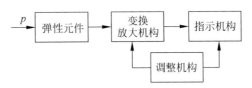

图 8-4   弹性压力计组成框图

弹簧管式压力计是工业生产上应用很广泛的一种直读式测压仪表,以单圈弹簧管结构应用最多,其一般结构如图 8-5 所示。

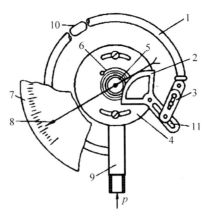

图 8-5   弹簧管压力计结构

1—弹簧管;2—扇形齿轮;3—拉杆;4—底座;5—中心齿轮;6—游丝;

7—表盘;8—指针;9—接头;10—弹簧管横截面;11—调节开口槽

被测压力由接口引入,迫使弹簧管 1 的自由端 B 产生弹性变形,拉杆 3 带动扇形齿轮 2 逆时针偏转并使与其啮合的中心齿轮 5 顺时针偏转,与中心齿轮 5 同轴的指针 8 将同步偏转,在表盘 7 的刻度标尺上指示出被测压力 P 的数值,弹簧管压力计的刻度标尺是线性的。

扇形齿轮 3 的一端有开口槽,通过调整螺钉可以改变拉杆 3 与扇形齿轮 2 的接合点位置,从而可以改变传动机构的传动比,调整仪表的量程。转动轴上装有游丝 6,其一端与中心齿轮 5 连接,另一端固定在底座上,用以消除扇形齿轮与中心齿轮之间的啮合间隙,减小测量误差。直接改变指针 8 套在转动轴上的角度,可以调整弹簧管压力计的示值零点。

本实验的压力由砝码的重力产生,通过施加不同的砝码,分析弹簧管压力计的输入输出关系,进而分析其迟滞、线性度、灵敏度。

四、实验系统组建与设备连接

1. 实验仪器与器材

活塞式压力计	1 台
标准砝码	1 套
普通弹簧管压力表	1 套

2. 实验系统设备连接

实验系统设备连接如图 8-6 所示。

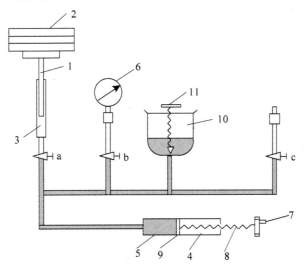

图 8-6　实验系统连接

a、b、c—截止阀;1—测量活塞;2—标准砝码;3—活塞筒;4—手摇压力发生器;5—油;

6—弹簧管压力表;7—手轮;8—丝杠;9—工作活塞;10—油杯;11—进油阀

五、实验步骤

1. 记录表 8-2 中的各仪表的精度等级及相关值。

2. 把活塞式压力校准装置平放在便于操作的工作台上。依据水平指示装置调整即可。

3. 注入工作液(变压器油)。

4. 排除传压系统内的空气。开油杯阀,反向旋转手轮,给活塞腔和管道补足工作液,再关油杯阀。

5. 测量。测量时,先检查零位偏差,进行处理后(校正或修正),在被校表测量范围的 0.35、0.50、0.75 三处做线性刻度测量,处理后可对各校验点进行正反行程测量。

6. 测量结束后,先打开油杯阀,放出工作液,用棉纱把压力表校验器擦拭干净,并罩好防尘罩。

注意事项:

(1) 活塞式压力校准装置上的各阀均为针型阀,开、闭时不宜用力过度,以免损坏(阀门不要旋转出太多,三四圈即可)。

(2) 一般取测量范围的 30%、40%、50%、60%、70%、80%、90% 七处刻度线校验。并记录各值于表 8-2 中。

(3) 在安装压力表时,应使仪表板都正对观测者。

(4) 正向校验时,快到测量位时手轮旋转要慢,不能超程后又返回;反之,反向测量时一样。

(5) 摇动手轮时,不要使丝杠受径向力的作用,以免丝杠变弯。

六、实验数据记录

共需测量 5 组正行程、反行程数据。

表 8-2　实验数据

弹簧管压力表刻度值/MPa		0.3	0.4	0.5	0.6	0.7	0.8	0.9
压力	正行程							
	反行程							
压力	正行程							
	反行程							
压力	正行程							
	反行程							
压力	正行程							
	反行程							
压力	正行程							
	反行程							

七、实验数据处理与分析

根据输入输出关系分析被测表的迟滞、线性度、灵敏度，并确定仪表精度。

八、实验报告要求

实验报告主要内容包括：
（1）实验目的和要求；
（2）实验原理；
（3）实验系统构成；
（4）实验步骤；
（5）整理、分析原始实验数据；
（6）数据分析；
（7）讨论。

九、思考题

1. 为什么要排除活塞式压力校准装置内的空气？
2. 为什么要求轻敲表壳时，仪表示值的变动不应超过基本允许误差绝对值的一半？
3. 装置上在线测量的压力表量程不合适时应如何调整？

十、实验改进与讨论

设计弹性压力计自动测量系统方案。

8.3 压力传感器（应变式、扩散硅式）测压与性能比较实验 1

一、实验目的

1. 了解应变式压力传感器结构、工作原理和使用方法。
2. 了解扩散硅式压力传感器结构、工作原理和使用方法。
3. 通过应变式传感器、扩散硅式传感器测压性能对比实验，了解其特点。

二、实验内容与要求

通过调节活塞式压力校准装置产生标准压力源，标准压力由高精度压力变送器测量；在装置上分别安装应变式、扩散硅式压力传感器，采用恒流源式电阻测量电路输出电压，通过对两种传感器的测压性能对比，了解两者的灵敏度、非线性度等性能特点。

三、实验基本原理

1. 应变式压力测量原理

应变式压力传感器是一种通过测量弹性元件因压力的作用而产生的应变来间接测量压力的传感器，它由弹性元件、应变片及测量电路组成，具体测量原理和检测方法见 5.1 节实验。

应变式压力传感器型号和种类繁多，其中，MBS1900 压力变送器能够实现 4～20mA 信号的输出，测量量程有多种范围可选，是目前这类传感器中使用较多的型号。

2. 扩散硅式压力测量原理

扩散硅压阻式压力传感器在单晶硅的基片上扩散出 P 型或 N 型电阻条，接成电桥。在压力作用下根据半导体的压阻效应，基片产生应力，电阻条的电阻率产生很大变化，引起电阻的变化，输出电压的变化反映了所受到的压力变化。

华兴 HBP-800A 系列扩散硅压阻式传感器压力变送器采用进口扩散硅及陶瓷电容传感器，广泛适用于过程控制和压力测量，变送器所用传感器采用计算机激光调阻工艺进行零点和温度补偿，整机在使用温度范围内温度漂移线性进行二次补偿，使得整机具有准确度高稳定性好的优点，实现 4～20mA 信号的测量输出。

四、实验系统组建与设备连接

1. 实验仪器与器材

活塞式压力计	1 台
高精度压力变送器 MBS1900	1 套
扩散硅式压力传感器	1 只
应变式压力传感器	1 只
应力(电阻)测量模块	1 套
myDAQ 数据采集器	1 套
PC	1 台
导线	若干

2. 实验设备介绍

压变式压力传感器选用 MBS1900 压力变送器，4～20mA 信号输出。

扩散硅压阻式传感器见 5.14 节实验。

3. 实验系统设备连接

实验系统设备连接如图 8-7 所示。

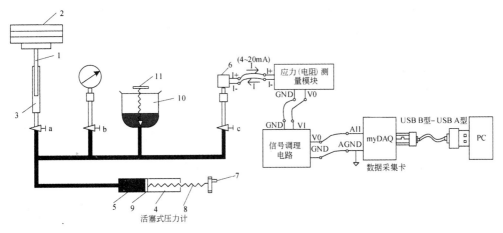

图 8-7　实验系统设备连接

a、b、c—截止阀；1—测量活塞；2—标准砝码；3—活塞筒；4—手摇压力发生器；5—油；6—压力传感器（扩散硅式压力传感器、应变式压力传感器）；7—手轮；8—丝杠；9—工作活塞；10—油杯；11—进油阀

应力（电阻）传感器信号调理模块电路见 5.14 节实验。

五、实验步骤

1. 依据水平指示装置调整活塞式压力校准装置。

2. 按图 8-7 连接系统，13 位置连接高精度压力变送器，6 位置接应变式压力传感器，6、13 位置信号输出接信号调理模块，信号调理模块的输出信号 V0、GND 分别接 myDAQ 的 AI1、GND，运行 PC 虚拟压力表软件。

3. 排除传压系统内的空气。打开进油阀 11，反向旋转手轮，给手摇泵补足工作液（变压器油），再关进油阀。

4. 测量。测量时，先检查零位偏差，进行处理后（校正或修正），按表 8-3 要求，调节活塞式压力校准装置的手柄，产生各标准压力，利用虚拟压力表得到实际压力值。

5. 利用虚拟电压表测量应力（电阻）测量模块输出电压 V0。

6. 按正行程和逆行程依次从 0.3～0.9MPa 测试 5 组数据，实验数据记录在表 8-3(a) 中。

7. 测量结束后，反向旋转手轮 4 圈。

8. 取下应变式压力传感器，将扩散硅式传感器安装在活塞式校准装置位置 6。

9. 重复步骤 2～6，实验数据记录在表 8-3(b) 中。

测量结束,关闭电源;打开进油阀,放出工作液,用棉纱把压力表校验器擦拭干净,并罩好防尘罩。

注意事项:

（1）活塞式压力校准装置上的各阀均为针形阀,开、闭时不宜用力过度,以免损坏(阀门不要旋转出太多,三四圈即可)。

（2）一般取测量范围的 30%、40%、50%、60%、70%、80%、90% 七处刻度线校验。并记录各值于表。

（3）在安装压力表时,应使仪表板都正对观测者。

（4）正向校验时,快到测量位时手轮旋转要慢,不能超程后又返回;反之,反向测量时一样。

（5）摇动手摇泵时,不要使丝杠受径向力的作用,以免丝杠变弯。

六、实验数据记录

表 8-3(a)　应变式压力传感器性能测量：（5 组正行程、反行程测量）

标准砝码/MPa		0.3	0.4	0.5	0.6	0.7	0.8	0.9
输出电压/V	正行程							
	反行程							
	正行程							
	反行程							
	正行程							
	反行程							
	正行程							
	反行程							
	正行程							
	反行程							

表 8-3(b)　扩散硅式压力传感器性能测量：（5 组正行程、反行程测量）

标准砝码/MPa		0.3	0.4	0.5	0.6	0.7	0.8	0.9
输出电压/V	正行程							
	反行程							
	正行程							
	反行程							
	正行程							
	反行程							
	正行程							
	反行程							
	正行程							
	反行程							

七、实验数据处理与分析

根据传感器输入输出关系分析比较在相同量程范围，被测传感器的迟滞、线性度、灵敏度等特性。

八、实验报告要求

实验报告主要内容包括：

（1）实验目的和要求；

（2）实验原理；

（3）实验系统构成；

（4）实验步骤；

（5）整理、分析原始实验数据；

（6）数据分析；

（7）讨论。

九、思考题

1. 压力传感器测压系统的性能与哪些因素有关，如何提高测量性能？

2. 分析比较两种传感器的线性度、灵敏度、线性范围，给我们在测量系统选型时的启示有什么？

十、实验改进与讨论

应变式压力传感器和扩散硅式压力传感器的信号调理电路还有哪些？ 如何实现？

8.4　压力传感器（电容式、谐振式）测压与性能比较实验 2

一、实验目的

1. 了解电容式压力传感器工作原理。

2. 了解谐振硅式压力传感器工作原理。

3. 通过压力传感器（电容式、谐振式）测压性能对比实验，了解其特点。

二、实验内容与要求

通过调节活塞式压力校准装置,产生标准压力,标准压力由高精度压力变送器测量;在压力校准装置上分别安装电容式压力传感器、谐振硅式压力传感器,采用相应信号调理电路输出电压或频率,通过虚拟仪器对两种传感器的测压性能进行对比,了解两者的灵敏度、非线性度等性能特点。

三、实验基本原理

1. 电容式压力传感器测压原理

将被测压力引起的弹性元件的位移变形转变为电容的变化,测出电容量,便可知道被测压力的大小。

利用电容 $C = \varepsilon \dfrac{A}{d}$ 的关系式,通过相应的结构和测量电路,可以选择 ε、A、d 三个参数中的两个参数不变,而只改变其中一个参数,就可以分别组成测介质的性质(ε 变化)、测位移(d 变化)和测距离、液位(A 变化)等多种性质的电容传感器。

图 8-8 所示的电容式压力传感器为圆筒式变面积差动结构的电容式压力传感器,由两个圆筒和一个圆柱组成。

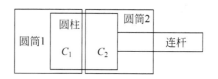

图 8-8　圆筒式变面积差动电容式压力传感器结构

设圆筒的半径为 R、圆柱的半径为 r、圆柱的长为 x,则电容量为 $C = \varepsilon^2 \pi \dfrac{x}{\ln \dfrac{R}{r}}$。

图中 C_1、C_2 是差动连接,当图中的圆柱产生 ΔX 位移时,电容量的变化量为

$$\Delta C = C_1 - C_2 = \varepsilon^2 \pi \frac{2 \Delta X}{\ln \dfrac{R}{r}} \tag{8-4}$$

式中,$\varepsilon^2 \pi$、$\ln \dfrac{R}{r}$ 为常数,说明 ΔC 与位移 ΔX 成正比,利用相应的测量电路就可以测量压力。

把电容式传感器作为振荡器谐振回路的一部分,当输入量导致电容量发生变化时,振荡器的振荡频率就发生变化。调频电路中将振荡频率经过 f/V 转换成电压信号输出,如图 8-9 所示。

图 8-9　调频式测量电路原理框图

图 8-9 中,L-C 谐振回路的振荡频率 $f = \dfrac{1}{2\pi\sqrt{LC}}$,其中,$L$ 为振荡回路的电感;C 为振荡回路的总电容,$C = C_1 + C_2 + C_x$,C_1 为振荡回路固有电容,C_2 为传感器引线分布电容,$C_x = C_0 \pm \Delta C$ 为传感器的实际电容,C_0 为传感器的初始电容值。

当被测信号为零时,$\Delta C = 0$,则 $C = C_1 + C_2 + C_0$,所以振荡器有一个初始振荡频率 f_0 为

$$f = \frac{1}{2\pi\sqrt{L(C_1 + C_2 + C_0)}} \qquad (8\text{-}5)$$

当被测信号不为零时,$\Delta C \neq 0$,则振荡器的振荡频率发生变化,此时频率为

$$f = \frac{1}{2\pi\sqrt{L(C_1 + C_2 + C_0 + \Delta C)}} = f_0 + \Delta f \qquad (8\text{-}6)$$

由式(8-6)可知,根据频率的变化 Δf 可以测出电容的变化 ΔC,从而完成对压力的测量。

2. 谐振式压力传感器测压原理

谐振式压力传感器是靠被测压力所形成的应力改变弹性元件的谐振频率,通过测量频率信号的变化来检测压力。这种传感器特别适合与计算机配合使用,组成高精度的测量、控制系统。根据谐振原理可以制成振筒、振弦及振膜式等多种形式的压力传感器。

图 8-10 为一种振筒式压力传感器的结构示意图,感压元件是一个薄壁金属圆筒,壁厚 0.08mm 左右,用低温度系数的恒弹性材料制成。筒的一端封闭,为自由端,另一端固定在基座上。筒内绝缘支柱上固定有激振线圈和检测线圈,其铁芯为磁化的永磁材料,两线圈空间位置互相垂直,以减小电磁耦合。线圈引线自支柱中央引出,被测压力由引压孔引入振筒内,外界为大气压。振筒有一定的固有频率,当被测压力作用于筒壁时,筒壁内应力增加使其刚度加大,振筒固有频率相应改变。振筒固有频率与作用压力的关系可近似表示为

$$f_p = f_0\sqrt{1 + \alpha p} \qquad (8\text{-}7)$$

式中,f_p 为受压后的振筒固有频率;f_0 为筒内外压力相等时的固有频率;α 为振筒结构系数,

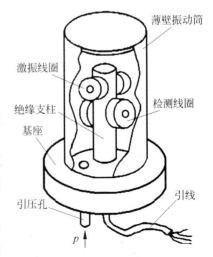

图 8-10　振筒式压力传感器结构

当筒内压力大于筒外压力时取为正,反之为负;p 为被测压力。

激振线圈使振筒按固有频率振动,受压前后的频率变化可由检测线圈检出。

四、实验系统组建与设备连接

1. 实验仪器与器材

活塞式压力计	1 台
电容式压力传感器 D8M-D	1 只
谐振式压力传感器 BGK-4900	1 只
电容检测模块	1 套
谐振式压力检测模块	1 套
高精度压力变送器	1 套
PC	1 台
导线	若干

2. 实验设备介绍

电容式压力传感器选用欧姆龙 D8M-D 电容式压力传感器,可测量范围为 0～5.88kPa,测量结果采用 2.2VDC 脉冲信号输出,是一款工业压力传感器。

振弦式压力传感器选用 BGK-4900 振弦式压力传感器,标准量程 250～3000kN,精度 0.5%F.S。

3. 实验系统设备连接

(1) 电容式压力检测实验架构如图 8-11 所示,电容式压力传感器信号调理电路见实验 5.13。

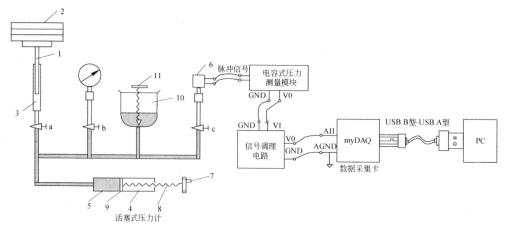

图 8-11　电容式压力检测实验架构

a、b、c—截止阀;1—测量活塞;2—标准砝码;3—活塞筒;4—手摇压力发生器;5—油;
6—电容式压力传感器;7—手轮;8—丝杠;9—工作活塞;10—油杯;11—进油阀

　　（2）谐振式压力检测系统架构见图 8-12，谐振式压力传感器信号调理电路见
5.7 节实验。

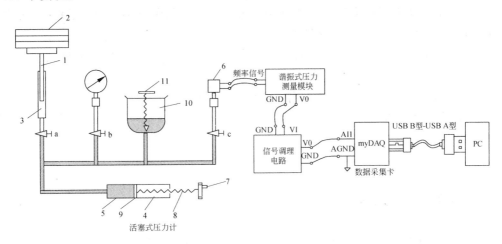

图 8-12　谐振式压力检测实验架构

a、b、c—截止阀；1—测量活塞；2—标准砝码；3—活塞筒；4—手摇压力发生器；5—油；
6—谐振式压力传感器；7—手轮；8—丝杠；9—工作活塞；10—油杯；11—进油阀

五、实验步骤

　　1. 把活塞式压力校准装置平放在便于操作的工作台上。依据水平指示装置
调整。

　　2. 按图 8-11 连接系统，13 位置连接高精度压力变送器，6 位置接电容式压力传
感器，6、13 位置信号输出接信号调理模块，信号调理模块的输出信号 V0、GND 分别
接 myDAQ 的 AI1、GND，运行 PC 虚拟压力表软件。

　　3. 排除传压系统内的空气。打开进油阀 11，反向旋转手轮，给手摇泵补足工作
液（变压器油），再关进油阀。

　　4. 测量。测量时，先检查零位偏差，进行处理后（校正或修正），按表 8-4 要求，
调节活塞式压力校准装置的手柄，产生各标准压力，利用虚拟压力表得到实际压
力值。

　　5. 利用虚拟电压表测量应力（电阻）测量模块输出电压 V0。

　　6. 按正行程和逆行程依次从 0.3～0.9MPa 测试 5 组数据，实验数据记录在
表 8-4(a) 中。

　　7. 测量结束后，反向旋转手轮 4 圈。

　　8. 取下应变式压力传感器，按图 8-12 连接系统，将谐振式压力传感器安装在活
塞式校准装置位置 6。

　　9. 重复步骤 2～6，实验数据记录在表 8-4(b) 中。

　　测量结束，关闭电源；打开进油阀，放出工作液，用棉纱把压力表校验器擦拭干

净,并罩好防尘罩。

注意事项:

(1) 活塞式压力校准装置上的各阀均为针型阀,开、闭时不宜用力过度,以免损坏(阀门不要旋转出太多,三四圈即可)。

(2) 一般取测量范围的 30%、40%、50%、60%、70%、80%、90% 七处刻度线校验。并记录各值于表。

(3) 在安装压力表时,应使仪表板都正对观测者。

(4) 正向校验时,快到测量位时手轮旋转要慢,不能超程后又返回;反之,反向测量时一样。

(5) 摇动手摇泵时,不要使丝杠受径向力的作用,以免丝杠变弯。

六、实验数据记录

表 8-4(a)　电容式压力传感器性能测量:(5 组正行程、反行程测量)

标准砝码/MPa		0.3	0.4	0.5	0.6	0.7	0.8	0.9
输出电压/V	正行程							
	反行程							
	正行程							
	反行程							
	正行程							
	反行程							
	正行程							
	反行程							
	正行程							
	反行程							

表 8-4(b)　谐振式压力传感器性能测量:(5 组正行程、反行程测量)

标准砝码/MPa		0.3	0.4	0.5	0.6	0.7	0.8	0.9
输出频率/Hz	正行程							
	反行程							
	正行程							
	反行程							
	正行程							
	反行程							
	正行程							
	反行程							
	正行程							
	反行程							

七、实验数据处理与分析

根据传感器输入输出关系分析比较在相同量程范围,被测传感器的线性度、灵敏度等特性。

八、实验报告要求

实验报告主要内容包括:
(1)实验目的和要求;
(2)实验原理;
(3)实验系统构成;
(4)实验步骤;
(5)整理、分析原始实验数据;
(6)数据分析;
(7)讨论。

九、思考题

1. 压力传感器测压系统的性能与哪些因素有关? 如何提高测量性能?
2. 分析比较两种传感器的线性度、灵敏度、线性范围,给我们在测量系统选型时的启示有什么?

十、实验改进与讨论

电容式压力传感器和谐振式压力传感器的信号调理电路还有哪些? 如何实现?

8.5　光纤压力测量系统应用实验

一、实验目的

1. 了解光纤压力传感器压力测量工作原理及系统性能。
2. 掌握光纤压力传感器信号调理方法。

二、实验内容与要求

通过调节活塞式压力校准装置产生标准压力源,由光纤压力传感器测量压力,分析压力传感器性能。

通过调节活塞式压力校准装置,产生标准压力,标准压力由高精度压力变送器测量;在压力校准装置上安装光纤压力传感器,采用信号调理电路输出电压,通过虚拟仪器分析光纤压力测量系统性能。

三、实验基本原理

反射式光纤压力传感器是利用弹性膜片在压力下变形而调制反射光功率信号,压力大小与发射光强度成一定关系。如图 8-13 所示,光源发出的光耦合进入射光纤端面 B 面后从入射光纤端面 A 出射。出射光经由弹性膜片反射后,部分反射光由接受光纤端面 A 接收,接收光的强度与端面 A 至膜片的距离 d 有关,也与膜片在压力 F 作用下的变形有关。经由膜片变形所调制的反射光功率信号传输至接收端面 C,最后耦合至光接收器,获得与压力有关的输出信号。

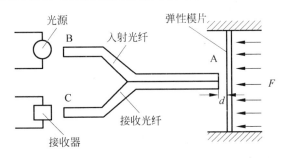

图 8-13　反射式光纤压力传感器

四、实验系统组建与设备连接

1. 实验仪器与器材

活塞式压力计	1 台
光纤压力传感器 FOP-M260	1 只
光纤压力测量模块	1 套
高精度压力变送器	1 套
PC	1 台
导线	若干

2. 实验设备介绍

本实验用光纤传感器为 FOP-M260 光纤压力传感器,是专为医疗领域设计的小体积、采用 MOMS 技术的高精度传感器,量程 ±300mmHg,精度 ±2mmHg,分辨率小于 0.1mmHg,其小尺寸可微小至 260μm±20μm。

3. 实验系统设备连接

（1）光纤压力检测实验系统架构如图 8-14 所示。

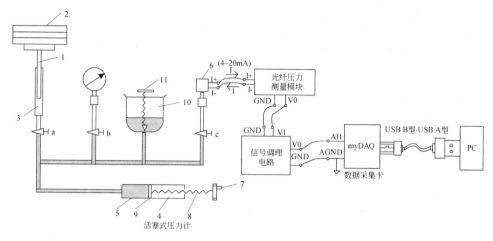

图 8-14　实验系统架构

a、b、c—截止阀；1—测量活塞；2—标准砝码；3—活塞筒；4—手摇压力发生器；5—油；
6—光纤压力传感器；7—手轮；8—丝杠；9—工作活塞；10—油杯；11—进油阀

（2）光纤压力检测信号调理模块电路如图 8-15 所示。

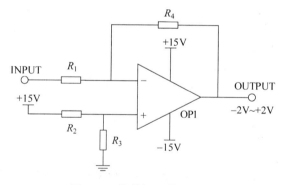

图 8-15　信号调理模块电路

五、实验步骤

1. 把活塞式压力校准装置平放在便于操作的工作台上，依据水平指示装置调整。

2. 按图 8-14 和图 8-15 连接系统，13 位置连接高精度压力变送器，6 位置接光纤式压力传感器，6、13 位置信号输出接信号调理模块，信号调理模块的输出信号 V0、GND 分别接 myDAQ 的 AI1、GND，运行 PC 虚拟压力表软件。

3. 排除传压系统内的空气。打开进油阀 11，反向旋转手轮，给手摇泵补足工作液(变压器油),再关进油阀。

4. 测量。测量时,先检查零位偏差,进行处理后(校正或修正),按表 8-5 要求,调节活塞式压力校准装置的手柄,产生各标准压力,利用虚拟压力表得到实际压力值。

5. 利用虚拟电压表测量应力(电阻)测量模块输出电压 V1。

6. 按正行程和逆行程依次从 0.3～0.9MPa 测试 5 组数据,实验数据记录在表 8-5 中。

测量结束,关闭电源,打开进油阀,放出工作液,用棉纱把压力表校验器擦拭干净,并罩好防尘罩。

六、实验数据记录

表 8-5　实验数据记录表

标准砝码/MPa		0.3	0.4	0.5	0.6	0.7	0.8	0.9
输出电压/V	正行程							
	反行程							
	正行程							
	反行程							
	正行程							
	反行程							
	正行程							
	反行程							
	正行程							
	反行程							

七、实验数据处理与分析

画出光纤压力检测系统输入输出曲线,分析被测传感器的迟滞、线性度、灵敏度等特性。

八、实验报告要求

实验报告主要内容包括:

(1) 实验目的和要求;

(2) 实验原理;

(3) 实验系统构成;

(4) 实验步骤;

(5) 整理、分析原始实验数据;

（6）数据分析；

（7）讨论。

九、思考题

光纤压力传感器测量位移时对被测体的表面有些什么要求？

十、实验改进与讨论

讨论反射式光纤压力传感器的最佳压力测量范围。

8.6　压力测量系统的静态标定方法实验 1（标准压力法及标准表法）

一、实验目的

1. 了解基于标准压力法的压力测量系统静态标定方法。

2. 了解基于标准表法的压力测量系统静态标定方法。

3. 了解压力测量系统的静态特性。

二、实验内容与要求

在活塞式压力校准装置上，对弹簧管压力表进行基于标准压力法和标准表法的压力测量系统静态标定，并分析静态性能。

三、实验基本原理

压力检测仪表的静态校准在静态标准条件下（温度 $20\pm5℃$，湿度 $\leqslant80\%$，大气压力为 $760\pm80\mathrm{mmHg}$，且无振动冲击的环境）进行，采用一定标准等级的校准装置，对仪表重复进行不少于 3 次的全量程逐级加载和卸载测试，并将仪表输出量与输入的标准量作比较，获得各次校准数据或曲线。一般在被校表的测量范围内，均匀地选择至少 5 个以上的校验点，其中应包括量程起始点和终点。

静态校准方法有标准压力法与标准表法两种。标准压力法是将被校表的示值与标准压力值比较，主要用于校验 0.25 级以上的精密压力表，也可用于校验各种工业用压力表；标准压力法校准精度高，但比较费力、费时。标准表法则是在相同压力条件下将被校表与标准表的示值进行比较，标准表的允许绝对误差应小于被校表允许绝对误差的 $1/5\sim1/3$，这样可忽略标准表的误差，将其示值作为真实压力；标准表校验法比较快捷方便,所以实际校验中应用较多。

常用的静态压力校准装置有液柱式压力计、活塞式压力计或配有高精度标准表的压力校验泵等几种,图 8-16 为活塞式压力计的结构原理。

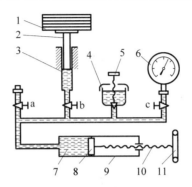

图 8-16 活塞式压力校准系统的结构原理

a、b、c—截止阀;1—标准砝码;2—测量活塞;3—活塞筒;4—油杯;5—进油阀;
6—被校压力表;7—油;8—工作活塞;9—手摇压力发生器;10—丝杠;11—手轮

活塞式压力计是一种精度很高,量程很宽的专用压力校准设备,它以活塞与砝码的重力作用于密闭系统内的工作液体,当同时作用于工作液体的被测压力与此重力相平衡时,活塞会浮起。由于活塞面积和活塞与砝码的重力值均可精确地获得,因此其精度可以做得很高。

这种校准装置既适用于标准压力法也适用于标准表法。若采用标准压力法校准,则先将被校压力表或压力传感器安装在校准装置上,如图 8-16 中所示。关闭截止阀 a,打开进油阀和截止阀 b、c,并转动手轮 11 将手摇压力发生器的工作活塞 8 慢慢向右退出,以使油杯内的工作液体(一般采用洁净的变压器油或蓖麻油等)进入并充满校准装置的活塞腔和管道,然后关闭进油阀,使系统封闭。按校准压力值在测量活塞 2 上放置相应的盘形标准砝码 1,再次转动手轮,推动手摇压力发生器的工作活塞慢慢向左运动,挤压密闭系统内的工作液体并将测量活塞连同砝码一起顶起而稳定在活塞筒 3 内适当的平衡位置上。由图 8-16 可见,此时系统内工作液体的压力与测量活塞和砝码的重力相平衡并同时作用于被校压力表,压力平衡关系为

$$p = \frac{1}{A}(m + m_0)g$$

式中,p 为系统内工作液体压力;m 与 m_0 分别为测量活塞与砝码的质量;g 为重力加速度;A 为测量活塞的有效面积。

通过在承重托盘上放置不同的标准砝码可方便地得到校准过程所需的各种数值准确的标准压力 p。根据校准需要,逐点加载和卸载,并将被校压力表 6 上的示值与这一系列准确的压力 p 值相比较,便可求出被校压力表的误差大小以及其他静态性能指标。

若采用标准表法,则应关闭截止阀 b,在阀 a 和阀 c 上部分别接入标准压力表和被校压力表。缓慢转动手摇压力发生器的手轮,通过推进或退出工作活塞而改变工

作液压力,由标准表指示出准确压力值,与被校表上的示值比较即可进行校准。

四、实验系统组建与设备连接

1. 实验仪器与器材

活塞式压力计	1 套
0.5 级弹簧管压力计	1 只
被校压力表	1 只
数字万用表	1 只
标准砝码	1 套

2. 实验系统设备连接

实验系统设备连接如图 8-17 所示。

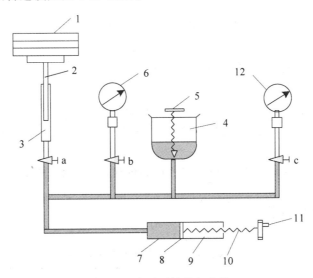

图 8-17　实验系统设备连接

a、b、c—截止阀;1—标准砝码;2—测量活塞;3—活塞筒;4—油杯;5—进油阀;6—0.5 级弹簧管压力计;
7—油;8—工作活塞;9—手摇压力发生器;10—丝杠;11—手轮;12—被校压力计

五、实验步骤

1. 记录表 8-6 中的各仪表的精度等级及相关值。

2. 把活塞式压力校准装置平放在便于操作的工作台上,依据水平指示装置调整即可。

3. 打开进油阀,反向旋转手轮,给手摇泵补足工作液,再关闭进油阀。

4. 将被校弹簧管压力计安装在校准装置上,如图 8-16 所示。关闭截止阀 a,打开进油阀和截止阀 b、c，并转动手轮 11 将手摇压力发生器的工作活塞 8 慢慢向右退出，以使油杯内的工作液体(一般采用洁净的变压器油或蓖麻油等)进入并充满校准装置的活塞腔和管道，然后关闭进油阀，使系统封闭。

　　5. 按表 8-6(a)所设校准压力值在测量活塞 2 上放置相应的盘形标准砝码。

　　6. 转动手轮，推动手摇压力发生器的工作活塞慢慢向左运动，挤压密闭系统内的工作液体并将测量活塞连同砝码一起顶起而稳定在活塞筒 3 内适当的平衡位置上。在表 8-6(a)中记录相应的弹簧管压力表显示值。

　　7. 对各校验点进行 5 次正反行程循环测量，完成标准压力法压力测量系统校正。

　　8. 按照在位置 6 处的标准表上的读数，重复步骤 6、7，完成标准表法压力测量系统校正，在表 8-6(b)中记录相应弹簧管压力表显示值。

　　9. 测量结束后，先打开进油阀，放出工作液，用棉纱把压力表校验器擦拭干净，并罩好防尘罩。

　　注意事项：

　　(1) 活塞式压力校准装置上的各阀均为针形阀，开、闭时不宜用力过度，以免损坏(阀门不要旋转出太多，三四圈即可)。

　　(2) 一般取测量范围的 30%，40%，50%，60%，70%，80%，90% 七处刻度线校验。并记录各值于表。

　　(3) 在安装压力表时，应使仪表板都正对观测者。

　　(4) 正向校验时，快到测量位时手轮旋转要慢，不能超程后又返回；反之，反向测量时一样。

　　(5) 摇动手摇泵时，不要使丝杠受径向力的作用，以免丝杠变弯。

六、实验数据记录

表 8-6(a)　标准压力法系统校正

标准砝码/MPa		0.3	0.4	0.5	0.6	0.7	0.8	0.9
弹簧管压力计输出/MPa	正行程							
	反行程							
	正行程							
	反行程							
	正行程							
	反行程							
	正行程							
	反行程							
	正行程							
	反行程							

表 8-6(b) 标准表法系统校正

标准表/MPa		0.3	0.4	0.5	0.6	0.7	0.8	0.9
弹簧管压力计输出/MPa	正行程							
	反行程							
	正行程							
	反行程							
	正行程							
	反行程							
	正行程							
	反行程							
	正行程							
	反行程							

七、实验数据处理与分析

画出弹簧管压力计静态特性校准曲线,计算被测传感器的静态特性参数(非线性、迟滞、重复性),计算系统误差。

八、实验报告要求

实验报告主要内容包括:

(1) 实验目的和要求;

(2) 实验原理;

(3) 实验系统构成;

(4) 实验步骤;

(5) 整理、分析原始实验数据;

(6) 数据分析;

(7) 讨论。

九、思考题

在分析静态特性时,为什么要多次进行正反行程测试?

十、实验改进与讨论

静态特性校准时,标定点如何选取?

8.7 压力测量系统的动态标定方法实验 2（稳态标定法）

一、实验目的

1. 了解基于稳态标定法的压力测量系统动态标定方法。
2. 了解压力测量系统的动态特性。

二、实验内容与要求

掌握压电式压力传感器、电荷放大器、数据采集系统的使用方法，组建压电式压力测量系统，对该系统进行动态压力测量。

三、实验基本原理

为了能够准确测量压力的动态变化，不仅要求所用压力传感器具有良好的静态特性，而且也要有良好的动态响应特性。实际上压力传感器的频率响应特性决定了该传感器对动态压力测量的适用范围和测量精度。因此，要用实验的方法来确定用于动态压力测量的传感器或测压系统的动态特性参数，这个过程称为动态校准。

稳态标定法是通过稳态周期性压力信号源对被校压力传感器进行动态校准的方法，稳态周期性压力信号源能够提供幅值稳定、频率可调的正弦压力信号。图 8-18 是电磁式正弦压力发生器，在电动振动器线圈中通以频率可调的交流电，产生的正弦力作用于柔性膜片，并通过密封于空腔中的油介质将按正弦规律变化的压力同等传递到被测试压力传感器和标准压力传感器上。

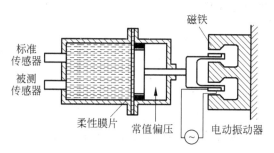

图 8-18 电磁式正弦压力发生器

图 8-19 为机械式正弦压力发生器，其利用偏心轮旋转使活塞产生周期变化的位移，压缩活塞中的介质并使其产生按正弦规律变化的压力，改变偏心轮转速即可改变压力源频率。

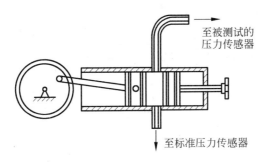

至被测试的
压力传感器

至标准压力传感器

图 8-19　机械式正弦压力发生器

稳态校准装置只提供了可变的压力源,主要适用于将未知特性的被校传感器与已知特性的标准传感器进行比较。也可以通过改变压力源频率,同时监测被校压力仪表或传感器输出的方法求出其频率特性。稳态校准装置的主要优点是结构简单,易于实现,但难以提供高频高振幅的压力信号,故仅适用于低压和低频的动态压力校准中。

四、实验系统组建与设备连接

1. 实验仪器与器材

落锤液压力发生器　　　　　　　　　1 套
SYC-1000 型石英压力传感器　　　　2 只
电荷测量模块　　　　　　　　　　　2 套
myDAQ 数据采集卡　　　　　　　　 1 套
PC(虚拟仪器)　　　　　　　　　　 1 套

2. 实验设备介绍

SYC-1000 型石英压力传感器通过压电效应将压力信号转换成电信号,具有精度高、频带宽、体积小、重量轻、强度高、耐腐蚀、抗振动、寿命长,并能在恶劣环境条件下工作等优点。

3. 实验系统设备连接

实验系统设备连接如图 8-20 所示。

测量系统由落锤式压力发生器作为半正弦压力源、选用压电式压力传感器、电荷放大器及基于 PXI 总线系统的数据采集系统组成,系统工作原理:利用落锤液压装置在油缸中产生一个半正弦压力脉冲,该脉冲通过传感器的压电效应实现非电量到电信号的转换,传感器把输出的电荷信号经过电荷放大器放大输入数据采集系统。在数据采集系统中把输入的电荷信号转换成电压信号进行测量。

在进行实验过程中,安装传感器及注入蓖麻油的过程很关键,直接关系到实验

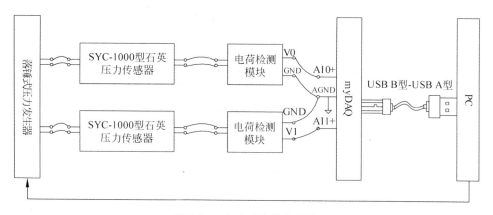

图 8-20　实验系统设备连接

的成败。在旋入传感器前应先对油缸进行清洗,防止铁屑等残留物划伤传感器。拧入传感器时要用力适中,太紧有可能损坏传感器,太松又有可能导致漏油,使油缸中的压力达不到预期值。注入蓖麻油前应先对精密活塞缸套件进行测试,使精密活塞可以在活塞缸中自由移动,测试方法是用手堵住活塞缸下端,向上提起活塞一段高度后松开,看看活塞是否能自由缓慢落回。实验时应先注入蓖麻油再进行传感器安装,这样做的目的是可以排除测压本体中传感器通道中的空气;同时应注意油注高度应略大于油缸上表面,目的也在于防止空气进入。在完成上述工作之后可以旋入精密活塞缸套件,完成造压本体组装工作;同时应注意活塞的外露高度尽可能保持在 10mm 左右,这样测量结果才具有可比性,其组装图如图 8-21 所示。

图 8-21　造压本体组装图

五、实验步骤

1. 运行虚拟仪器。

(1) 按图 8-20 所示,依次连接落锤式压力发生器、SYC-1000 型石英压力传感器、电荷检测模块、myDAQ、PC,其中两路电荷检测模块电路输出 V0、GND 分别连接到 myDAQ 数据采集器的模拟输入端子 AI0、GND,AI1、GND。

（2）在 PC 上运行虚拟仪器的示波器功能。

2. 检查无误后,给系统供电,并启动落锤压力发生器,进行数据采集。

3. 改变活塞组件,其活塞面积分别为 $2cm^2$、$1cm^2$、$0.5cm^2$,体积调节塞选取直径为 $\Phi21$。记录数据采集系统测量的半正弦波形。

实验注意事项：

（1）注意传感器与造压本体连接处密封情况。

（2）动态压力测量时,释放落锤时注意安全,不得将任何杂物或身体某部放在造压本体附件。

六、实验数据记录

记录数据采集系统测量的半正弦波形。

七、实验数据处理与分析

根据数据采集系统测量的半正弦波形,分析输入信号特征频率变化对测量性能的影响,计算压力测量系统的二阶模型参数。

八、实验报告要求

实验报告主要内容包括：
（1）实验目的和要求；
（2）实验原理；
（3）实验系统构成；
（4）实验步骤；
（5）整理、分析原始实验数据；
（6）数据分析；
（7）讨论。

九、思考题

实测的系统模型与理想模型之间会出现偏差,产生偏差的原因有哪些?

十、实验改进与讨论

当输入信号特征频率低于、接近、远高于传感器固有频率时,输出响应会发生什么变化?

第 9 章

温度检测实验

9.1 膨胀式温度计测温实验(液体膨胀式与固体膨胀式)

一、实验目的

1. 了解液体膨胀式温度计测温原理、特点及应用。
2. 了解固体膨胀式温度计测温原理、特点及应用。
3. 掌握膨胀式温度测量技术。

二、实验内容与要求

温度控制器控制热源温度,分别用玻璃水银温度计、双金属温度计测量热源温度,观察膨胀现象。

三、实验基本原理

膨胀式温度计是根据物质的热膨胀性质与温度的固有关系来制造的温度计,按工作物质状态的不同,可分为液体膨胀式温度计(如玻璃水银温度计)、固体膨胀式温度计(如双金属温度计)和气体膨胀式温度计(如压力式温度计)三类。

1. 玻璃水银温度计

玻璃水银温度计是一种直读式液体温度计,测量下限为 $-38.9℃$,测温上限为 $538℃$。玻璃水银温度计结构简单,制作容易,价格低廉,测温范围较广,安装使用方便,现场直接读数,一般无须能源;但易破损,测温值难自动远传记录。

2. 双金属温度计

固体长度随温度变化的情况可用下式表示,即

$$L_1 = L_0[1 + k(t_1 - t_0)] \tag{9-1}$$

式中 L_1 为固体在温度 t_1 时的长度；L_0 为固体在温度 t_0 时的长度；k 为固体在温度 t_0，t_1 之间的平均线膨胀系数。

基于固体受热膨胀原理，测量温度通常是把两片线膨胀系数差异相对很大的金属片叠焊在一起，构成双金属片感温元件(俗称双金属温度计)。当温度变化时，因双金属片的两种不同材料线膨胀系数差异相对很大而产生不同的膨胀和收缩，导致双金属片产生弯曲变形，如图 9-1 所示。

在一端固定的情况下，如果温度升高，下面的金属 B(如黄铜)因热膨胀而伸长，上面的金属 A(如因瓦合金)却几乎不变。致使双金属片向上翘，温度越

图 9-1 双金属温度计原理图

高则产生的线膨胀差越大，引起的弯曲角度也越大。其关系可用下式表示，即

$$x = G(l^2/d) \cdot \Delta t \tag{9-2}$$

式中，x 为双金属片自由端的位移，mm；l 为双金属片的长度，mm；d 为双金属片的厚度，mm；Δt 为双金属片的温度变化，℃；G 为弯曲率(将长度为 100mm，厚度为 1mm 的线状双金属片的一端固定，当温度变化 1℃(1K)时，另一端的位移称为弯曲率)，取决于头金属片的材质，通常为 $(5 \sim 14) \times 10^{-6}/\text{K}$。

在测温和控温精度不高的场合，双金属温度计应用范围不断扩大。双金属片常制成螺旋管状来提高灵敏度。双金属温度计抗振性好，读数方便，但精度不太高，只能用做一般的工业用仪表。

四、实验系统组建与设备连接

1. 实验仪器与器材

温度箱	1 只
XMTD600T 温度调节器	1 套
PT100	1 只
双金属温度计(WSS-401)	1 只
水银温度计(0~200℃)	1 只

2. 实验设备介绍

(1) 温度箱

现在众多的检测技术实验台架均具有温度箱，本实验采用温度源 CSY-2000 试验装置提供的温度箱，如图 9-2 所示。

温度箱有两个测温孔，内部装有加热器和冷却风扇。接法见 XMTD600T 温度调节器接法说明。

温度源外壳正面装有电源开关、指示灯,顶面测温孔一个是调节仪控制加热器加热的传感器(Pt100)的插孔;另一个是温度测量实验传感器的插孔。使用时将电源开关打开,根据安全性、经济性的要求,温度源设置温度应≤200℃。

(2) XMDT600 温度调节器

本实验采用 XMDT600 温度调节器,如图 9-3 所示。XMDT600 系列智能数显时间温度调节仪为智能型双排四位显示仪表,分别显示温度测量值和时间设定值或运行时间倒计时;仪表可多种信号输入,并提供多种时间控制方式选择,采用二位式、PID 控制。主要技术指标有:

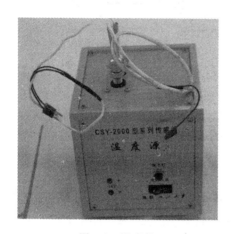

图 9-2　温度箱

图 9-3　XMDT600 温度调节器

测量误差为±0.5FS±1 字;继电器输出(无源)触点容量为 AC220V 5A(阻性负载);周期 2～120s 可调;时间范围为 0～9999s 或 0～9999min(可选);工作电源为 85～242V,50Hz;工作环境为 0～50℃,相对湿度≤85％RH,无腐蚀性及无强电磁辐射场合。

面板说明如图 9-4 所示。

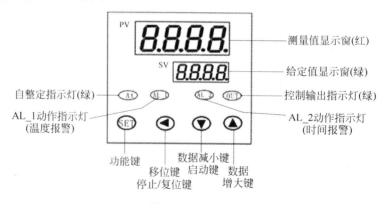

图 9-4　面板说明

本实验系统采用 PT100 传感器输入,相应仪表连线如图 9-5 所示。

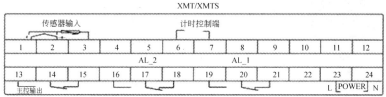

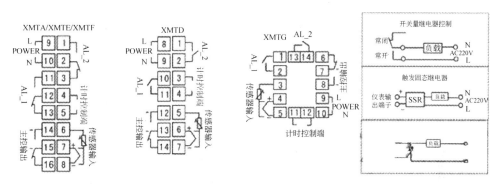

图 9-5　XMDT600 仪表连线(本实验采用 PT100 连线)

仪表在使用过程中常见故障及其原因和处理措施如下:

故 障 现 象	原 因 分 析	处 理 措 施
仪表通电不正常	1. 电源线接触不良 2. 电源开关未闭合	检查电源
信号显示与实际不符(显示"HH"或"LL")	1. 传感器型号不匹配 2. 信号接线错误	1. 检查传感器类型与仪表内部输入类型参数(Sn) 2. 检查信号线
任何参数不能修改	密码锁 LOCK 不对	请查看密码锁 LOCK 菜单说明
设定值 SP 不能改大或改小	P_SH、P_SL 菜单范围锁住	查看 P_SH、P_SL 菜单

（3）双金属温度计 WSS-401

WSS-401 双金属温度计如图 9-6 所示,绕制成螺旋管状的双金属片一端被固定,另一自由端与指针连接,自由端随着温度的变化而转动,并带动指针旋转指示温度。双金属温度计是常用于测量中、低温的现场检测仪表,可直接测量液体和气体的温度。

WSS-401 系列具有如下特点:测温范围为 0~300℃,精确度等级为 1.5 级。

3. 实验系统设备连接

实验系统设备连接如图 9-7 所示。

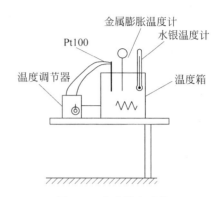

图 9-6　WSS-401 双金属温度计　　　　　图 9-7　实验设备连接

五、实验步骤

1. 在主机箱总电源、调节器电源都关闭的状态下,按图 9-7 连接系统,温度箱左边插孔接温度调节器的反馈温度端子,温度箱右边插孔接水银温度计。

2. 合上调节器电源开关和温度源电源开关。在常温基础上,按每步 $\Delta t = 10℃$ 增加温度,在 ≤100℃ 范围内分次设定温度源温度值,待温度源温度动态平衡时读取电压表并填入表 9-1 中。

3. 调节温度箱温度到室温。

4. 按图 9-7 连接系统,温度箱右边插孔接双金属温度计。

5. 在常温基础上,按每步 $\Delta t = 10℃$ 增加温度,在 ≤100℃ 范围内分次设定温度源温度值,待温度源温度动态平衡时读取电压表并填入表 9-1 中。

实验完毕,关闭电源,整理设备和器材。

六、实验数据记录

表 9-1　实验记录表

设定温度							
水银温度计							
双金属温度计							

七、实验数据处理与分析

画出实验数据曲线,分析两种温度计性能特点。

八、实验报告要求

实验报告主要内容包括:
(1) 实验目的和要求;
(2) 实验原理;
(3) 实验系统构成;
(4) 实验步骤;
(5) 整理、分析原始实验数据;
(6) 数据分析;
(7) 讨论。

九、思考题

水银温度计与双金属温度计的应用场合有何不同?

十、实验改进与讨论

如何将双金属温度计用于温度开关控制?

9.2　热电偶测温实验

一、实验目的

1. 了解热电偶结构、工作原理、使用方法。
2. 掌握热电偶的温度测量技术。

二、实验内容与要求

通过调节温度箱温度,了解 K 型热电偶温度特性,掌握热电偶温度补偿原理和测温技术。

三、实验基本原理

1. 热电偶测温原理

热电偶测量温度的基本原理是热电效应。将 A 和 B 两种不同的导体首尾相连组成闭合回路，如果两连接点温度（T，$T0$）不同，则在回路中就会产生热电动势，形成热电流，这就是热电效应。

热电偶就是将 A 和 B 两种不同的金属材料一端焊接而成，A 和 B 称为热电极，焊接的一端是接触热场的 T 端，称为工作端或测量端，也称热端；未焊接的一端（接引线）处在温度 $T0$ 中，称为自由端或参考端，也称冷端。

T 与 $T0$ 的温差越大，热电偶的输出电动势越大；温差为 0 时，热电偶的输出电动势为 0。因此，可以用测量热电动势大小的方法来衡量温度的大小。

国际上，将热电偶的 A、B 热电极材料不同分成若干分度号。如常用的 K（镍铬-镍硅或镍铝）、E（镍铬-康铜）、T（铜-康铜）等，并且有相应的分度表即参考端温度为 0℃时的测量端温度与热电动势的对应关系表。

通过测量热电偶输出的热电动势值再查分度表即可得到相应的温度值。

热电偶测温时，它的冷端往往处于温度变化的环境中，而它测量的是热端与冷端之间的温度差，由此要进行冷端补偿。热电偶冷端温度补偿的常用方法有计算法、0℃冰水法、恒温槽法和电桥自动补偿法等。

电桥自动补偿法是在热电偶和放大电路之间接入一个直流电桥，直流电桥的一个桥臂是 PN 结二极管（或 Cu 电阻），这个直流电桥称冷端温度补偿器，电桥在 0℃时达到平衡（也可 20℃时达到平衡）。当热电偶冷端温度升高时（＞0℃）热电偶回路电势下降，而由于补偿器中的 PN 结呈负温度系数，其正向压降随温度升高而下降，促使热电偶回路电势上升，其值正好补偿热电偶因冷端温度升高而降低的电势，达到补偿目的。

2. 热电偶使用说明

热电偶由 A、B 热电极材料及直径（偶丝直径）决定其测温范围。如 K（镍铬-镍硅或镍铝）热电偶，偶丝直径 3.2mm 时测温范围 0～1200℃。本实验用的 K 热电偶偶丝直径为 0.5mm，测温范围 0～800℃。

从热电偶的测温原理可知，热电偶测量的是测量端与参考端之间的温度差，必须保证参考端温度为 0℃时才能正确测量测量端的温度，否则存在参考端所处环境温度值误差。热电偶的分度表是定义在热电偶的参考端（冷端）为 0℃时热电偶输出的热电动势与热电偶测量端（热端）温度值的对应关系。热电偶测温时要对参考端（冷端）进行修正（补偿），计算公式为

$$E(t,t_0) = E(t,t_0') + E(t_0',t_0) \tag{9-3}$$

式中，$E(t,t_0)$ 为热电偶测量端温度为 t，参考端温度为 $t_0=0$℃时的热势值；$E(t,t_0')$ 为

热电偶测量温度为 t、参考端温度为 t_0' 不等于 0℃时的热电势值；$E(t_0',t_0)$ 为热电偶测量端温度为 t_0'，参考端温度为 $t_0=0$℃时的热电势值。

例如，用一支分度号为 K（镍铬-镍硅）热电偶测量温度源的温度，工作时的参考端温度（室温）$t_0'=20$℃，测得热电偶输出的热电势为 32.7mV（经过放大器放大的信号，假设放大器的增益 $k=10$），则 $E(t,t_0')=32.7\text{mV}\div10=3.27\text{mV}$，那么热电偶测得温度源的温度是多少呢？

解 由附录 K 热电偶分度表查得

$$E(t_0',t_0)=E(20,0)=0.798\text{mV}$$

已测得

$$E(t,t_0')=32.7\text{mV}\div10=3.27\text{mV}$$

故

$$E(t,t_0)=E(t,t_0')+E(t_0',t_0)=3.27\text{mV}+0.798\text{mV}=4.068\text{mV}$$

被测温度可以从分度表中查出，与 4.068mV 所对应的温度是 100℃。

四、实验系统组建与设备连接

1. 实验仪器与器材

温度源	1 台
XMDT600 温度调节器	1 套
Pt100	1 只
热电偶信号调理模块	1 套
电源（±15V）	1 套
K 型热电偶	1 只
myDAQ 数据采集器	1 套
PC	1 台
导线	若干

2. 实验系统设备连接

（1）温度源及温度调节器

本实验用温度源与温度调节器介绍见 9.1 节实验。

（2）K 型热电偶

K 型热电偶是目前用量最大的廉金属热电偶，其用量为其他热电偶的总和。K 型热电偶丝直径一般为 1.2~4.0mm。正极（KP）的名义化学成分为 Ni：Cr＝92：12，负极（KN）的名义化学成分为 Ni：Si＝99：3，其使用温度为−200~1300℃。

K 型热电偶具有线性度好，热电动势较大，灵敏度高，稳定性和均匀性较好，抗氧化性能强，价格便宜等优点，能用于氧化性惰性气体中。广泛为用户所采用。本实验用 K 型热电偶如图 9-8 所示。

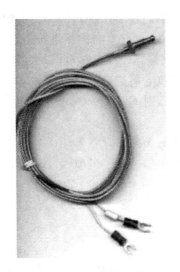

图 9-8　K 型热电偶

（3）实验设备连接

实验设备连接如图 9-9 所示。

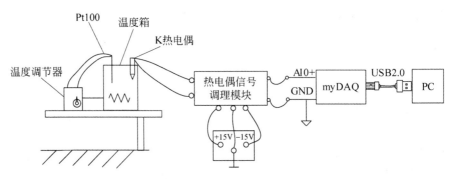

图 9-9　实验设备接线

热电偶信号调理模块如图 9-10 所示。

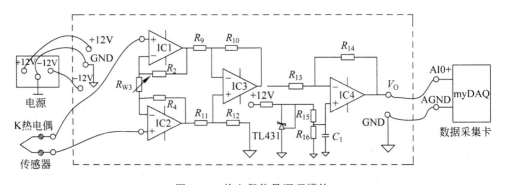

图 9-10　热电偶信号调理模块

五、实验步骤

1. 运行虚拟仪器。

(1) 按图 9-9 和图 9-10 所示,依次连接温度调节器(含 Pt100)、温度箱、热电偶信号调理模块、myDAQ 数据采集器、PC,其中热电偶信号调理模块输出 V_O、GND 分别连接到 myDAQ 数据采集器的模拟输入端子 AI0＋、AGND。

(2) 在 PC 上运行直流电压表。

2. 线路检查无误后,给系统供电。

3. 调理电路放大器调零。

(1) 将信号调理电路上放大器的两输入端口引线暂时脱开,再用导线将两输入端短接(V_i＝0)。

(2) 调节放大器的增益电位器 R_{W3} 到中间位置(先逆时针旋到底,再顺时针旋转两圈)。

(3) 调节信号调理模块上放大器的调零电位器 R_{W1},使虚拟电压表显示为零。

4. 增益调节(G＝30)。

拆去放大器输入端口的短接线,将暂时脱开的引线复原。在输入端子接入 100mV 信号(电路自带的稳压信号),调节信号调理模块上的桥路平衡电位器 R_{W3},使虚拟电压表 A1 显示为 3V。

5. 由 XMDT600 温度调节器上读出当前温度。

6. 在常温基础上,按每步 Δt＝10℃增加温度,在≤150℃范围内分次设定温度源温度值,待温度源温度动态平衡时读取电压表并填入表 9-2 中。

实验完毕,关闭电源,整理设备和器材。

六、实验数据记录

表 9-2　K 热电偶热电势(放大器放大后)

T/℃									
V/mV									

注:$E(t,0)$＝实验数据÷k(增益)。

七、实验数据处理与分析

根据实验数据,分析 K 型热电偶温度曲线,分析非线性误差。

八、实验报告要求

实验报告主要内容包括：

(1) 实验目的和要求；

(2) 实验原理；

(3) 实验系统构成；

(4) 实验步骤；

(5) 整理、分析原始实验数据；

(6) 数据分析；

(7) 讨论。

九、思考题

1. 为什么差动变压器接入热电偶后需要调差放零点？

2. 即使采用标准热电偶按本实验方法测量温度也会有很大的误差，为什么？

十、实验改进与讨论

温度测量系统的误差源主要有哪些？ 如何减小误差？

9.3 热电阻测温实验

一、实验目的

1. 了解热电阻结构、工作原理和使用方法。

2. 掌握热电阻的温度测量技术。

二、实验内容与要求

调节温度箱温度，测量 Pt100 热电阻温度特性，掌握热电阻测温原理和测温方法。

三、实验基本原理

利用导体电阻随温度变化的特性，可以制成热电阻，要求其材料电阻温度系数大，稳定性好，电阻率高，电阻与温度之间最好有线性关系。

常用的热电阻有铂电阻(650℃以内)和铜电阻(150℃以内)。铂电阻是将 0.05～0.07mm 的铂丝绕在线圈骨架上封装在玻璃或陶瓷等保护管内构成的。在 0～650℃ 以内,电阻 R_t 与温度 t 的关系为

$$R_t = R_o(1 + At + Bt^2) \tag{9-4}$$

式中,R_o 系温度为 0℃时的电阻值(Pt100 铂电阻 $R_o = 100\Omega$),$A = 3.9684 \times 10^3/℃$,$B = -5.847 \times 10^7/℃$。

铂电阻一般是三线制,其中一端接一根引线而另一端接两根引线,主要是为远距离测量消除引线电阻对桥臂的影响(近距离可用二线制,导线电阻忽略不计)。实际测量时将铂电阻随温度变化的阻值通过电桥转换成电压的变化量输出,再经放大器放大后直接用电压表显示。

四、实验系统组建与设备连接

1. 实验仪器与器材

温度源	1 台
温度调节器(含 Pt100)	1 套
热电阻信号调理模块	1 套
Pt100 热电阻(WZP 型 Pt100)	1 只
电源(±15V)	1 套
myDAQ 数据采集器	1 套
PC	1 台
导线	若干

2. 实验系统设备连接

(1)温度源及温度调节器。现在众多的检测技术实验台架均具有温度源及温度调节器,本实验采用温度源 CSY-2000 试验装置提供的温度源及温度调节器。温度源与温度调节器介绍见 9.1 节实验。

(2)Pt100 热电阻。本实验选用 WZP 型 Pt100 热电阻,如图 9-11 所示。测温范围 −200～600℃,采用三线制引线方式,消除连接导线电阻引起的测量误差。

图 9-11　Pt100 热电阻

实验系统设备连接如图 9-12 所示。

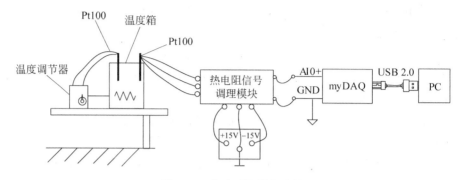

图 9-12　实验系统设备连接

热电阻信号调理电路如图 9-13 所示。

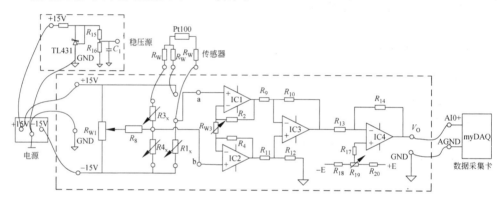

图 9-13　热电阻信号调理电路

五、实验步骤

1. 运行虚拟仪器。

（1）按图 9-12 和图 9-13 所示，依次连接温度调节器（含 Pt100）、温度箱、被测 Pt100 热电阻、热电阻信号调理模块、myDAQ 数据采集器、PC，其中热电阻信号调理 模块输出 V_O、GND 分别连接到 myDAQ 数据采集器的模拟输入端子 AI0＋、 AGND。

（2）在 PC 上运行直流电压表。

2. 线路检查无误后，给系统供电。

3. 调理电路放大器调零。

（1）将信号调理电路上放大器的两输入端口引线暂时脱开，再用导线将两输入 端短接（$V_i＝0$）。

（2）调节放大器的增益电位器 R_{w3} 到中间位置（先逆时针旋到底，再顺时针旋转 两圈）。

（3）调节信号调理模块上放大器的调零电位器 R_{W1}，使虚拟电压表显示为零。

4. 增益调节（$G=30$）。

拆去放大器输入端口的短接线，将暂时脱开的引线复原。在输入端子接入 100mV 信号（电路自带的稳压信号），调节信号调理模块上的桥路平衡电位器 R_{W3}，使虚拟电压表 A1 显示为 3V。

5. 由 XMDT600 温度调节器上读出当前温度。

6. 按每步 $\Delta t = 10℃$ 增加温度，在 $\leqslant 150℃$ 范围内分次设定温度源温度值，待温度源温度动态平衡时读取电压表并填入表 9-3 中。

实验完毕，关闭电源，整理设备和器材。

六、实验数据记录

表 9-3　铂电阻温度实验数据（放大器放大后）

$T/℃$								
V/mV								

七、实验数据处理与分析

根据表 9-3 实验数据，画出热电阻温度曲线，并计算其非线性误差。

八、实验报告要求

实验报告主要内容包括：
（1）实验目的和要求；
（2）实验原理；
（3）实验系统构成；
（4）实验步骤；
（5）整理、分析原始实验数据；
（6）数据分析；
（7）讨论。

九、思考题

Pt100 测温的误差项有哪些？如何补偿？

十、实验改进与讨论

讨论采用四线制测温法的系统组成。

9.4　半导体测温实验

一、实验目的

1. 了解半导体测温传感器结构、工作原理和使用方法。
2. 掌握半导体温度测量技术。

二、实验内容与要求

调节温度箱温度,测量半导体温度传感器(AD590)温度特性,掌握 AD590 测温技术。

三、实验基本原理

集成温度传感器将温敏晶体管与相应的辅助电路集成在同一芯片上,它能直接给出正比于绝对温度的理想线性输出,一般用于$-50\sim+120℃$之间温度测量。

集成温度传感器有电压型和电流型两种,电流输出型集成温度传感器,在一定温度下相当于一个恒流源,因此它不易受接触电阻、引线电阻、电压噪声的干扰,并且具有很好的线性特性。

本实验采用的是 AD590 电流型集成温度传感器,如图 9-14 所示,其输出电流与绝对温度(T)成正比,它的灵敏度为 $1\mu A/K$,所以只要串接一只 $1k\Omega$ 取样电阻即可实现从电流 $1\mu A$ 到电压 1mV 的转换,组成最基本的绝对温度(T)测量电路(1mV/K)。AD590 工作电源为 DC＋4V～＋30V,具有良好的互换性和线性。

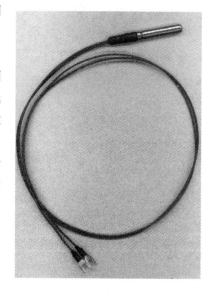

图 9-14　AD590 温度传感器

四、实验系统组建与设备连接

1. 实验仪器与器材

温度源	1 台
温度调节器(含 Pt100)	1 套
AD590 传感器	1 只
AD590 信号调理电路	1 套
电源(±15V)	1 套
myDAQ 数据采集器	1 套
PC	1 台
导线	若干

2. 实验系统设备连接

实验系统设备连接如图 9-15 所示。

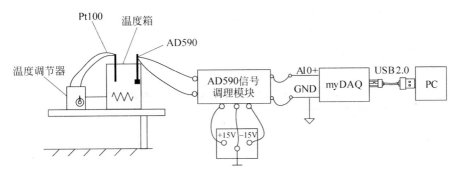

图 9-15　实验设备接线

AD590 测量电路如图 9-16 所示。

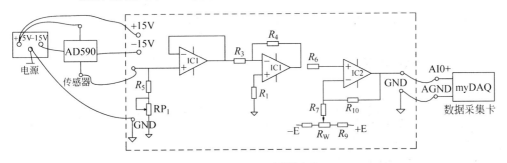

图 9-16　AD590 测量电路

五、实验步骤

1. 运行虚拟仪器。

(1) 按图 9-15 和图 9-16 所示,依次连接温度调节器(含 Pt100)、温度箱、AD590 传感器、AD590 信号调理模块、myDAQ 数据采集器、PC,其中 AD590 信号调理模块输出 V_O、GND 分别连接到 myDAQ 数据采集器的模拟输入端子 AI0+、AGND。

(2) 在 PC 上运行直流电压表。

2. 线路检查无误后,给系统供电。

3. 调理电路调零。

(1) 将信号调理电路上放大器的两输入端口引线暂时脱开,再用导线将输入端接 GND($V_i=0$)。

(2) 调节信号调理模块上放大器的调零电位器 R_w,使虚拟电压表显示为零。

4. 将放大器输入端口引线复原。

5. 由 XMDT600 温度调节器上读出当前温度。

6. 在常温基础上,按每步 $\Delta t=10℃$ 增加温度,在 $\leqslant 100℃$ 范围内分次设定温度源温度值,待温度源温度动态平衡时读取电压表并填入表 9-4 中。

实验完毕,关闭电源,整理设备和器材。

六、实验数据记录

表 9-4　AD590 温度特性实验数据(放大器放大后)

$T/℃$									
V/mV									

七、实验数据处理与分析

根据表 9-4 实验数据,画出实验曲线并计算其非线性误差。

八、实验报告要求

实验报告主要内容包括:

(1) 实验目的和要求;

(2) 实验原理;

(3) 实验系统构成;

(4) 实验步骤;

(5) 整理、分析原始实验数据;

（6）数据分析；

（7）讨论。

九、思考题

AD590 与 Pt100 的测温特性区别在哪里？在不同应用中应如何选择？

十、实验改进与讨论

如何提高 AD590 的测温系统精度性能？

9.5　数字式温度计测温实验

一、实验目的

1. 了解数字式温度（DS18B20）传感器结构、工作原理和使用方法。

2. 掌握 DS18B20 温度测量技术。

二、实验内容与要求

调节温度箱温度，研究 DS18B20 的测温原理与测温技术。

三、实验基本原理

DS18B20 数字温度计是 DALLAS 公司生产的 1-Wire，即单总线器件，具有线路简单，体积小的特点。DS18B20 产品的特点如下：

（1）只要求一个 I/O 口即可实现通信。

（2）在 DS18B20 中的每个器件上都有独一无二的序列号。

（3）实际应用中不需要外部任何元器件即可实现测温。

（4）测量温度范围在 −55～+125℃之间。

（5）数字温度计的分辨率用户可以从 9～12 位选择。

（6）内部有温度上、下限告警设置。

本实验用传感器如图 9-17 所示，其引脚功能描述：①GND 地信号；②DQ 数据输入输出引脚。开漏单总线接口引脚。当被用在寄生电

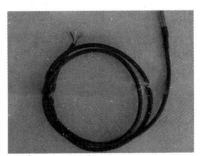

图 9-17　DS18B20 传感器

源下,也可以向器件提供电源;③VDD 可选择的 VDD 引脚。当工作于寄生电源时,此引脚必须接地。

DS18B20 的使用方法:由于 DS18B20 采用的是 1-Wire 总线协议方式,即在一根数据线实现数据的双向传输,而对 AT89S51 单片机来说,我们必须采用软件的方法来模拟单总线的协议时序来完成对 DS18B20 芯片的访问。由于 DS18B20 是在一根 I/O 线上读写数据,因此,对读写的数据位有着严格的时序要求,DS18B20 有严格的通信协议来保证各位数据传输的正确性和完整性。该协议定义了几种信号的时序:初始化时序、读时序、写时序,所有时序都是将主机作为主设备,单总线器件作为从设备。而每一次命令和数据的传输都是从主机主动启动写时序开始,如果要求单总线器件回送数据,在进行写命令后,主机需启动读时序完成数据接收,数据和命令的传输都是低位在先。

四、实验系统组建与设备连接

1. 实验仪器与器材

温度源	1 台
温度调节器(含 Pt100)	1 套
DS18B20 传感器	1 只
DS18B20 温度采集器	1 套
MSP430 开发板	1 套
3 段 LED 显示器	1 套
电源(±15V)	1 套
导线	若干

2. 实验系统设备连接

实验系统设备连接如图 9-18 所示。

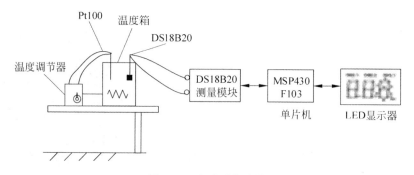

图 9-18　实验系统连接

DS18B20 测量电路如图 9-19 所示。

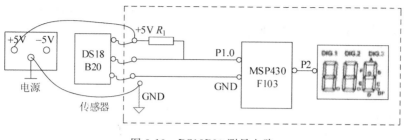

图 9-19　DS18B20 测量电路

五、实验步骤

1. 按图 9-18 和图 9-19 所示,依次连接温度调节器(含 Pt100)、温度箱、DS18B20 传感器、DS18B20 温度采集器。

2. 线路检查无误后,给系统供电。

3. 在常温基础上,按每步 $\Delta t = 10℃$ 增加温度,在 $\leqslant 100℃$ 范围内分次设定温度源温度值,待温度源温度动态平衡时读取电压表并填入表 9-5 中。

实验完毕,关闭电源,整理设备和器材。

注意:连接好 DS18B20 注意极性不要弄反,否则可能被烧坏。DS18B20 的外型与常用的三极管一模一样。

六、实验数据记录

表 9-5　实验数据记录表

温度/℃								
DS18B20 输出显示/℃								

七、实验数据处理与分析

根据表 9-5 实验数据,画出 DS18B20 的温度曲线。

八、实验报告要求

实验报告主要内容包括:

(1) 实验目的和要求;

(2) 实验原理;

（3）实验系统构成；

（4）实验步骤；

（5）整理、分析原始实验数据；

（6）数据分析；

（7）讨论。

九、思考题

分析比较 AD590、DS18B20 测量的优缺点。

十、实验改进与讨论

以 DS18B20 传感器设计热电偶冷端补偿测温电路。

9.6 光学高温计测温实验

一、实验目的

1. 了解光学高温计的结构、工作原理和使用方法。
2. 掌握光学高温计温度测量技术。

二、实验内容与要求

调节电炉功率，用精密光学高温计进行测温，了解光学高温计测温原理，掌握亮度温度与实际温度之间的关系。

三、实验基本原理

光学高温计是发展最早、应用最广的非接触式温度计，它结构较简单、使用方便，适用于 1000～3500K 范围的温度测量，其精度通常为 1.0 级和 1.5 级，可满足一般工业测量的精度要求，它被广泛用于高温熔体、高温窑炉的温度测量。

光学高温计通常采用 $0.66\pm0.01\mu m$ 的单一波长，将物体的光谱辐射亮度 L_λ 和标准光源的光谱辐射亮度进行比较，确定待测物体的温度。

灯丝隐灭式光学高温计是由人眼对热辐射体和高温计灯泡在单一波长附近的光谱范围的辐射亮度进行判断，调节灯泡的亮度使其在背景中隐灭或消失而实现温度测量的。此种隐丝式光学高温计又称目视光学高温计或简称光学高温计。

WGGZ 型光学高温计原理如图 9-20 所示。

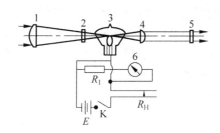

图 9-20　WGGZ 型光学高温计原理图

1—物镜；2—灰色吸收玻璃；3—灯泡；4—目镜；5—红色滤光片；6—显示表头

四、实验系统组建与设备连接

1. 实验仪器与器材

| WGJ—01 型精密光学高温计 | 1 套 |
| 2kW 调温电炉（TW2000 调温电炉） | 1 套 |

2. 实验系统设备连接

（1）永欣 TW2000 调温电炉。规格：TW2000；功率调整范围：45～2000W；工作电压：220V,50Hz；电炉的长宽高是 37cm×30cm×12cm。外形如图 9-21 所示。

（2）实验设备连接。

实验设备连接如图 9-22 所示。

图 9-21　TW2000 型调温电路

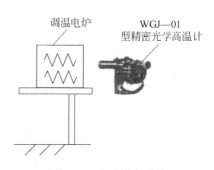

图 9-22　实验设备连接

五、实验步骤

1. 观察光学高温计各部分的构造。

2. 按图 9-22 连接测量系统,调节电炉功率旋钮,分别调整为 50W、500W、1000W、1500W、2000W,读取 WGJ—01 型光学高温计的读数,将实验数据填入表 9-6 中,依据给定的黑体辐射系数对测量结果进行修正,给出实测温度。

实验完毕,关闭电源,整理设备和器材。

六、实验数据记录

表 9-6　精密光学高温计辐射测温

测温点/℃	50W	500W	1000W	1500W	2000W
四次测量值					
平均值					

注:黑体辐射系数 0.9。

七、实验数据处理与分析

根据实验数据,画出光学高温计温度曲线,计算其非线性误差。

八、实验报告要求

实验报告主要内容包括:

(1) 实验目的和要求;

(2) 实验原理;

(3) 实验系统构成;

(4) 实验步骤;

(5) 整理、分析原始实验数据;

(6) 数据分析;

(7) 讨论。

九、思考题

1. 光学高温计测量结果与实际温度之间的关系?

2. 在高温计与被测温物体之间放置一块玻璃板、透明塑料板甚至水蒸气(哈气),对测量读数有无影响?高温计与灯丝之间的距离变化对测量有无影响?为什么?

十、实验改进与讨论

将眼睛对灯丝亮度的识别过程改为 CCD 结合信号处理和电阻反馈的自动过程，就可以得到一台能够自动在线测量的仪器。试设想并画出这种自动测量仪器的构成框图。

9.7 比色高温计测温实验

一、实验目的

1. 了解比色高温计的结构、工作原理和使用方法。
2. 掌握比色高温计温度测量技术。

二、实验内容与要求

调节电炉功率，用比色高温计进行测温，掌握比色高温计测温原理和测温方法。

三、实验基本原理

维思位移定律指出：当温度升高时，绝对黑体辐射能量的光谱分布要发生变化，一方面辐射峰值向波长短的方向移动；另一方面光谱分布曲线的斜率将明显增加。斜率的增加致使两个波长对应的光谱能量比发生明显的变化。把根据测量两个光谱能量比（两波长下的亮度比）来测量物体温度的方法称比色测温法；把实现此种测量的仪器称为比色高温计。

与光谱辐射温度计相比，比色高温计的准确度通常较高、更适合在烟雾、粉尘大等较恶劣环境下工作。国产 WDS—Ⅱ 光电比色高温计的原理示意图如图 9-23 所示，由图 9-23(a)可知，被测物体的辐射能经物镜 1 聚焦后，经平行平面玻璃 2、中间有通孔的回零硅光电池 3，再经透镜 4 到分光镜 5。分光镜的作用是反射 λ_1 而让 λ_2 通过，将可见光分成 $\lambda_1(\approx 0.8\mu m)$、$\lambda_2(\approx 1\mu m)$ 两部分。一部分的能量经可见光滤光片 9，将少量长波辐射能滤除后，剩下波长约为 $0.8\mu m$ 的可见光被硅光电池 8（即 E_1）接收，并转换成电信号 U_1，输入显示仪表；另一部分的能量则通过分光镜 5，经红外滤光片 6 将少量可见光滤掉。剩下波长为 $1\mu m$ 的红外光被硅光电池 7（即 E_2）接收，并转换成电信号 U_2 送入显示仪表。

由两个硅光电池输出的信号电压，经显示仪表的平衡桥路测量得其比值 $B = U_1/U_2$，比值的温度数值是用黑体进行分度的。显示仪表由电子电位差计改装而成，其测量线路如图 9-23(b)所示，当继电器 J 处于位置 2 时，两个硅光电池 E_1、E_2 输出

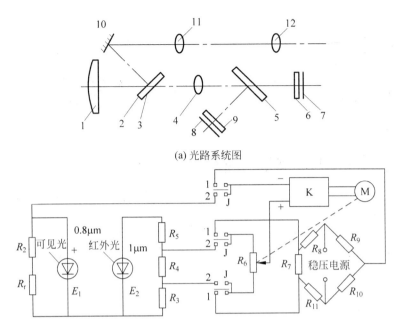

(a) 光路系统图

(b) 测量线路图

图 9-23　　WDS—Ⅱ型光电比色高温计

1—物镜；2—平行平面玻璃；3—回零硅光电池；4—透镜；5—分光镜；6—红外滤光片；7—硅光

电池 E_2；8—硅光电池 E_1；9—可见光滤光片；10—反射镜；11—例像镜；12—目镜

的电势在其负载电阻上产生电压,这两个电压的差值送入放大器推动可逆电机 M 转动。电机将带动滑线电阻 R_6 上的滑动触点移动,直到放大器的输出电压是零为止。此时滑动触点的位置则代表被测物体的温度。继电器 J 处于位置 1 时,仪表指针回零。

四、实验系统组建与设备连接

1. 实验仪器与器材

WDS—Ⅱ光电比色高温计　　　　　　1 套
2kW 调温电炉（TW2000 调温电炉）　1 套

2. 实验系统设备连接

调温电炉见 9.6 节实验。
实验设备连接如图 9-24 所示。

五、实验步骤

1. 观察比色高温计各部分的构造。

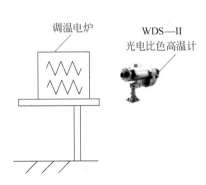

图 9-24　　实验设备连接

2. 按图 9-24 连接测量系统,调节电炉功率旋钮,分别调整为 50W、500W、1000W、1500W、2000W,将实验数据填入表 9-7 中,给出实测温度。

实验完毕,关闭电源,整理设备和器材。

六、实验数据记录

表 9-7　精密光学高温计辐射测温

测温点/℃	1000	1100	1200	1300
	高温计/℃	高温计/℃	高温计/℃	高温计/℃
四次测量值				
平均值				
实测温度				

七、实验数据处理与分析

根据实验数据,画出比色高温计温度曲线,计算其非线性误差。

八、实验报告要求

实验报告主要内容包括:
(1) 实验目的和要求;
(2) 实验原理;
(3) 实验系统构成;
(4) 实验步骤;
(5) 整理、分析原始实验数据;
(6) 数据分析;
(7) 讨论。

九、思考题

在比色高温计中,是否需要对黑体辐射系数进行补偿,为什么?

十、实验改进与讨论

如何提高比色高温计测温上限?

9.8　红外测温实验

一、实验目的

1. 了解红外高温计的结构、工作原理和使用方法。
2. 掌握红外高温计温度测量技术。

二、实验内容与要求

调节电炉功率,用红外高温计进行测温,了解红外测温原理,掌握红外高温计使用方法。

三、实验基本原理

1. 红外测温原理

物体处于绝对温度零度以上时,因为其内部带电粒子的运动,以不同波长的电磁波的形式向外辐射能量,波长涉及紫外、可见、红外光区。物体的红外辐射量的大小几千波长的分布与它的表面温度有着十分密切的关系,因此,通过物体自身红外辐射能量便能准确地确定其表面温度,这就是红外辐射测温的原理。

2. 红外测温仪结构

红外测温仪由光学系统、光电探测器、信号放大器及信号处理、显示输出等部分组成,光学系统汇聚其视场内的目标红外辐射能量,视场的大小由测温仪的光学零件及其位置确定,红外能量聚焦在光电探测器上并转变为相应的电信号,该信号经过放大器和信号处理电路,并按照仪器内置的算法和目标发射率校正、环境温度补偿后转变为被测目标的温度值。除此之外还应考虑目标和测温仪的环境条件,如温度,气压,污染和干扰等因素对其性能的影响和修正方法。

3. 红外测温仪器的种类

红外测温仪可分为单色测温仪和双色测温仪,对于单色测温仪,在例行测温时,检测目标面积应充满测温仪视场,建议被测目标尺寸超过视场大小的50%为好。如果目标尺寸小于视场,背景辐射能量就会进入测温仪的视场干扰测温读数,造成误差;相反,如果目标大于测温仪的视场,测温就不受测量区域外面的背景的干扰。对于双色测温仪在选定的两个红外波长和一定带宽下,它们的辐射能量之比随着温度的变化而变化。利用两组带宽很窄的不同单色滤光片,收集两个相近波段内的辐射能量,将它们转化成电信号后再进行比较,最终由此比值确定被测目标的温度,因此它可以基本消除目标材料发射率调节的不便。采用双色测温仪测温灵敏度较高,与目标的真实温度偏差较小,受测试距离和其间吸收物的影响也较小,在中、高温范围内使用效果比较好。双色测温仪最大优点在于被测目标可以很小,无须占满测温仪视野;而且对于光路中有水汽、灰尘等遮挡物的情况下,会收到很好效果。对于较小又处于运动或者振动之中的物体,双色测温仪是很好的选择。红外测温仪通过接受目标物体发射,反射和传导的能量来测量其温度。

四、实验系统组建与设备连接

1. 实验仪器与器材

手持式红外温度计   1 台
2kW 调温电炉(TW2000 调温电炉)   1 套

2. 实验系统设备连接

实验系统设备连接如图 9-25 所示。

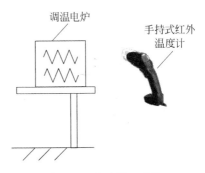

图 9-25 实验设备连接

五、实验步骤

1. 观察红外温度计各部分的构造。

2. 按图 9-25 连接测量系统,调节电炉功率旋钮,分别调整为 50W、500W、1000W、1500W、2000W,将实验数据填入表 9-8 中,给出实测温度。

实验完毕,关闭电源,整理设备和器材。

六、实验数据记录

表 9-8 实验数据

设定温度/℃					
热电偶输出/mV					
红外测温仪/℃					

七、实验数据处理与分析

根据表 9-8 实验数据,画出红外测温仪输出曲线,分析其灵敏度、线性度、测量精度。

八、实验报告要求

实验报告主要内容包括：
(1) 实验目的和要求；
(2) 实验原理；
(3) 实验系统构成；
(4) 实验步骤；
(5) 整理、分析原始实验数据；
(6) 数据分析；
(7) 讨论。

九、思考题

测量环境内不同物体，为什么测量结果不同？

十、实验改进与讨论

如何提高红外测温的测量准确度？

9.9　光纤测温技术应用实验

一、实验目的

1. 了解光纤温度计的结构、工作原理和使用方法。
2. 掌握光纤高温计温度测量技术。

二、实验内容与要求

调节温度箱温度，测量 K 型热电偶温度特性。

三、实验基本原理

通常按光纤在传感器中所起的作用不同，将光纤传感器分成功能型（或称为传感型）和非功能型（传光型、结构型）两大类，功能型光纤传感器使用单模光纤，它在传感器中不仅起传导光的作用，而且又是传感器的敏感元件，但这类传感器在制造上技术难度较大，结构比较复杂，且调试困难。

非功能型光纤传感器中，光纤本身只起传光作用，并不是传感器的敏感元件。

它是利用在光纤端面或在两根光纤中间放置光学材料、机械式或光学式的敏感元件感受被测物理量的变化,使透射光或反射光强度随之发生变化,所以这种传感器也叫传输回路型光纤传感器。它的工作原理是光纤把测量对象辐射的光信号或测量对象反射、散射的光信号直接传导到光电元件上,实现对被测物理量的检测。为了得到较大的受光量和传输光的功率,这种传感器所使用的光纤主要是孔径大的阶跃型多模光纤。光纤传感器的特点是结构简单、可靠,技术上容易实现,便于推广应用;但灵敏度较低,测量精度也不高。

　　本实验仪所用到的光纤温度传感器属于非功能型光纤传感器,本实验仪重点研究传导型光纤温度传感器的工作原理及其应用电路设计。在传导型光纤压力传感器中,光纤本身作为信号的传输线,利用压力→电→光→光→电的转换来实现压力的测量。主要应用在恶劣环境中,用光纤代替普通电缆传送信号,可以大大提高压力测量系统的抗干扰能力,提高测量精度。

四、实验系统组建与设备连接

1. 实验仪器与器材

温度源	1 台
XMDT600 温度调节器	1 套
Pt100	1 只
光纤温度测量模块	1 套
光纤温度传感器	1 只
电源(±15V)	1 套
myDAQ 数据采集器	1 套
PC	1 台
导线	若干

2. 实验系统设备连接

实验系统设备连接如图 9-26 所示。

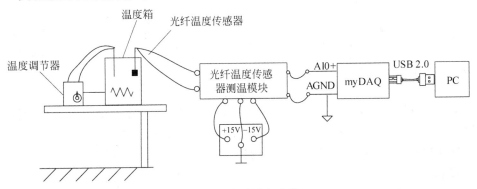

图 9-26　实验设备连接

光纤温度传感器测温调理电路如图 9-27 所示。

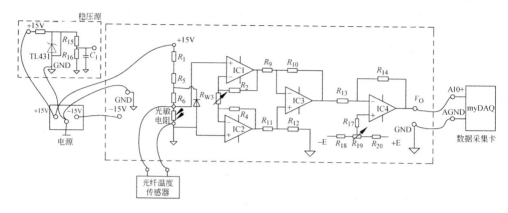

图 9-27　光纤温度传感器测温调理电路

五、实验步骤

1. 运行虚拟仪器。

(1) 按图 9-26 和图 9-27 所示,依次连接温度调节器(含 Pt100)、温度箱、光纤温度传感器、光纤温度传感器信号调理模块、myDAQ 数据采集器(AI0＋、AGND)、PC。

(2) 在 PC 上运行直流电压表。

2. 线路检查无误后,给系统供电。

3. 调理电路放大器调零。

(1) 将信号调理电路上放大器的两输入端口引线暂时脱开,再用导线将两输入端短接($V_i = 0$)。

(2) 调节放大器的增益电位器 R_{W3} 到中间位置(先逆时针旋到底,再顺时针旋转两圈)。

(3) 调节信号调理模块上放大器的调零电位器 R_{W1},使虚拟电压表显示为零。

4. 增益调节($G = 30$)。

拆去放大器输入端口的短接线,将暂时脱开的引线复原。在输入端子接入 100mV 信号(电路自带的稳压信号),调节信号调理模块上的桥路平衡电位器 R_{W3},使虚拟电压表 A1 显示为 3V。

5. 由 XMDT600 温度调节器上读出当前温度。

6. 在常温基础上,按每步 $\Delta t = 10℃$ 增加温度,在 $\leqslant 150℃$ 范围内分次设定温度源温度值,待温度源温度动态平衡时读取电压表并填入表 9-9 中。

实验完毕,关闭电源,整理设备和器材。

注意事项:

1. 不得随意摇动和插拔面板上元器件和芯片,以免损坏,造成实验仪不能正常工作。

　　2．光纤传感器弯曲半径不得小于 3cm，以免折断。

　　3．在使用过程中，出现任何异常情况，必须立即断电以确保安全。

六、实验数据记录

表 9-9　实验数据

温控仪/℃	10℃	15℃	20℃	25℃	30℃	35℃
电压表/V						
温控仪/℃	40℃	45℃	50℃	55℃	60℃	
电压表/V						

七、实验数据处理与分析

　　根据表 9-9 实验数据，画出光纤温度传感器温度曲线，并计算其非线性误差。

八、实验报告要求

　　实验报告主要内容包括：

　　(1) 实验目的和要求；

　　(2) 实验原理；

　　(3) 实验系统构成；

　　(4) 实验步骤；

　　(5) 整理、分析原始实验数据；

　　(6) 数据分析；

　　(7) 讨论。

九、思考题

　　造成温度值和电压表读数不是完全成线性的原因有哪些？

十、实验改进与讨论

　　如何改进实验系统，提高测量准确度。

9.10　温度传感器动态特性测量实验

一、实验目的

掌握热电偶时间常数 τ 的测定方法。

二、实验内容与要求

通过对热电偶时间常数测定,掌握一阶系统动态特性检测方法。

三、实验基本原理

热电偶是工业上最常用的一种接触式、能量转换型、瞬态温度传感器,具有信号易于传输和变换、测温范围宽、测温上限高等特点。动态温度的测试精度与热电偶动态特性密切相关,为了使测量结果更具有科学意义,在测试前需要对热电偶的动态特性进行标定及分析,以了解该热电偶是否能满足测试要求。一般是将热电偶的动态特性看成一阶惯性环节,热电偶是一种一阶线性测量器件,它的工作状态可用微分方程来表示,即

$$\tau \frac{\mathrm{d}T}{\mathrm{d}t} + T = T_\mathrm{i} \tag{9-5}$$

其中,τ 是热电偶的时间常数,可由实验测定;T_i 是待测温度随时间的变化规律,T 为热电偶所指示的温度函数,也就是记录仪器得到的实验结果。

如 τ 过大,显然 $T \neq T_\mathrm{i}$,存在动态误差,如用数值微分法求出 $\dfrac{\mathrm{d}T}{\mathrm{d}t}$,代入上式计算即可得到修正的待测温度变化规律。

本次实验采用直接将常温下热电偶投掷于温度源中以此来产生温度阶跃,然后根据热电偶输出数据确定时间常数。

四、实验系统组建与设备连接

1. 实验仪器与器材

温度源	1 台
XMDT600 温度调节器	1 套
Pt100	1 只
K 型热电偶	1 只
电源(±15V)	1 套

热电偶测温模块	1 套
myDAQ 数据采集器	1 套
PC	1 套

2. 实验系统设备连接

实验系统设备连接如图 9-28 所示。

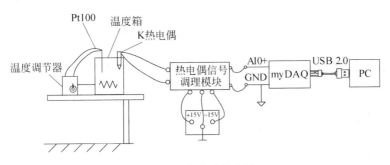

图 9-28　实验系统连接

热电偶测量模块电路见 9.2 节实验。

五、实验步骤

1. 按图 9-28 所示,依次连接温度调节器(含 Pt100)、温度箱、热电偶温度传感器、热电偶信号调理模块、myDAQ 数据采集器、PC;其中热电偶信号调理电路的输出电压 V_0、GND 分别连到 myDAQ 的 AI0＋、AGND。在 PC 上运行虚拟示波器(数据采集)、电压表。

2. 线路检查无误后,给系统供电。

3. 调理电路放大器调零。

(1) 将信号调理电路上放大器的两输入端口引线暂时脱开,再用导线将两输入端短接($V_i＝0$)。

(2) 调节放大器的增益电位器 R_{W3} 到中间位置(先逆时针旋到底,再顺时针旋转两圈)。

(3) 调节信号调理模块上放大器的调零电位器 R_{W1},使虚拟电压表显示为零。

4. 增益调节($G＝30$)。

拆去放大器输入端口的短接线,将暂时脱开的引线复原。在输入端子接入 100mV 信号(电路自带的稳压信号),调节信号调理模块上的桥路平衡电位器 R_{W3},使虚拟电压表 A1 显示为 3V。

5. 由 XMDT600 温度调节器上读出当前环境温度。

6. 将热电偶放于环境温度(T_0)环境中一定时间(1min)。

7. 调节温度源,使温度保持在 T 不变($T＞T_0$)。

8. 将热电偶迅速插到温度源中。

9. 由虚拟示波器实时采集数据（采样率：0.2s/次）。

10. 分析时间常数和动态误差。

11. 实验完毕,关闭电源,整理设备和器材。

六、实验数据记录

设置数据采集系统的采样率为 0.2s/次,记录从开始到进入稳态的数据。

七、实验数据处理与分析

根据实验数据,计算热电偶时间常数。

八、实验报告要求

实验报告主要内容包括:

(1) 实验目的和要求;

(2) 实验原理;

(3) 实验系统构成;

(4) 实验步骤;

(5) 整理、分析原始实验数据;

(6) 数据分析;

(7) 讨论。

九、思考题

针对测量曲线分析结果,给出热电偶动态特性的补偿方法。

十、实验改进与讨论

热电偶动态特性与哪些因素有关?

9.11 固体表面温度测量实验

一、实验目的

1. 了解固体表面温度测量原理。

2. 了解接触法固体表面温度测量方法。

二、实验内容与要求

利用 E 型热电偶测量固体表面温度,了解固体表面温度测量技术。

三、实验基本原理

固体表面的温度,受附近物体温度的影响,一般不同于固体内部的温度,使用温度计测量固体表面温度时,由于表面热状态很容易发生变化,很难进行准确的测量。因此测量时必须特别注意,正确地测量表面温度是要在固体内部、固体表面和周围物体处于热平衡的状态下进行。

现在对固体表面温度测量方法一般有接触式和非接触式两种,本实验以接触式固体表面温度测量方法为实验内容。

接触式温度计测表面温度,应用较多的是热电偶,其次是热电阻,这主要是因为热电偶具有较宽的测温范围、较小的测量端,能够测"点"温度并且具有较高的测温准确度。

热电偶与被测表面的接触形式有如图 9-29 所示的 4 种。

(1)点接触:热电偶的测量端直接与被测表面接触。

(2)片接触:先将热电偶的测量端与导热性能良好的集热片(如铜片)焊在一起,然后再与被测表面相接触。

(3)等温线接触:热电偶的测量端与被测表面接触后,热电极的测量端再沿表面敷设一段距离后引出,热电极与表面之间用绝缘材料隔开(被测表面为非导体除外)。

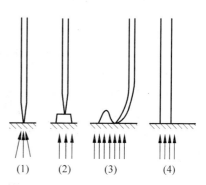

图 9-29　接触型温度计测温示意图

(4)分离接触:两个热电极分别与被测表面接触,通过被测表面(仅对导体而言)构成回路,被测表面在热电偶回路中实际上就是一种中间导体,当两接点温度相同时,根据中间导体定律是不会影响测量结果的。

对于(1)、(2)、(3)接触形式来说,它们通过两个热电极向外扩散的热量可以认为是一样的,但是,它们所散热量来源是不一样的:(1)来源于一"点";(2)来源于两点;(3)来源于集热片所接触的那块表面。因此,在相同的外界条件下,点接触的导热误差最大;分离接触次之;片接触较小;对等温线接触形式来说,两热电极的散热量虽然也集中在一个较小的区域,但由于热电极已与被测表面等温敷设一段距离后才引出,相应测量端的温度梯度比热电极直接引出的情况小得多,因此测量端散热量最小,测量准确度最高。

E 型热电偶测温原理同 9.2 节实验。

四、实验系统组建与设备连接

1. 实验仪器与器材

水杯	1 只
Pt100	1 只
E 热电偶	1 只
热电阻测温模块	1 套
热电偶测温模块	1 套
电源(±15V)	1 套
热水	1 杯
myDAQ 数据采集器	1 套
PC	1 台

2. 实验系统设备连接

实验系统设备连接如图 9-30 所示。

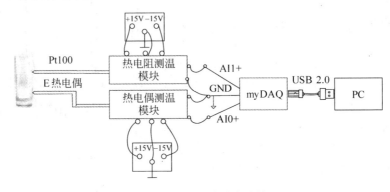

图 9-30　实验系统设备连接

热电阻测温模块见 9.3 节实验,热电偶测温模块原理见 9.2 节实验。

五、实验步骤

在水杯中加满热水。

(1) 按图 9-10、图 9-13 和图 9-30 接线。实验方法和步骤同"热电偶温度特性实验"、"热电阻温度特性实验"。

(2) 将实验数据填入表 9-10 中。

实验完毕,关闭电源,整理设备和器材。

六、实验数据记录

表 9-10　E 热电偶热电势(放大器放大后)

设定温度/℃											
热电偶输出温度/℃											
Pt100 输出温度/℃											

注:$E(t,0)=$ 实验数据 $\div k$(增益)。其中 k 为调理电路增益,见 9.2 节实验。

七、实验数据处理与分析

根据实验数据,画出实验曲线并计算其非线性误差。

八、实验报告要求

实验报告主要内容包括:
(1) 实验目的和要求;
(2) 实验原理;
(3) 实验系统构成;
(4) 实验步骤;
(5) 整理、分析原始实验数据;
(6) 数据分析;
(7) 讨论。

九、思考题

1. 本实验所用的接触法测固体表面温度的安装方法有什么特点?
2. 比较热电阻、热电偶测温的性能。

十、实验改进与讨论

讨论用非接触法测量固体表面温度的方法。

第10章

物位检测实验

10.1 电阻式液位测量方法实验

一、实验目的

1. 了解电阻式液位传感器的工作原理和结构。
2. 掌握电阻式液位检测技术。

二、实验内容与要求

通过控制变频器、出水阀,改变液位;通过电阻式液位计连续测量储液罐中液位,掌握电阻式液位计测量技术。

三、实验基本原理

电阻式液位计既可进行定点液位控制,也可进行连续测量。所谓定点控制是指液位上升或下降到一定位置时引起电路的接通或断开,引发报警器报警。电阻式液位计的原理是基于液位变化引起电极间电阻变化,由电阻变化反映液位情况。

图 10-1 为用于连续测量的电阻式液位计原理图。

电阻式液位计的两根电极是由两根材料、截面积相同的具有大电阻率的电阻棒组成,电阻棒两端固定并与容器绝缘。整个传感器电阻为

$$R = \frac{2\rho}{A}(H - h) = \frac{2\rho}{A}H - \frac{2\rho}{A}h$$

$$= K_1 - K_2 h \qquad (10\text{-}1)$$

式中,H、h 分别为电阻棒全长及液位

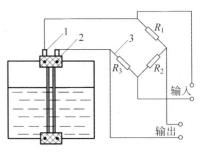

图 10-1 电阻式液位计
1—电阻棒;2—绝缘套;3—测量电桥

高度(m)；ρ 为电阻棒的电阻率($\Omega \cdot m$)；A 为电阻棒截面积(m^2)；$K_1 = \dfrac{2\rho}{A}H$；$K_2 = \dfrac{2\rho}{A}$。

　　该传感器的材料、结构与尺寸确定后，K_1、K_2 均为常数，电阻大小与液位高度成正比。电阻的测量可用图中的电桥电路完成。

　　这种液位计的特点是结构和线路简单，测量准确，通过在与测量臂相邻的桥臂中串接温度补偿电阻可以消除温度变化对测量的影响。但它也有一些缺点，如极棒表面生锈、极化等。另外，介质腐蚀性将会影响电阻棒的电阻大小，这些都会使测量精度受到影响。

四、实验系统组建与设备连接

1. 实验仪器与器材

流量液位综合检测实验平台	1 套
电阻式液位计	1 只
电阻测量模块	1 套
myDAQ 数据采集器	1 套
PC	1 台

2. 实验设备介绍

本实验采用如图 10-2 所示的 LR&LE 电阻式液位计。

LR&LE 电阻式液位计的特点是连续液位显示，4～20mA 输出，4 个可调报警点，浮子坚固耐用。其技术优点为 LR 和 LE 系列连续液位传感器是可靠的用户型产品，测量长度达 2000mm 或 3900mm，有多种安装配置，有多种材质选择，如 304SS、316SS、PVC、CPVC、聚丙烯和 PTFE，输出转换装置可选择只有 4～20mA 输出或者 4～20mA 输出带 4 个可调报警点。

　　实验平台中设备的具体选型以及设备的使用方法见附录 C《流量液位综合检测实验平台使用说明》。

3. 实验设备连接

流量/液位综合检测实验平台如图 10-3 所示。

实验设备连接如图 10-4 所示。

电阻检测模块见 5.1 节实验。

图 10-2　LR&LE 电阻
式液位计

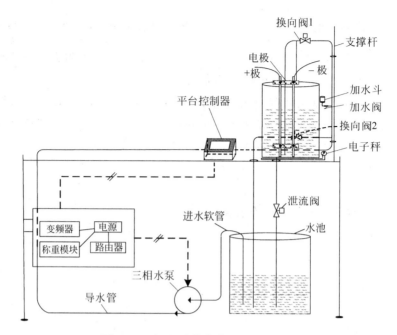

图 10-3　流量/液位综合检测实验平台

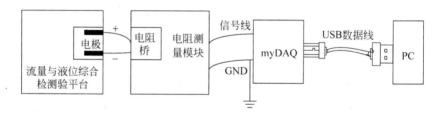

图 10-4　实验设备连接

五、实验步骤

1. 按图 10-3 和图 10-4 连接检测装置,电阻检测模块与 myDAQ 之间的接法见 5.1 节实验,在 PC 上运行虚拟示波器(数据采集)。

2. 检查流量液位综合检测实验平台中水泵进水管绑有铜块的一端是否放入水池底部,若未放置,请先将其放置于水池中。检查水池的水量是否超过水池容器的 3/4,请向水池加水直到水池中水约为其容积的 3/4,注意防止加水过多至水漫出水池。

3. 由于水泵不能缺水启动,启动前请用手捏进水软管靠近水泵一侧,确认管道中是否有水。若没有水,请打开加水阀后,将水倒入加水斗中直到软管中充满水,注意防止加水过多至水漫出水池。加水完成后关闭加水阀。

4. 打开设备总电源开关,等待控制器启动系统,控制器上的触摸屏会提示所有启动信息。控制器启动完成后,将对调速控制柜中接触器、换向阀、泄流阀门、电子秤和超声波液位计进行自检,此过程中伴随阀门的通断有 4 次响声发出。之后系统会启动水泵将少量水通过导水管送入称量容器后,再打开泄流阀排空称量容器的水。完成所有部件功能自检后屏幕提示自检成功,实验者方可进行下面的实验。

5. 设定好变频器频率后启动水泵,以满量程的 10% 为步进,将电阻测量模块输出值实验数据记录到表 10-1(a)中。

6. 关闭变频器,开启泄水阀门,以满量程的 10% 为步进,将电阻测量模块输出值实验数据记录到表 10-1(b)中。

7. 重复 5 和 6 步骤 4 次。

实验结束、关闭电源。

六、实验数据记录

表 10-1(a)　进水实验数据

记录序号	1	2	3	4	5	6	7	8	9
电阻式传感器/Ω									

表 10-1(b)　出水实验数据

记录序号	1	2	3	4	5	6	7	8	9
电阻式传感器/Ω									

七、实验数据处理与分析

根据实验数据,画出电阻式液位传感器测量校正曲线。

八、实验报告要求

实验报告主要内容包括:

(1) 实验目的和要求;

(2) 实验原理;

(3) 实验系统构成;

(4) 实验步骤;

(5) 整理、分析原始实验数据;

(6) 数据分析;

(7) 讨论。

九、思考题

1. 电阻式液位传感器的安装有什么要求？测量原理是什么？
2. 用实验数据说明液位传感器校正曲线绘制原理。
3. 如何用液位传感器控制一个自动阀？

十、实验改进与讨论

设计一款由电阻式液位计组成的自动液位控制系统方案。

10.2 电容式液位测量方法实验

一、实验目的

1. 了解电容式液位传感器的工作原理和结构。
2. 掌握电容式液位检测方法。

二、实验内容与要求

通过控制变频器、出水阀，改变液位，通过电容式液位计连续测量储液罐中液位，掌握电容式液位计测量技术。

三、实验基本原理

电容式液位计利用液位高低变化影响电容器电容量大小的原理进行测量，依此原理还可进行其他形式的物位测量。电容式液位计的结构形式很多，有平极板式、同心圆柱式等。它的适用范围非常广泛，对介质本身性质的要求不像其他方法那样严格，对导电介质和非导电介质都能测量，此外还能测量有倾斜晃动及高速运动的容器的液位。不仅可作液位控制器，还能用于连续测量。

在导电液位（如水、电解液）的连续测量中，多使用同心圆柱式电容器，如图 10-5 所示。同心圆柱式电容器的电容量为

$$C = \frac{2\pi\varepsilon L}{\ln\left(\dfrac{D}{d}\right)} \tag{10-2}$$

式中，D、d 为外电极内径和内电极外径（m）；ε 为两极板间介质的介电常数（F/m）；L 为两极板相互重叠的长度（m）。

液位变化引起等效介电常数 ε 变化,从而使电容器的电容量变化,这就是电容式液位计的检测原理。

在具体测量时,电容式液位计的安装形式因被测介质性质不同而稍有差别。

图 10-6 为用来测量导电介质的单电极电容液位计,它用一根电极作为电容器的内电极,一般用紫铜或不锈钢,外套聚四氟乙烯塑料管或涂搪瓷作为绝缘层,而导电液体和容器壁构成电容器的外电极。

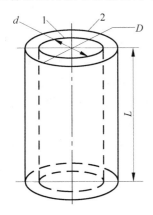

图 10-5 同心圆柱电容器

1—内电极;2—外电极

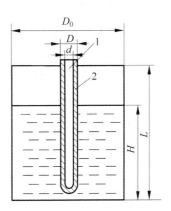

图 10-6 单电极电容液位计

1—内电极;2—绝缘套

液位为 H 时电容相对于高度为 0 时电容的变化量为

$$C_x = C - C_0 = \left[\frac{2\pi\varepsilon}{\ln\left(\dfrac{D}{d}\right)} - \frac{2\pi\varepsilon_0'}{\ln\left(\dfrac{D_0}{d}\right)} \right] H \tag{10-3}$$

式中,ε_0'、ε 为空气与绝缘套组成的介电层的介电常数以及绝缘套的介电常数(F/m);d、D、D_0 为内电极、绝缘套的外径和容器的内径(m);L 为电极与容器的覆盖长度(m)。

若 $D_0 \gg d$,且 $\varepsilon_0' < \varepsilon$,有

$$C_x = \frac{2\pi\varepsilon}{\ln\left(\dfrac{D}{d}\right)} H \tag{10-4}$$

由此可以认为电容变化量与液位高度成正比。若令

$$S = \frac{2\pi\varepsilon}{\ln\left(\dfrac{D}{d}\right)} \tag{10-5}$$

S 即为液位计灵敏度。可以看出,D 与 d 越接近,即绝缘套越薄,灵敏度越高。

四、实验系统组建与设备连接

1. 实验仪器与器材

流量液位综合检测实验平台　　　　　　　1 套

电容式液位传感器	1 只
电容测量模块	1 套
myDAQ 数据采集器	1 套
PC	1 台
导线	若干

2. 实验设备介绍

EBQ 系列双电极电容液位计是利用探棒与容器壁之间产生的电容量变化值来测量容器内介质高度的一种物位测量仪表,双电极电容液位计测量电极和金属容器壁构成一个固定的电容器,当被测介质的介电常数不变时,电极与金属容器壁构成的电容值是一个恒定数,当物料增加或减少时,电路模块检查到电容值的变化,同时输出一个与之成正比的 4~20mA 电流信号。电容式液位计是基于电容值的变化来进行物料高度位置测量的,采用电容式液位计测量物位时,被测介质的相对介电常数(被测介质与空气的介电常数之比)在测量过程中不能随着环境的变化而改变。

型号:EBQ 系列电容式液位计

测量范围:0~5m

测量精度:1%FS

输出信号:二线制 4~20mA

介质温度:−150~250(℃)

防爆等级:ExdIIBT4

供电电压:24VDCV

适用范围:各种液体或粉末测量

过程连接:法兰或螺纹

实验平台中设备的具体选型以及设备的使用方法见附录 C《流量液位综合检测实验平台使用说明》。

3. 实验系统设备连接

流量液位综合检测实验系统架构如图 10-7 所示,实验系统设备连接如图 10-8 所示。

电容测量模块见 5.13 节实验。

五、实验步骤

1. 按图 10-7 和图 10-8 连接检测装置,电容测量模块与 myDAQ 之间连线见 5.13 节实验,在 PC 上运行虚拟示波器(数据采集)。

2. 检查流量液位综合检测实验平台中水泵进水管绑有铜块的一端是否放入水池底部,若未放置,请先将其放置于水池中。检查水池的水量是否超过水池容器的

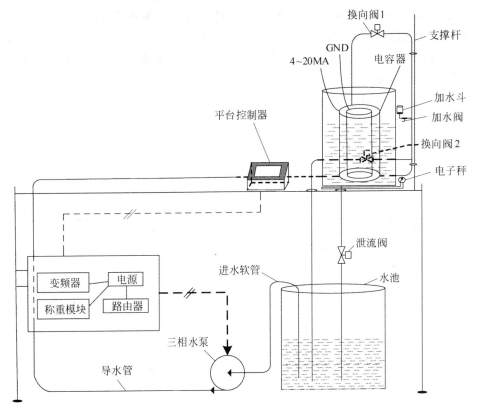

图 10-7　实验系统架构

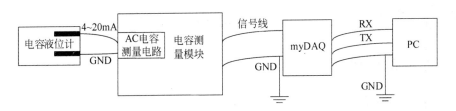

图 10-8　实验系统设备连接

3/4,请向水池加水直到水池中水约为其容积的 3/4,注意防止加水过多至水漫出水池。

3. 由于水泵不能缺水启动,启动前请用手捏进水软软管靠近水泵一侧,确认管道中是否有水。若没有水,请打开加水阀后,将水倒入加水斗中直到软管中充满水,注意防止加水过多至水漫出水池。加水完成后关闭加水阀。

4. 打开设备总电源开关,等待控制器系统启动,控制器上的触摸屏会提示所有启动信息。系统启动完成后,将对调速控制柜中接触器、换向阀、泄流阀门、电子秤和超声波液位计进行自检,此过程中伴随阀门的通断有 4 次响声发出。之后系统会启动水泵将少量水通过导水管送入称量容器后,再打开泄流阀排空称量容器的水。完成所有部件功能自检后屏幕提示自检成功,实验者方可进行下面的实验。

5. 设定好变频器频率后启动水泵,以满量程的 10% 为步进,将电容测量模块输出值实验数据记录到表 10-2(a)中。

6. 关闭变频器,开启泄水阀门,以满量程的 10% 为步进,将电容测量模块输出值实验数据记录到表 10-2(b)中。

7. 重复步骤 5 和 6 共 4 次。

实验结束,关闭电源。

六、实验数据记录

表 10-2(a)　进水实验数据

液位高度/m									
电容式传感器/μF									

表 10-2(b)　出水实验数据

液位高度/m									
电容式传感器/μF									

注:表 10-2(a)和表 10-2(b)中的液位高度为由超声波传感器测量的液位。

七、实验数据处理与分析

根据实验数据,画出电容式液位传感器测量校正曲线。

八、实验报告要求

实验报告主要内容包括:

(1) 实验目的和要求;

(2) 实验原理;

(3) 实验系统构成;

(4) 实验步骤;

(5) 整理、分析原始实验数据;

(6) 数据分析;

(7) 讨论。

九、思考题

电容式液位传感器对被测介质有什么要求?

十、实验改进与讨论

非导电液体的电容式传感器检测原理是什么? 实验系统要做什么调整?

10.3　超声波法液位测量实验

一、实验目的

1. 了解超声波式液位传感器结构、工作原理和使用方法。
2. 掌握超声波式液位检测技术。

二、实验内容与要求

利用时间测量模块测量超声波传感器到被测液位的传播时间,利用温度传感器测量环境温度,计算液位。

三、实验基本原理

超声波原理见 5.8 节实验和 6.3 节实验。

超声波传感器的测液位原理:

超声波发射器向气液相界面发射超声波,在发射时刻的同时开始计时,超声波在空气中传播,途中碰到相界面立即返回来,超声波接收器收到反射波停止计时。超声波在空气中的传播速度为 340m/s,根据计时器记录的时间 t,就可以计算出发射点距障碍物的距离 S,即

$$S = 340t/2 \tag{10-6}$$

为了提高精度,需要考虑不同温度下超声波在空气中传播速度随温度变化的关系,即

$$v = 331.4 + 0.61T \tag{10-7}$$

式中,T 为实际温度(℃);v 的单位为 m/s。

四、实验系统组建与设备连接

1. 实验仪器与器材

流量液位综合检测实验平台	1 套
超声波液位传感器	1 只

导线   若干

注：超声波液位测量模块可显示渡越时间、温度、液位高度等信息。

2. 实验设备介绍

本实验采用如图 10-9 所示的 KS103 高精度超声测距模块。

图 10-9   KS103 超声测距

KS103 具体技术性能指标如下：

型 号	KS103	种 类	速 度
材料	陶瓷	材料物理性质	半导体
材料晶体结构	多晶	制作工艺	集成
输出信号	数字型	防护等级	工业级
线性度	1(％F.S.)	迟滞	1(％F.S.)
重复性	0.6(％F.S.)	灵敏度	−60dB min
漂移	0.152mm/17cm	分辨率	1mm

实验平台中设备的具体选型以及设备的使用方法见附录 C《流量液位综合检测实验平台使用说明》。

3. 实验系统设备连接

实验系统架构如图 10-10 所示，实验设备连接如图 10-11 所示。

五、实验步骤

1. 按图 10-10 和图 10-11 连接检测装置。

2. 检查流量液位综合检测实验平台中水泵进水管绑有铜块的一端是否放入水池底部，若未放置，请先将其放置于水池中。检查水池的水量是否超过水池容器的 3/4，请向水池加水直到水池中水约为其容积的 3/4，注意防止加水过多至水漫出水池。

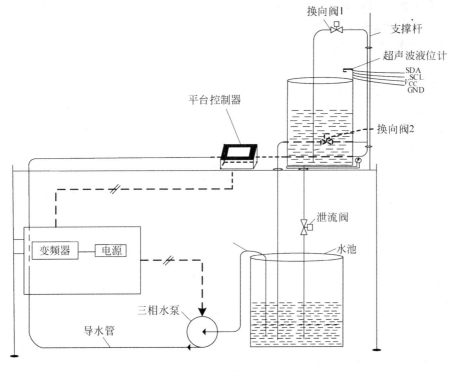

图 10-10　实验系统架构

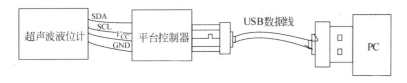

图 10-11　实验系统设备连接

3. 由于水泵不能缺水启动,启动前请用手捏进水软管靠近水泵一侧,确认管道中是否有水。若没有水,请打开加水阀后,将水倒入加水斗中直到软管中充满水,注意防止加水过多至水漫出水池。加水完成后关闭加水阀。

4. 打开设备总电源开关,等待控制器系统启动,控制器上的触摸屏会提示所有启动信息。系统启动完成后,将对调速控制柜中接触器、换向阀、泄流阀门、电子秤和超声波液位计进行自检,此过程中伴随阀门的通断有 4 次响声发出。之后系统会启动水泵将少量水通过导水管送入称量容器后,再打开泄流阀排空称量容器的水。完成所有部件功能自检后屏幕提示自检成功,实验者方可进行下面的实验。

5. 记录超声波测量模块中显示的当前温度。

6. 开启变频器,以满量程的 10％为步进,将超声波测量模块输出的渡越时间值记录到表 10-3(a)中。

7. 关闭变频器,开启泄水阀门,以满量程的 10％为步进,将超声波测量模块输出的渡越时间值记录到表 10-3(b)中。

    8. 重复步骤 6 和 7 4 次。

    实验结束,关闭电源。

六、实验数据记录

温度：_____℃

补偿后声速：_____ m/s

表 10-3(a)　进水实验数据

液位高度/m								
超声波渡越时间/μs								
距离/mm								

表 10-3(b)　放水实验数据

液位高度/m								
超声波渡越时间/μs								
距离/mm								

注：表 10-3(a)和表 10-3(b)中的液位高度为由称重间接测量的。

七、实验数据处理与分析

根据实验数据,画出超声波液位传感器液位校正曲线。

八、实验报告要求

实验报告主要内容包括：

(1) 实验目的和要求；

(2) 实验原理；

(3) 实验系统构成；

(4) 实验步骤；

(5) 整理、分析原始实验数据；

(6) 数据分析；

(7) 讨论。

九、思考题

超声波传感器液位测量为什么存在盲区？如何减小？

十、实验改进与讨论

超声波传感器液位测量误差产生原理，提高精度方法。

10.4　重锤探测法料位测量实验

一、实验目的

1. 了解重锤探测法料位计结构、工作原理和使用方法。
2. 掌握重锤探测法料位检测技术。

二、实验内容与要求

通过调节料仓物料高度，研究基于重锤探测法测量实际料位的测量技术。

三、实验基本原理

由重锤式料位测量仪的机械结构如图 10-12 所示，钢丝绳吊着重锤上下移动，系统通过按键选择手动或自动工作方式开始工作。当系统开始工作时，先判断重锤位置，若重锤未回到初始顶位，则先回到初始顶位，反之开始测量工作。测量时，电机正转，重锤匀速下降，钢丝绳带动安装有光电编码器的滑轮转动，光电编码器产生脉冲信号，控制系统的计数器开始计数。当重锤触及被测物料时，受到物料支持力的作用，钢丝绳张力突然减小，钢丝信号检测器检测到钢丝信号，发

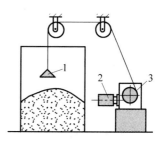

图 10-12　重锤探测式料位计
1—重锤；2—伺服电机；3—鼓轮

送至控制器，使得控制器发出令重锤停止的指令，控制器停止计数，重锤停留一段时间后电机反转。当重锤回到初始顶位时电机停转，等待下一次测量。

本实验系统中的料位测量机械装置量程为 5m，码盘每转动一次量程为 0.01m，当计数器停止计数后，此时可得到计数器计数值 N，重锤下降高度 L，且 $L = N \times 0.01$，则由此可知料位高度 $\Delta H = 5 - L$。

四、实验系统组建与设备连接

1. 实验仪器与器材

料位实验台架　　　　　　　　1 套

重锤测量控制系统　　　　　　1套

2. 实验设备介绍

本实验采用如图 10-13 所示的 ULZC 型重锤探测式料位计。

图 10-13　ULZC 型重锤探测式料位计

其技术指标如下：

分辨率	3cm	电压源	220V　AC 50Hz
探测速度	0.15m/s	功能	20W
重锤重量	1kg	环境温度	−30～＋60℃
力矩	5N·m	数字显示	4 位 LED

3. 实验系统设备连接

实验设备连接如图 10-14 所示。

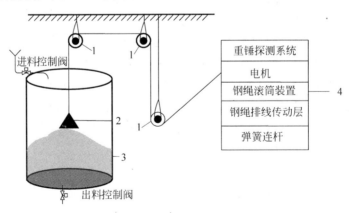

图 10-14　实验设备连接

1—定向定滑轮；2—重锤；3—可升级料仓；4—重锤测量控制系统

五、实验步骤

1. 按图 10-14 连接系统,观察料位测量控制系统实验装置,若重锤未回到初始顶位,先回到初始顶位。

2. 通电,调节料位平台。

3. 按"开始"按钮,重锤下降。

4. 当重锤碰到料位平台后,失重,读取编码器输出值。

5. 重锤回到初始顶位。

6. 调节料位高度,重复操作 3~5。

7. 进行正、反行程实验,将实验数据记录到表 10-4 中。

实验结束,关闭系统。

六、实验数据记录

表 10-4　料位实验数据

料位高度/m								
重锤下降高度/cm								

七、实验数据处理与分析

根据实验数据,画出重锤料位计测量校正曲线。

八、实验报告要求

实验报告主要内容包括:

(1) 实验目的和要求;

(2) 实验原理;

(3) 实验系统构成;

(4) 实验步骤;

(5) 整理、分析原始实验数据;

(6) 数据分析;

(7) 讨论。

九、思考题

重锤探测法的适用领域是什么?

十、实验改进与讨论

重锤探测法的测量误差主要有哪些？如何提高测量精度？

10.5　音叉法料位测量实验

一、实验目的

1. 了解音叉法料位计结构、工作原理和使用方法。
2. 掌握音叉法料位检测技术。

二、实验内容与要求

通过调节料仓物料高度,测量音叉探测法在料位低于或高于音叉位置时的音叉振动频率,分析音叉频率与料位的关系。

三、实验基本原理

音叉法料位定点测量原理如图 10-15 所示,它是由音叉、压电元件及电子线路等组成。音叉由压电元件激振,以一定频率振动,当料位上升至触及音叉时,音叉振幅及频率急剧衰减甚至停振,电子线路检测到信号变化后向报警器及控制器发出信号。这种料位控制器灵敏度高,从密度很小的微小粉体到颗粒体一般都能测量,但不适于测量高黏度和有长纤维的物质。

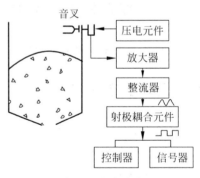

图 10-15　音叉法料位定点测量原理

四、实验系统组建与设备连接

1. 实验仪器与器材

料位实验台架	1 套
音叉探测模块	1 套
频率测量模块	1 套

2. 实验设备介绍

本实验采用如图 10-16 所示的标准 440Hz A 调音叉,其技术指标为:总长 120mm,把手长度:38mm,叉长:82mm,音叉直径:5mm。

标准 440Hz A 音叉具有定音准、响音持久、灵敏,整块音叉钢材经过车床、铣床、磨床等机械加工而成,频率可以精准到小数点后两位。

3. 实验系统设备连接

实验系统设备连接如图 10-17 所示。

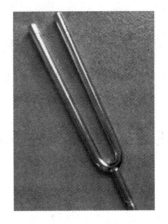

图 10-16　标准 440Hz A 调音叉

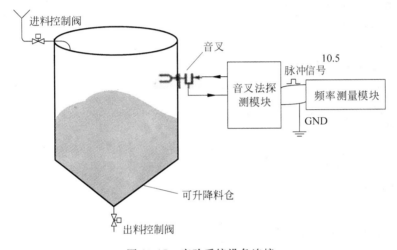

图 10-17　实验系统设备连接

五、实验步骤

1. 观察料位测量控制系统实验装置,检查实验设备是否连接完成,料位平台是否在初始位置。

2. 通电,调节料位高度,缓慢上升。

3. 记录频率测量模块输出值。

4. 当料位碰到音叉时,停止上升,记录频率测量模块输出值。

5. 减少料位高度到初始位置。

6. 重复操作 4 次。

实验结束,关闭电源。

六、实验数据记录

料位低于音叉位置时,输出频率=_____ Hz。

料位触碰到音叉时,输出频率=_____ Hz。

七、实验数据处理与分析

通过实验数据,分析音叉频率与料位关系。

八、实验报告要求

实验报告主要内容包括:

(1) 实验目的和要求;

(2) 实验原理;

(3) 实验系统构成;

(4) 实验步骤;

(5) 整理、分析原始实验数据;

(6) 数据分析;

(7) 讨论。

九、思考题

音叉探测的频率变化产生原因是什么?

十、实验改进与讨论

设计一个可以料位上下限报警的音叉法实验装置。

10.6　物位开关应用实验

一、实验目的

了解物位开关结构、工作原理和使用方法。

二、实验内容与要求

调节物料高度,当料位达到预定高度时由音叉物位开关发出开关信号,掌握料位定点测量技术。

三、实验基本原理

物位开关有许多种,如音叉式物位开关、射频导纳物位开关、静电容物位开关、微波物位开关等,是广泛应用于定点控制的探测设备。

音叉式物位开关的工作原理是根据物料对振动中的音叉有无阻力,探知料位是否到达或超过某高度,并发出通断信号,这种原理不需要大幅度的机械运动,驱动功率小,不必校准,可快速低成本启动。机械结构简单,无机械运动部件,无维修、无磨损,运行寿命长,灵敏而可靠。

音叉传感器由弹性良好的金属制成,材料一般使用不锈钢,如 SS316。金属本身具有确定的固有频率,如外加交变力的频率与其固有频率一致,则叉体处于共振状态。由于周围空气对振动的阻尼微弱,金属内部的能量损耗又很少,所以只需微小的驱动功率就能维持较强的振动。

音叉传感器以固有的频率振动,当音叉触及液体或其他物料时,其固有的振动频率降低,能量消耗在物料颗粒间的摩擦上,迫使振幅急剧衰减而停振,激活液位开关,产生通断信号。

音叉式物位开关传感器为了给音叉提供交变的驱动力,利用放大电路对压电元件施加交变电场,靠逆压电效应,产生机械力作用在叉体上。放大电路原理图用另一组压电元件的正压电效应检测振动,它把振动力转变为微弱的交变电信号,再由电子放大器和移相电路,把检振元件的信号放大,经过移相,施加到驱动元件上去,构成闭环振荡器。在这个闭环中,既有机械能也有电能,叉体是其中的一个环节,倘若受到物料阻尼难以振动,正反馈的幅值和相位都将明显地改变,破坏了振荡条件,就会停振。只要在放大电路的输出端接以适当的器件,不难得到开关信号。

音叉料位开关的叉体可装在容器壁上,也可以从顶部伸入,根据所需控制的料位决定伸入长度。叉体的制造和装配良好时,音叉可用于液位测量或控制,但不适合过分黏稠的浆料。

四、实验系统组建与设备连接

1. 实验仪器与器材

料位实验台架	1 套
音叉物位开关	1 套
直流电源(±15V)	1 套
蜂鸣器	1 只

2. 实验设备介绍

本实验采用如图 10-18 所示的 UZY 系列音叉物位开关。

UZY 系列音叉物位开关是通过压电晶体的谐振来引起其振动的,当音叉受到物料阻尼作用时,振幅急剧降低且频率和相位发生明显变化,这些变化会被内部电子电路检测到,经过处理后,转换成开关信号输出。UZY 系列音叉物位开关可以对料罐的高低位进行监测、控制和报警,适用于各种液体、粉末、颗粒状固体的物位检测。它实用简单、运行可靠、适应性强,基本上是免维护的,音叉的输出用发光二极管指示,可依据习惯调整状态指示,并配有三种输入(直流 24V)和输出方式(继电器接点输出型)。

图 10-18　UZY 系列音叉物位开关

3. 实验系统设备连接

实验系统设备连接如图 10-19 所示。

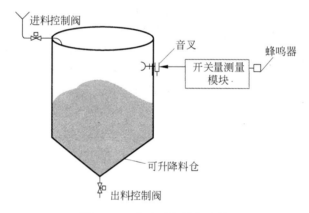

图 10-19　实验系统设备连接

音叉开关探测方案如图 10-20 所示。

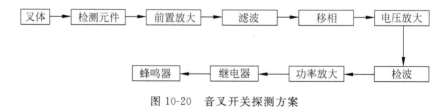

图 10-20　音叉开关探测方案

五、实验步骤

1. 按图 10-19 和图 10-20 连接系统,观察料位测量控制系统实验装置,检查实验设备是否连接完成,料位高度是否在初始位置。

2. 通电,关闭出料控制阀,打开进料控制阀,通过漏斗向料仓内添加物料,使得料位缓慢上升。

3. 记录料位低于音叉位置时,蜂鸣器报警状态。

4. 记录料位触碰音叉时,蜂鸣器报警状态。

5. 打开出料控制阀,关闭进料控制阀,使得料位下降到初始位置。

6. 数据记录在表 10-5 中。

实验结束,关闭电源。

六、实验数据记录

表 10-5　数据记录

位　　置	是　否　报　警
料位低于音叉位置时,输出频率	
料位触碰到音叉时	

七、实验数据处理与分析

通过实验数据,分析音叉频率与料位关系。

八、实验报告要求

实验报告主要内容包括:

(1) 实验目的和要求;

(2) 实验原理;

(3) 实验系统构成;

(4) 实验步骤;

(5) 整理、分析原始实验数据;

(6) 数据分析;

(7) 讨论。

九、思考题

还有哪些物位开关? 其测量原理有什么不同?

十、实验改进与讨论

音叉式物位开关用于液位测控系统的实验方案设计。

10.7 相界面测量实验

一、实验目的

1. 了解分段电容相界面传感器的工作原理和结构。
2. 掌握分段电容相界面检测技术。

二、实验内容与要求

利用分段电容相界面传感器,测量油水相界面,研究电容相界面测量技术。

三、实验基本原理

分段电容传感器在线检测方法目前在油水相界面使用最为普遍,它是基于油水导电特性的差异设计的一种油水界面检测仪,可以显示出罐内水位的动态变化,而此方法金属电极与水非接触,并利用单片微机实现信号检测、计算及显示。

分段电容油水相界面的测量是利用等结构物理电极把整个测量范围分成各个小层,而每个层对应着固定的空间高度,用电子技术及微机技术逐层测量电容值。如果测量的是同一介质,各段采集的数字量应该一致或接近,反之则有较大差异,利用该现象可以判断出介质分界面的层段,然后就能计算出界面或液面高度。系统具有实时性、准确性、智能化、灵敏度高等优点。

图 10-21 是一个十段式分段电容传感器结构简图及等效电容图,将原有的一整根的圆筒形电容分成了十个并联的小电容传感器,且每个小圆筒式传感器的高度都相同且都为 L_0。如图 10-21 中所示,只有最上部的电容传感器没有完全充满介质,其他电容传感器全部都充满了介质;有的充满了水,有的充满了原油。从上至下等效为十个电容 $C_1 \sim C_{10}$。从图中可以看出,$C_1 \sim C_6$ 中都是同一种介质原油,C_8、C_9 和 C_{10} 中

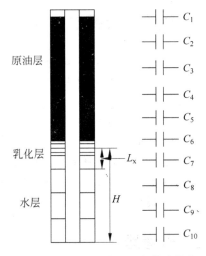

图 10-21 十段式分段电容传感器的
结构及其等效电容

也是同一种介质水,只有 C_7 中有原油和水两种介质,由于各段电容长度、内径和外径都相等,可以得出

$$C_1 < C_2 = C_3 = C_4 = C_5 = C_6 < C_7 < C_8 = C_9 = C_{10}$$

$C_1 \sim C_8$ 的电容值是需要经过测量才能得到的,我们就可以判断出 C_6、C_7 和 C_8 充满的是介质水,$C_1 \sim C_4$ 充满的是介质原油,C_1 中充入的是原油但没有充满,C_5 中充有原油和水两种介质,也就是说原油与水的分界面在 C_5 段电容传感器中,由于每个传感器的高度都为 L_0,由图 10-21 很容易得到油水界面高度为

$$H = 3L_0 + L_x$$

由于 L_0 的精度是由制造工艺决定的,一般来说,L_0 是可以做得十分精确的。可见 H 的精度仅受 L_x 精度的影响,分段式电容检测方法中油水界面的误差仅来源于油水界面所在的检测段 C_7 段。利用单片微处理器,通过在线检测原油与水的介电常数,然后对介电常数值进行优化再进行计算的方法,可以克服因原油和水的介电常数的变化而引起的误差,大大提高测量精度。

四、实验系统组建与设备连接

1. 实验仪器与器材

油水分界面实验台架	1 套
十段式电容传感器	1 套
油水分界面检测模块	1 套

2. 实验设备介绍

本实验采用如图 10-22 所示的电容式油位传感器 ES-600。其技术指标为:识别精度小于 1mm,供电电压 4～7V,信号输出 4～20mA,分辨率 0.5mm,使用温度 −40～85℃。

图 10-22 电容式油位传感器 ES-600

3. 实验系统设备连接

实验系统设备连接如图 10-23 所示。

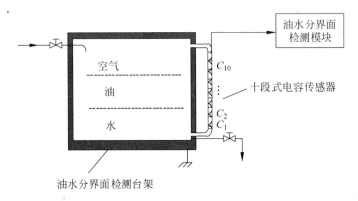

图 10-23　实验系统设备连接

油水分界面检测模块如图 10-24 所示。

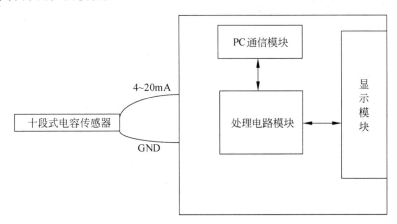

图 10-24　油水分界面检测模块

五、实验步骤

1. 按图 10-23 和图 10-24 连接系统,观察料位测量控制系统实验装置,检查实验设备是否连接完成,容器内为空。

2. 加水,加到容器满量程 50%,检测模块各电容输出值记录到表 10-7(a)中。

3. 加油,加到容器满量程 70%,检测模块各电容输出值记录到表 10-7(b)中。

实验结束,关闭电源。

六、实验数据记录

表 10-6（a）　步骤 2 的实验数据表

段号	C_0	C_1	C_2	C_3	C_4	C_5	C_6	C_7	C_8	C_9
电容值/μF										

表 10-6（b）　步骤 3 的实验数据表

段号	C_0	C_1	C_2	C_3	C_4	C_5	C_6	C_7	C_8	C_9
电容值/μF										

七、实验数据处理与分析

根据实验数据，计算油水分界面位置。

八、实验报告要求

实验报告主要内容包括：
（1）实验目的和要求；
（2）实验原理；
（3）实验系统构成；
（4）实验步骤；
（5）整理、分析原始实验数据；
（6）数据分析；
（7）讨论。

九、思考题

基于分段电容传感器的油水分界面对被测介质的要求有哪些？

十、实验改进与讨论

讨论提高分段电容传感器油水分界面测量精度的改进方案。

第11章
流量检测实验

11.1 节流式流量计应用实验

一、实验目的

1. 了解节流式流量计的构造、工作原理和使用方法。
2. 掌握节流式流量计测量技术。

二、实验内容与要求

通过调节流量调节阀,由虚拟仪器分别采集高精度涡流流量计、孔板式差压流量计、差压变送器的数据,分析孔板式流量计流量与两端差压的关系,掌握节流式流量计的测量原理。

三、实验基本原理

节流式流量计结构如图 11-1 所示,由节流元件、引压管路、三阀组和差压计组成。

不考虑流体受到的阻力作用,可得流量方程

$$q_v = \frac{C}{\sqrt{1-\beta^4}} \frac{\pi}{4} d^2 \sqrt{\frac{2}{\rho}\Delta p} = \alpha \frac{\pi}{4} d^2 \sqrt{\frac{2}{\rho}\Delta p}$$

$$(11\text{-}1)$$

式中,C 为流出系数,无量纲;d 为工作条件下节流件的节流孔或喉部直径;D 为工作条件下上游管道内径;q_v 为体积流量;β 为直径比 d/m;ρ 为流体的密度;α 为流量系数,$\alpha = C/\sqrt{1-\beta^4}$。

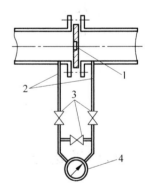

图 11-1 节流式流量计结构

1—节流元件;2—引压管路;

3—三阀组;4—差压计

四、实验系统组建与设备连接

1. 实验仪器与器材

流量液位综合检测实验平台	1 套
孔板式流量计	1 只
压力显示表	1 只
涡街流量计	1 只
控制器	1 套
PC	1 台
导线	若干

2. 实验设备介绍

本实验用孔板式流量计特性如下表所示：

品牌	江苏美科仪表有限公司	型号	MK-LG	工作温度	−40～300℃
类型	差压式流量计	测量范围	0～1000(m³/h)	精度等级	0.5
公称通径	DN25-DN600(mm)	适用介质	蒸汽、气体、液体	工作压力	0～2.5MPa

MK-LG 一体化孔板流量计可测量气体、蒸汽、液体及天然气的流量,广泛应用于石油、化工、冶金、电力、供热、供水等领域的过程控制和测量。是将标准孔板与多参数差压变送器(或差压变送器、温度变送器及压力变送器)配套组成的高量程比差压流量装置,可测量气体、蒸汽、液体及天然气的流量。适用范围:

1. 公称直径:10 mm ≤DN≤1200mm;
2. 公称压力:PN≤10MPa;
3. 工作温度:$-60℃ ≤ t ≤ 550℃$;
4. 量程比:10:10,10:150;
5. 精度:0.05 级,0.01 级。

实验平台中设备的具体选型以及设别的使用方法见附录C《流量液位综合检测实验平台使用说明》。

3. 实验系统设备连接

(1) 实验测量系统架构

实验测量系统架构如图 11-2 所示,PC 与控制器通过 LAN 或 RS-232 通信,调节流量大小,涡街流量计和差压变送器测量流量,输出 4～20mA 信号,由控制器数据采集,并发送给 PC,PC 利用平台分析软件分析流量与差压之间的关系。

(2) 流量实验平台连接

实验装置连接如图 11-3 所示。

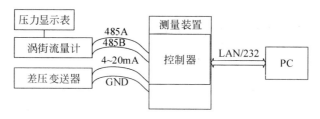

图 11-2　实验测量系统架构

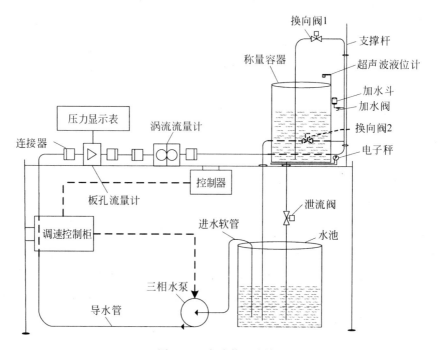

图 11-3　实验装置连接

五、实验步骤

1. 按图 11-2 和图 11-3 所示,检查两个流量计对应位置是否正确安装了相应流量计,若未安装或安装的是其他类型流量计,请小心更换上正确的流量计。

2. 检查流量液位综合检测实验平台中水泵进水管绑有铜块的一端是否放入水池底部,若未放置,请先将其放置于水池中。检查水池的水量是否超过水池容器的 3/4,请向水池加水直到水池中水约为其容积的 3/4,注意防止加水过多至水漫出水池。

3. 由于水泵不能缺水启动,启动前请用手捏进水软软管靠近水泵一侧,确认管道中是否有水。若没有水,请打开加水阀后,将水倒入加水斗中直到软管中充满水,注意防止加水过多至水漫出水池。加水完成后关闭加水阀。

4. 打开设备总电源开关,等待控制器系统启动,控制器上的触摸屏会提示所有启动信息。系统启动完成后,将对调速控制柜中接触器,换向阀,泄流阀门,电子秤和超声波液位计进行自检,此过程中伴随阀门的通断有 4 次响声发出。之后系统会启动水泵将少量水通过导水管送入称量容器后,再打开泄流阀排空称量容器的水。完成所有部件功能自检后屏幕提示自检成功,实验者方可进行下面的实验。

5. 打开计算机上位机,输入实验设备 IP 地址和端口号,连接设备成功后选择"实验模式"为"节流式流量计应用实验"。运行设备后,通过计算机上位机软件或触摸屏逐步调大流量,改变流量 10~20 次,分别读取涡街流量计输出流量、孔板式流量计压力差值,测量数据记录在实验表 11-1 中;

6. 逐次调小流量,改变流量 10~20 次,分别读取涡街流量计输出流量、孔板式流量计压力差值,测量数据记录在实验表 11-1 中;

7. 重复步骤 5~6;

实验结束、关闭电源

六、实验数据记录

表 11-1　实验数据

序号	流量/(l/s)	压力表/Pa	序号	流量/(l/s)	压力表/Pa

七、实验数据处理与分析

根据测量数据,画出流量与压力差的关系曲线,分析其与理想曲线的区别。

八、实验报告要求

实验报告主要内容包括:

（1）实验目的和要求；

（2）实验原理；

（3）实验系统构成；

（4）实验步骤；

（5）整理、分析原始实验数据；

（6）数据分析；

（7）讨论。

九、思考题

若节流式流量计不是水平安装、其计算流量公式是否要改变？为什么？

十、实验改进与讨论

实验中,影响节流式流量计量程的因素有哪些？在这个实验装置中如何改进？

11.2   容积式流量计应用实验

一、实验目的

了解容积式流量计的构造、工作原理和使用方法。

二、实验内容与要求

通过调节流量调节阀,由电磁流量计测量实际流量,分析其与椭圆齿轮流量计输出频率的关系,掌握椭圆齿轮流量计的测量原理。

三、实验基本原理

椭圆齿轮流量计的测量本体由一对相互啮合的椭圆齿轮和壳体组成,这对椭圆齿轮在流量计进出口两端流体差压作用下,交替地相互驱动并各自绕轴作非匀角速度的旋转。两椭圆齿轮在运动过程中与壳体构成具有固定容积的测量室,椭圆齿轮与测量室内壁的间隙很小,以减少流体的滑流量并保证测量的准确度。通过椭圆齿轮的转动,连续不断地将充满在齿轮与壳体之间的固定容积内的流体一份份排出,并通过机械的或其他的方式测出齿轮的转数,从而可得到被测流体的体积流量。

椭圆齿轮流量计工作原理如图 11-4 所示。由于流体在流量计入、出口处的压力 $P_1 > P_2$,当 A、B 两轮处于图 11-4(a)所示位置时,A 轮与壳体间构成容积固定的半月

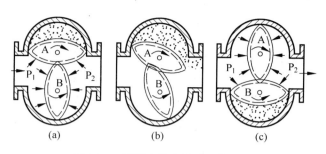

图 11-4　椭圆齿轮流量计工作原理

形测量室(图中阴影部分),此时进出口差压作用于 B 轮上的合力矩为零,而在 A 轮上的合力矩不为零,产生一个旋转力矩,使得 A 轮作顺时针方向转动,并带动 B 轮逆时针旋转,测量室内的流体排向出口;当两轮旋转处于图 11-4(b)位置时,两轮均为主动轮;当两轮旋转 90°,处于图 11-4(c)位置时,转子 B 与壳体之间构成测量室,此时,流体作用于 A 轮的合力矩为零,而作用于 B 轮的合力矩不为零,B 轮带动 A 轮转动,将测量室内的流体排向出口。当两轮旋转至 180°时,A、B 两轮重新回到图 11-4(a)位置。如此周期地主从更换,两椭圆齿轮作连续的旋转。当椭圆齿轮每旋转一周时,流量计将排出 4 个半月形(测量室)体积的流体。设测量室的容积为 V,则椭圆齿轮每旋转一周排出的流体体积为 $4V$。只要测量椭圆齿轮的转数 N 和转速 n,就可知道累积流量和单位时间内的流量,即瞬时流量。有

$$Q = 4NV \qquad\qquad (11\text{-}2)$$
$$q_v = 4nV \qquad\qquad (11\text{-}3)$$

椭圆齿轮流量计适用于高黏度液体的测量。流量计基本误差为 $\pm0.2\%\sim\pm0.5\%$,量程比为 10:1。椭圆齿轮流量计的测量元件是齿轮啮合传动,被测介质中的污物会造成齿轮卡涩和磨损,影响正常测量,故流量计的上游均需加装过滤器,这样会造成较大的压力损失。

四、实验系统组建与设备连接

1. 实验仪器与器材

流量与液位综合检测实验平台	1 套
椭圆齿轮式流量计	1 只
频率计	1 只
电磁流量计	1 只
PC	1 台
导线	若干

2. 实验设备介绍

LC-12 型椭圆齿轮流量计

技术参数如下：

（1）工作电压：12V DC；

（2）工作电压范围：11～15VDC；

（3）输出信号：$V_{p\text{-}p}=4$（方波），低电平$<4.5V$，高电平$>8.5V$；

（4）远传距离：1km（金属屏蔽线，导线电阻小于等于39Ω）；

（5）环境温度：$-10\sim65\,^{\circ}\mathrm{C}$。

技术性能有：

（1）允许基本误差（%）：±0.2、±5；

（2）被测液体黏度（MPa.s）：0.6～200；

（3）被测液体温度（℃）：$-10\,^{\circ}\mathrm{C}\sim+50\,^{\circ}\mathrm{C}$；

（4）最大工作压力（MPa）：铸铁、不锈钢：1.6，铸钢：6.3；

（5）主要材质：铸铁、铸钢、不锈钢；

（6）发信装置：GF 型，QF 型脉冲发信器，MF-1 型模拟量发信器。

实验平台中设备的具体选型以及设备的使用方法见附录C《流量液位综合检测实验平台使用说明》。

3. 实验系统设备连接

（1）实验测量系统架构

实验测量系统架构如图 11-5 所示，PC 与控制器通过 LAN 或 RS-232 通信，调节流量大小，椭圆齿轮式流量计和电磁流量计测量流量，输出 RS-485 信号和 4～20mA 信号，由控制器采集数据，并发送给 PC，PC 利用平台分析软件分析流量变化。

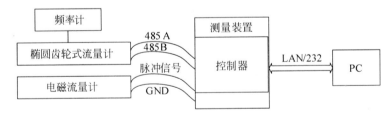

图 11-5　实验测量系统架构

（2）流量实验平台连接

流量实验平台连接如图 11-6 所示。

五、实验步骤

1. 按图 11-5 和图 11-6 所示连接检测装置，两个流量计对应位置是否正确安装了相应流量计，若未安装或安装的是其他类型流量计，请小心更换上正确的流量计。

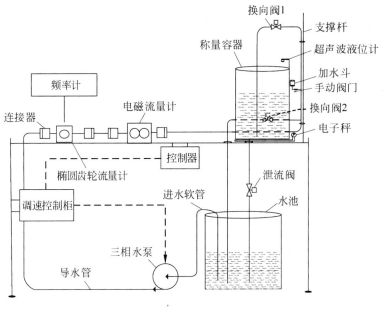

图 11-6 流量实验平台连接

2. 检查流量液位综合检测实验平台中水泵进水管绑有铜块的一端是否放入水池底部,若未放置,请先将其放置于水池中。检查水池的水量是否超过水池容器的 3/4,请向水池加水直到水池中水约为其容积的 3/4,注意防止加水过多至水漫出水池。

3. 由于水泵不能缺水启动,启动前请用手捏进水软管靠近水泵一侧,确认管道中是否有水。若没有水,请打开加水阀后,将水倒入加水斗中直到软管中充满水,注意防止加水过多至水漫出水池。加水完成后关闭加水阀。

4. 打开设备总电源开关,等待控制器系统启动,控制器上的触摸屏提示所有启动信息。启动完成后,将对调速控制柜中接触器、换向阀、泄流阀门、电子秤和超声波液位计进行自检,此过程中伴随阀门的通断有 4 次响声发出,之后系统会启动水泵,将少量水通过导水管送入称量容器,再打开泄流阀排空称量容器的水。完成所有部件功能自检后屏幕提示自检成功,实验者方可进行下面的实验。

5. 打开计算机上位机,输入实验设备 IP 地址和端口号,连接设备成功后选择"实验模式"为"容积式流量计应用实验"。运行设备后,通过计算机上位机软件或触摸屏逐步调大流量,改变流量 10~20 次,分别读取电磁流量计流量、椭圆齿轮流量计输出频率,测量数据记录在表 11-2 中。

6. 逐次调小流量,改变流量 10~20 次,分别读取电磁流量计流量、椭圆齿轮流量计输出频率,测量数据记录在表 11-2 中。

7. 重复步骤 5~6。

实验结束,关闭电源。

六、实验数据记录

表 11-2　实验数据

序号	流量/(l/s)	频率计/Hz	序号	流量/(l/s)	频率计/Hz

七、实验数据处理与分析

根据测量数据,画出流量与输出频率的关系曲线,分析其与理想曲线的区别。

八、实验报告要求

实验报告主要内容包括:

(1) 实验目的和要求;

(2) 实验原理;

(3) 实验系统构成;

(4) 实验步骤;

(5) 整理、分析原始实验数据;

(6) 数据分析;

(7) 讨论。

九、思考题

分析椭圆齿轮流量计的测量精度受哪些因素影响。

十、实验改进与讨论

讨论提高椭圆齿轮流量计测量精度的系统设计方案。

11.3 电磁流量计应用演示实验

一、实验目的

了解电磁流量计的构造、工作原理和使用方法。

二、实验内容与要求

调节流量调节阀改变流量，用万用表测量不同流量下的电磁流量计感应电压，分析其与孔板流量计测量的流量关系，掌握电磁流量计工作原理与测量技术。

三、实验基本原理

传感器是根据法拉第电磁感应原理工作的，当导电液体沿流量管在交变磁场中作与磁力线垂直方向运动时，导电液体切割磁力线产生感应电势。在与测量管轴线和磁场磁力线相垂直的管壁上安装了一对检测电极，将这个感应电势检出。若感应电势为 E，则有

$$E = BDV \tag{11-4}$$

式中，B 为磁感应强度；D 为电极间的距离，与测量管内径相等；V 为测量管内被测液体在截面上的平均流速。

上式中 B 是恒定不变值，D 是一个常数，则感应电势 E 与被测液体流速 V 成正比。通过测量管横截面上的体积流量 Q 与流速 V 之间的关系为 $Q = \pi D2V/4$，可推出

$$Q = \pi DE/4B = KE \tag{11-5}$$

式中，K 为仪表常数。

当仪表常数 K 确定后，感应电动势 E 与流量 Q 成正比。E 通常为流量信号，将流量信号输入转换计，经过处理，输出与流量成正比的 $4\sim20$mA DC 信号，可与单元组合仪表配套，对流量进行显示、记录、计算、调节等。

电磁流量计的测量原理如图 11-7 所示。

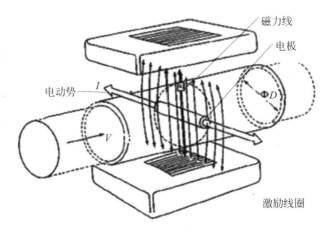

图 11-7　电磁流量计的测量原理

四、实验系统组建与设备连接

1. 实验仪器与器材

流量实验平台	1 套
电磁流量计	1 只
mV 表	1 只
孔板流量计	1 只
PC	1 台

2. 实验设备介绍

本实验采用如图 11-8 所示的 LDG-DN20 电磁流量计,其技术参数如下:

型号	压力	连接方式	流速范围	精度	液体电导率	测量范围	信号输出	电源
LDG-DN20	2.5MPa	法兰	0.3~15m/s	0.5	>5μs/cm	0.12~16	4~20mA RS-485	AC220 DC24V

图 11-8　LDG-DN20 电磁流量计

实验平台中设备的具体选型以及设备的使用方法见附录 C《流量液位综合检测实验平台使用说明》。

3. 实验系统设备连接

实验测量系统架构如图 11-9 所示,PC 与控制器通过 LAN 或 RS-232 通信,调节流量大小,电磁流量计和孔板流量计测量流量,输出 RS-485 信号和 4～20mA 信号,由控制器采集数据,并发送给 PC,PC 利用平台分析软件分析流量变化。

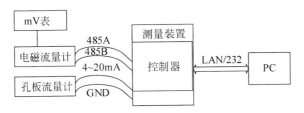

图 11-9　实验测量系统架构

实验装置连接如图 11-10 所示。

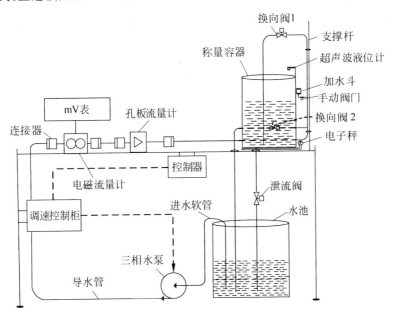

图 11-10　实验装置连接

五、实验步骤

1. 按图 11-9 和图 11-10 所示连接检测系统,两个流量计对应位置是否正确安装了相应流量计,若未安装或安装的是其他类型流量计,请小心更换上正确的流量计。

2. 检查流量液位综合检测实验平台中水泵进水管绑有铜块的一端是否放入水池底部,若未放置,请先将其放置于水池中。检查水池的水量是否超过水池容器的3/4,请向水池加水直到水池中水约为其容积的3/4,注意防止加水过多至水漫出水池。

3. 由于水泵不能缺水启动,启动前请用手捏进水软管靠近水泵一侧,确认管道中是否有水。若没有水,请打开加水阀后,将水倒入加水斗中直到软管中充满水,注意防止加水过多至水漫出水池。加水完成后关闭加水阀。

4. 打开设备总电源开关,等待控制器系统启动,控制器上的触摸屏会提示所有启动信息。启动完成后,将对调速控制柜中接触器、换向阀、泄流阀门、电子秤和超声波液位计进行自检,此过程中伴随阀门的通断有 4 次响声发出,之后系统会启动水泵,将少量水通过导水管送入称量容器,再打开泄流阀排空称量容器的水。完成所有部件功能自检后屏幕提示自检成功,实验者方可进行下面的实验。

5. 打开计算机上位机,输入实验设备 IP 地址和端口号,连接设备成功后选择"实验模式"为"电磁流量计应用演示实验"。运行设备后,通过计算机上位机软件或触摸屏逐步调大流量,改变流量 10～20 次,分别读取 mV 表测量的电磁流量计输出感应电动势、孔板流量计测量的流量,测量数据记录在表 11-3 中。

6. 逐次关小流量,改变流量 10～20 次,分别读取 mV 表测量的电磁流量计输出感应电动势、孔板流量计测量的流量,测量数据记录在表 11-3 中。

7. 重复步骤 5～6。

实验结束、关闭电源。

六、实验数据记录

表 11-3　实验数据

序号	流量/(l/s)	感应电动势/mV	序号	流量/(l/s)	感应电动势/mV

七、实验数据处理与分析

根据测量数据,画出流量与输出频率的关系曲线,分析其与理想曲线的区别。

八、实验报告要求

实验报告主要内容包括:
(1) 实验目的和要求;
(2) 实验原理;
(3) 实验系统构成;
(4) 实验步骤;
(5) 整理、分析原始实验数据;
(6) 数据分析;
(7) 讨论。

九、思考题

1. 为什么测量不同介质,流量计需要调整参数?
2. 根据实验数据分析误差产生的原因。
3. 分析正、反行程实验时,实验数据不一致的原因。

十、实验改进与讨论

设计提高电磁流量计测量精度的测量系统方案。

11.4　超声波流量计实验

一、实验目的

了解超声波流量计的构造、工作原理和使用方法。

二、实验内容与要求

通过调节流量调节阀,测量超声波流量计超声波渡越时间与流量的关系,掌握超声波流量计的测量原理。

三、实验基本原理

超声波在流体中的传播速度与流体流速有关。传播速度差法利用超声波在流体中顺流与逆流传播的速度变化来测量流体流速并进而求得流过管道的流量。其测量原理如图 11-11 所示，根据具体测量参数的不同，又可分为时差法、相差法和频差法。

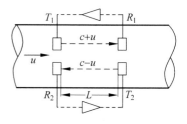

图 11-11　超声测速原理

时差法就是测量超声波脉冲顺流和逆流时传播的时间差，在管道上、下游相距 L 处分别安装两对超声波发射器（T_1，T_2）和接收器（R_1，R_2）。设声波在静止流体中的传播速度为 c，流体的流速为 u，则声波沿顺流和逆流的传播速度将不同。当 T_1 按顺流方向、T_2 按逆流方向发射超声波时，超声波到达接收器 R_1 和 R_2 所需要的时间 t_1 和 t_2 与流速之间的关系为

$$t_1 = \frac{L}{c+u} \tag{11-6}$$

$$t_2 = \frac{L}{c-u} \tag{11-7}$$

由于流体的流速相对声速而言很小，即 $c \gg u$，可忽略，因此时差为

$$\Delta t = t_2 - t_1 = \frac{2Lu}{c^2} \tag{11-8}$$

而流体流速为

$$u = \frac{c^2}{2L} \Delta t \tag{11-9}$$

当声速 c 为常数时，流体流速和时差 Δt 成正比，测得时差即可求出流速，进而求得流量。但是，时差 Δt 非常小，在工业计量中，若流速测量要达到 1% 准确度，则时差测量要达到 $0.01\mu s$ 的准确度。这样不仅对测量电路要求高，而且限制了流速测量的下限。因此，为了提高测量精度，早期采用了检测灵敏度高的相位差法。

流体的体积流量方程为

$$q_v = \frac{\pi}{4} D^2 \, \bar{u} = \frac{\pi}{4k} D^2 u \tag{11-10}$$

式中，D 为管道内径；$\bar{u}$ 为截面平均流速；u 为测量值；$k = u/\bar{u}$ 为修正系数。

四、实验系统组建与设备连接

1. 实验仪器与器材

流量与液位综合检测实验平台　　　　　　1 套

超声波流量计　　　　　　　　　　　　　1 只

| 渡越时间测量模块 | 1 套 |
| 电磁流量计 | 1 只 |

2. 实验设备介绍

本实验采用如图 11-12 所示的 PI 型超声波流量计 TUF-2000B, 其技术参数如下：

型号	压力	连接方式	精度	重复性	信号输出	电源	测量范围
TUF-2000B（基本型）	2.5MPa	法兰	1	0.2%	RS-485	DC24V	DN15～DN6000

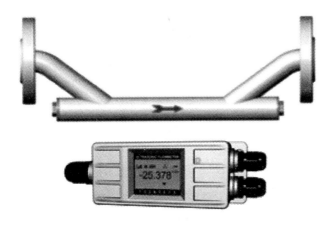

图 11-12　PI 型超声波流量计 TUF-2000B

实验平台中设备的具体选型以及设备的使用方法见附录 C《流量液位综合检测实验平台使用说明》。

3. 实验系统设备连接

（1）实验测量系统架构

实验测量系统架构如图 11-13 所示, PC 与控制器通过 LAN 或 RS-232 通信, 调节流量大小, 电磁流量计和超声波流量计测量流量, 输出 RS-485 信号或 4～20mA 信号, 由控制器数据采集, 并发送给 PC, PC 利用平台分析软件分析流量变化。

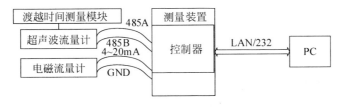

图 11-13　实验测量系统架构

（2）流量实验装置连接

实验装置连接如图 11-14 所示。

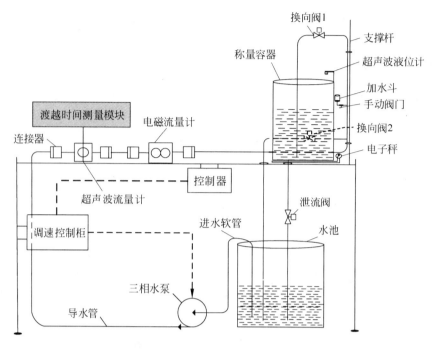

图 11-14　实验装置连接

五、实验步骤

1. 按图 11-13 和图 11-14 所示连接检测系统,两个流量计对应位置是否正确安装了相应流量计,若未安装或安装的是其他类型流量计,请小心更换上正确的流量计。

2. 检查流量液位综合检测实验平台中水泵进水管绑有铜块的一端是否放入水池底部,若未放置,请先将其放置于水池中。检查水池的水量是否超过水池容器的 3/4,请向水池加水直到水池中水约为其容积的 3/4,注意防止加水过多至水漫出水池。

3. 由于水泵不能缺水启动,启动前请用手捏进水软管靠近水泵一侧,确认管道中是否有水。若没有水,请打开加水阀后,将水倒入加水斗中直到软管中充满水,注意防止加水过多至水漫出水池。加水完成后关闭加水阀。

4. 打开设备总电源开关,等待控制器系统启动,控制器上的触摸屏会提示所有启动信息。启动完成后,将对调速控制柜中接触器、换向阀、泄流阀门、电子秤和超声波液位计进行自检,此过程中伴随阀门的通断有 4 次响声发出,之后系统会启动水泵,将少量水通过导水管送入称量容器,再打开泄流阀排空称量容器的水。完成所有部件功能自检后屏幕提示自检成功,实验者方可进行下面的实验。

5. 打开计算机上位机,输入实验设备 IP 地址和端口号,连接设备成功后选择"实验模式"为"超声波流量计应用演示实验"。运行设备后,通过计算机上位机软件或触摸屏逐步调大流量,改变流量 10～20 次,分别读取电磁流量计的流量、超声波渡越时间,测量数据记录在表 11-4 中。

　　6. 逐次调小流量,改变流量 10～20 次,分别读取电磁流量计的流量、超声波渡越时间,测量数据记录在表 11-4 中。

　　7. 重复步骤 5～6。

　　实验结束,关闭电源。

六、实验数据记录

表 11-4　实验数据

序　　号	流量/(l/s)	渡越时间/s	序　　号	流量/(l/s)	渡越时间/s

七、实验数据处理与分析

　　根据测量数据,画出流量与渡越时间的关系曲线,分析其与理想曲线的区别。

八、实验报告要求

　　实验报告主要内容包括:

　　(1) 实验目的和要求;

　　(2) 实验原理;

　　(3) 实验系统构成;

　　(4) 实验步骤;

　　(5) 整理、分析原始实验数据;

　　(6) 数据分析;

　　(7) 讨论。

九、思考题

超声波流量计的测量精度影响因素有哪些？如何提高微流量测量能力？

十、实验改进与讨论

设计微流量超声波测量系统方案。

11.5　用皮托管测量流量实验

一、实验目的

了解皮托管（Pitot 管）流量计的构造、工作原理和使用方法。

二、实验内容与要求

1. 通过对管嘴淹没出流的点流速和点流速系数的测量，掌握用 Pitot 管测量点流速的技能。

2. 了解 Pitot 管的构造和实用性，并检验其量测精度，进一步明确传统流体力学量测仪器的现实作用。

三、实验基本原理

Pitot 管测速原理是能量守恒定律，其测速范围为 0.02~2m/s。Pitot 管经长期应用，不断改进，已十分完善。具有结构简单、使用方便、测量精度高、稳定性好等优点。因而被广泛应用于液、气流的测量（其测量气体的流速可达 60m/s）。

光、声、电的测速技术及相关仪器，虽具有瞬时性好、灵敏度高以及可自动化记录等优点，有些优点 Pitot 管是无法达到的，但是往往因其机构复杂，使用约束条件多及价格昂贵等原因，而在应用上受到限制。尤其是传感器与电器在信号接收与放大处理过程中有否失真，或者随使用时间的长短环境温度的改变是否漂移等，难以直观判断，致使可靠度难以把握。因而所有光、声、电的测速仪，包括激光测速仪都不得不用专门装置定期率定（有时是用 Pitot 管率定）。

可以认为至今 Pitot 管测速仍然是最可信，最经济可靠而简便的测速方法。

根据 Bernoulli 方程，Pitot 管所测点的速度表达式为

$$u = c\sqrt{2g\Delta h} = k\sqrt{\Delta h} \tag{11-11}$$

式中，u 为 Pitot 管测点的流速；c 为 Pitot 管的校正系数，取 $c=1.0$（一般 $c=1\pm1‰$）；

$k=c\sqrt{2g}$；Δh 为 Pitot 管的总水头与静压水头差。

又根据 Bernoulli 方程，从孔口出流计算测点的速度表达式为

$$u = \varphi'\sqrt{2g\Delta H} \tag{11-12}$$

其中，u 为测点的速度，由 Pitot 管测定；ΔH 为管嘴的作用水头，由测压管 1 和 2 号管的水位差确定；φ' 为测点流速系数。

上两式相比可得

$$\varphi' = c\sqrt{\Delta h/\Delta H} \quad (一般\ \varphi' = 0.996 \pm 1\text{‰}) \tag{11-13}$$

四、实验系统组建与设备连接

1. 实验仪器与器材

皮托管检测装置	1 套
皮托管流量计	1 只

2. 实验系统设备连接

实验系统设备连接如图 11-15 所示。

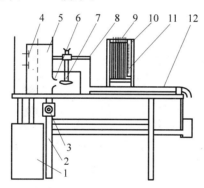

图 11-15　实验设备连接

1—自循环供水器；2—实验台；3—晶闸管无级调速器；4—水位调节阀；5—恒压水箱；6—管嘴；
7—皮托；8—尾水箱与导轨；9—测压管；10—测压计；11—滑动测量尺；12—上回水管

装置使用说明：

（1）Pitot 管 7 在导轨 8 上可以上下、左右移动，调整测点的位置。

（2）测压管 9，其中 1 和 2 号接口用以测量高、低水箱水位差，3 和 4 号接口用以测量 Pitot 管的总水头和静水头。

（3）水位调节阀用以改变测点流速的大小。

五、实验步骤

1. 准备。

（1）熟悉实验装置各部分名称和作用，分解 Pitot 管，搞清其构造和原理。

（2）用医塑管将高、低水箱的测压点分别与测压管 9 中的 1 和 2 号管相连通。

（3）将 Pitot 管对准管嘴，在距离管嘴出口处约 2～3cm（轴向偏差小于 10 度）处上紧固定螺丝。

（4）记录有关常数。

2．开启水泵。

顺时针打开调速器开关 3，将供水流量调节到最大。

3．排气。

待上、下游水箱溢流后，用吸气球（如医用洗耳球）放在测压管口部抽吸，排除 Pitot 管及各连通管中的气体。用静水匣罩住 Pitot 管，使之处于静水中，检查测压管 3 和 4 号的液面是否平齐，如不齐，必须重新排气；如果测压管的 1 和 2 号的液面分别与上下游水箱液面不齐，同样必须重新排气。

4．记录。

待测压管液面静止后，移动滑尺 11，测量并记录各测压管液面的高度，填入表 11-5 中。

5．改变流量。

打开和关闭调节阀 4，并相应调节调速器 3，使水箱溢流量适中，重复步骤 4（在此，共可获得三个不同的流量）。

6．观察实验。

（1）流量不变，分别沿垂向和纵向移动 Pitot 管，改变测点位置，观察管嘴淹没射流的速度分布。

（2）在有压管道的流速测量中，当管道直径与 Pitot 管直径之比小于 6～10 时，误差大于 2％～5％，不宜使用。试将 Pitot 管头部伸入管嘴中，予以验证。

实验结束时，按步骤 3 的方法检查 Pitot 管比压计的液面是否平齐。

六、实验数据记录

$$c = 1.0$$
$$k = 44.27 \sqrt{\text{cm}}/\text{s}$$

表 11-5　实验记录表格

实验次数	上、下游水位计			毕托管测压计			测点流速	测点流速系数
	h_1/cm	h_2/cm	ΔH/cm	h_1/cm	h_2/cm	Δh/cm	$u = k\sqrt{\Delta h}$/(cm/s)	$\varphi' = c\sqrt{\Delta h/\Delta H}$

七、实验数据处理与分析

根据实验数据,画出皮托管点流速与 Δh 的关系曲线。

八、实验报告要求

实验报告主要内容包括:

(1) 实验目的和要求;

(2) 实验原理;

(3) 实验系统构成;

(4) 实验步骤;

(5) 整理、分析原始实验数据;

(6) 数据分析;

(7) 讨论。

九、思考题

1. Pitot 管的动压头 Δh 和上下游水位差 ΔH 之间的大小关系怎样? 为什么?

2. 对于实际的黏性流体,流速系数 $\varphi' < 1$,说明了什么?

3. 如果用激光测速仪检测出距孔口 2~3cm 处的流速,可得本实验的点流速系数 φ' 为 0.996。据此,如何确定 Pitot 管的修正系数 c? 且以最大流量为例,计算本实验 Pitot 管的精度。

十、实验改进与讨论

利用测压管测量点的压强时,为什么要排气? 怎样检验排净与否?

11.6　家用煤气表测量气体流量实验

一、实验目的

1. 了解家用煤气体流量计的构造、工作原理和使用方法。

2. 掌握气体流量计流量校正方法。

二、实验内容与要求

通过调节气阀,观察家用煤气表流量变化规律;通过标准表法气体流量校正装置,校正煤气表。

三、实验基本原理

家用煤气表皮采用的是膜式气体流量计,其工作原理如图 11-16 所示。它由"皿"字形隔膜(皮膜)制成的能自由伸缩的计量室 1、2、3、4 以及能与之联动的滑阀组成流量测量元件,在皮膜伸缩及滑阀的作用下,可连续地将气体从流量计入口送至出口。只要测出皮膜动作的循环次数,就可获得通过流量计的气体体积总量。

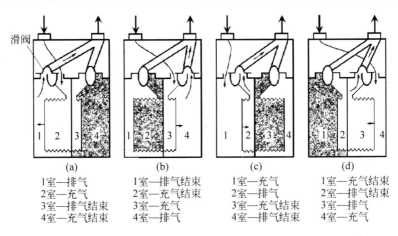

(a)	(b)	(c)	(d)
1室—排气	1室—排气结束	1室—充气	1室—充气结束
2室—充气	2室—充气结束	2室—排气	2室—排气结束
3室—排气结束	3室—充气	3室—充气结束	3室—排气
4室—充气结束	4室—排气	4室—排气结束	4室—充气

图 11-16　家用煤气表工作原理

皮膜式气体流量计结构简单,使用维护方便,价格低廉,工作可靠,测量的范围度很宽,可达 100：1,测量精度一般为 ±2%～±3%。其显示为累积值,可在线读数,不需外加能源。

基于标准表法的家用煤气表校正方法和液体流量计的校正方法一样,但需要测出标准流量计和被测流量计进口处的压力和温度,被校流量计的实际流量 q_{V_2} 为

$$q_{V_2} = q_{V_1} \sqrt{\frac{p_1 T_2}{p_2 T_1}} \tag{11-14}$$

式中,q_{V_2} 为实际状况下的气体流量(m³·s⁻¹);q_{V_1} 为标定状况下的气体流量(m³·s⁻¹);p_1,T_1 为标定状态下的绝对压强(Pa)和温度(K);p_2,T_2 为被测气体的绝对压强(Pa)和温度(K)。

四、实验系统组建与设备连接

1. 实验仪器与器材

空气压缩机(气源)　　　　　　1台
气体流量计校正装置　　　　　　1套
湿式流量计　　　　　　　　　　1台
家用煤气表　　　　　　　　　　1只

2. 实验系统设备连接

本实验以空气作介质,用已校正好的湿式流量计为标准流量计校正家用煤气表,实验设备连接如图 11-17 所示。

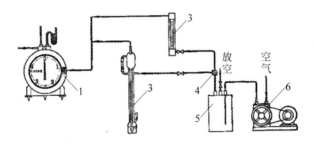

图 11-17　实验设备连接
1—湿式气体流量计;2—毛细管流量计;3—家用煤气表;4—三通旋阀;5—缓冲罐;6—气源

五、实验步骤

1. 按照图 11-17 连接检测装置,检查是否连接正确。
2. 将缓冲罐上的放空阀完全打开,同时关闭出气阀,启动气源。
3. 待气源运行正常后,将三通阀旋至与被校家用煤气表相通。
4. 缓慢调节放空阀,使气体流量调节到所需数值。
5. 湿式流量计运转数周后,开始测定。
6. 读取家用煤气表示数,用秒表和湿式流量计测量流量值。
7. 重复步骤 5~6,在煤气表的测量范围内均匀选择 5 个点,重复正、反行程测量 4 组数据,记录在表 11-6 中。

关闭气源,整理器材,实验结束。

注意: 因为气体体积随温度和压力变化,校正时一定记下当时的温度和压力。此外,管道连接和仪器一定要严密,防止漏气。

六、实验数据记录

表 11-6　家用煤气表校正实验数据记录表格

实验条件	温度 $t=$　　（℃）　　$P=$　　（Pa）						
序号	家用煤气表读数	湿度流量计显示值	实验体积数	流经时间（秒）				实际体积流量 q_v(l/s)
				1	2	3	平均	

七、实验数据处理与分析

根据实验数据，要求以实际体积流量 $q_v(\text{L} \cdot \text{s}^{-1})$ 为纵坐标，以家用煤气表读数为横坐标，绘出家用煤气表的校正曲线。

八、实验报告要求

实验报告主要内容包括：

（1）实验目的和要求；

（2）实验原理；

（3）实验系统构成；

（4）实验步骤；

（5）整理、分析原始实验数据；

（6）数据分析；

（7）讨论。

九、思考题

家用煤气表在零刻度时是否有气体流过？为什么？

十、实验改进与讨论

设计家用煤气表远程测量系统方案。

第12章

综合与设计型实验

12.1　角位移、角速度检测系统设计与实验

一、实验目的

1. 了解光电转速传感器测量转速的原理及方法。

2. 利用数字电路、检测技术知识设计一种使用光电传感器检测角位移和角速度的检测系统。

3. 初步学习嵌入式测量系统的设计、制作和调试方法。

二、实验基本原理

光电式转速传感器有反射型和透射型二种,本实验装置采用透射型光电转速传感器 GK122(又称光电断续器),如图 12-1 所示。GK122 端部二侧分别装有发光管和光电管,发光管发出的光源透过码盘上栅格后由光电管接收后接受管内的 NPN 型三极管导通。由于码盘上有均匀间栅格,如图 12-2 所示转动时将获得与转速有关的脉冲数,将脉冲计数处理即可得到转速值。利用同样的原理,码盘转动时将获得与角位移有关的脉冲数,将脉冲计数处理即可得到角位移。

图 12-1　GK122 槽型光耦　　　　　　图 12-2　测速码盘

　　GK122 槽型光耦电源电压为 DC5V,驱动输入端的发光二极管；输出为 NPN 开路输出,遮光时低电平,外壳为 ABS 塑料。

三、实验内容和要求

　　1. 查阅 GK122X 相关资料,明确槽型光耦的工作原理和工作参数。

　　2. 设计系统的总体架构,明确各个模块的功能。

　　提示：系统至少应该包括：微处理器(如 C51、DSP、FPGA 等)最小工作系统,系统时钟电路、显示电路、GK122X 测量电路。

　　3. 设计各个模块的电路原理图,说明各个模块电路的工作原理。

　　4. 绘制 PCB 板,制作测量电路板。

　　5. 设计嵌入式系统软件,调试系统功能。

　　6. 根据实际测量结果,分析各个环节存在的不足及改进措施。

　　GK122 参数：

　　检测距离(槽宽)：4mm；

　　标准检测物体：1.5mm 以上的不透明体；

　　光源(波长)：红外发光二极管(940nm)；

　　电源电压：DC5V；

　　消耗电流：25mA 以下；

　　控制输出：NPN 开路输出；遮光时低电平；

　　响应时间：动作/复位：1ms 以下；即检测频率 1kHz max；

　　输出导线：14cm 附带延长线插头；

　　外壳：ABS 塑料。

四、实验报告要求

　　实验报告主要内容包括：

　　(1) 实验目的和要求；

　　(2) 实验原理；

　　(3) 实验系统构成；

　　(4) 实验步骤；

　　(5) 整理、分析原始实验数据；

　　(6) 数据分析；

　　(7) 讨论。

12.2　相关法测速系统设计与实验

一、实验目的

1. 了解相关法测速原理及方法。
2. 了解系统设计方法,利用红外传感器的相关法测速。

二、实验原理

图 12-3 给出了运用相关技术测量钢材速度的结构示意图,在沿轧材运动方向的同一直线上安装两个特性相同,相距为 L 的光纤式红外探头,理想情况下所获得的 $x(t)$ 和 $y(t)$ 的波形是完全相似的,即

$$y(t) = \alpha x(t - \tau_0) \tag{12-1}$$

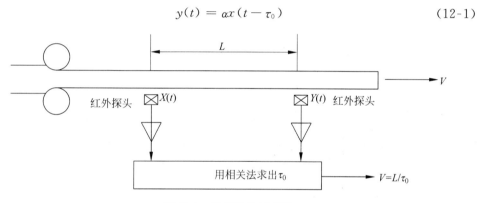

图 12-3　系统结构示意图

式中,α 为一常数;τ_0 为轧材以速度 v 从前一个探头运动到后一个探头的渡越时间。设 $x(t)$ 和 $y(t)$ 为各态历经的平稳过程,则 $x(t)$ 和 $y(t)$ 的有限时间的自相关函数为

$$R_{yx}(\tau) = \int_0^T x(t)y(t+\tau)\mathrm{d}t = \int_0^T y(t)x(t-\tau)\mathrm{d}t = aR_{xx}(\tau_0 - \tau) \tag{12-2}$$

根据自相关函数性质可知,该相关曲线在 $\tau = \tau_0$ 处存在峰值。设在渡越时间 τ_0 内,轧材作匀速运动,则轧材运动速度为

$$V = L/\tau_0 \tag{12-3}$$

因此,相关测速的核心问题有两个:一是如何从技术上实现获取的信号为相关性较好的随机信号;二是渡越时间 τ_0 的在线计算。

由相关函数的性质可知,两个完全相同的信号相关度最大,由于红外传感器来的两路信号仅相差一个时间延迟,通过向某一方向将数据移位做相关运算,并记录移位的个数,当移位到两组数据的对应点相同时,相关度最大。通过这一最大的相关值对应的移位个数,即可求出渡越时间 τ_0。因而,如何对信号进行移位比较,找出

其相关值最大时的移动间隔成为该系统信息处理的关键。

　　根据上述原理,可采用如图 12-4 所示的信号处理原理来实现相关法测速,其中上、下游红外传感器采用 BEA 红外传感器。

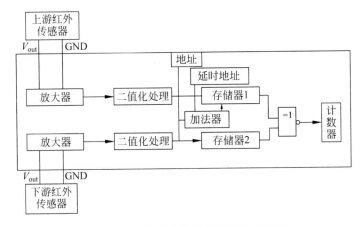

图 12-4　相关测速仪信号处理组成框图

　　BEA 红外感应器说明:其接口为:电源＋24V、电源负 GND、NO/NC、电压输出 V_{out},测量精度 0.01cm,内置 8 路光束。

三、实验内容与要求

　　1. 系统软硬件总体设计,要求给出:
　　(1) 系统组成框图;
　　(2) 配合组成框图说明各个部分功能指标;
　　(3) 系统软件架构。
　　2. 模块电路设计。
　　要求绘制以下各个部分的电路原理图,并对电路的工作原理进行分析。
　　(1) 微处理器最小系统设计;
　　(2) 显示电路设计;
　　(3) 红外传感器外围电路;
　　(4) AD 电路采集各个路灯状态。
　　3. 选型、制作。
　　4. 软件设计。
　　5. 系统调试。

四、实验报告要求

　　实验报告主要内容包括:

（1）实验目的和要求；

（2）实验原理；

（3）实验系统构成，要包括总体系统结构和功能框图；

（4）软硬件设计与调试；

（5）整理、分析原始实验数据；

（6）数据分析；

（7）讨论。

12.3　用光电位置敏感器测量位移、速度、加速度实验

一、实验目的

1. 了解光电位置敏感器结构及原理。

2. 了解光电位置敏感器在实时位移测量中的应用。

二、实验原理

位置敏感器件（Position Sensitive Detector，PSD），是一种对接收光点位置敏感的光电器件。PSD 器件响应速度快、位置分辨力高、输出与光强度无关仅与光点位置有关，一维 PSD 可测出光点的一维位置坐标。

实用的 PSD 为 PIN 三层结构，其截面如图 12-5（a）所示，表面 P 层为感光面，两边各有一输出电极，底层的公共电极接反偏电压。PSD 的工作原理是基于横向光电效应，当入射光点照到 PSD 光敏面上某一点时，假设产生的总光电流为 I_0，由于在入射光点到信号电极间存在横向电势，若在两个信号电极上接一负载电阻，则在两极得到光电流 I_1 和 I_2。I_1 和 I_2 的大小取决于入射光点位置及两极间的等效电阻 R_1 和 R_2。如果 PSD 表面层的电阻是均匀的，则 PSD 的等效电路如图 12-5（b）所示，R_1 和 R_2 的阻值取决于入射光点的位置，假设负载电阻 R_L 阻值相对 R_1、R_2 可忽略，则

$$I_1/I_2 = R_2/R_1 = (L-X)/(L+X) \tag{12-4}$$

式中，L 为 PSD 中点距信号电极的距离；X 为入射光点到 PSD 中点距离。式（12-4）表明，两个信号电极的输出电流之比为入射光点到该电极间距离之比的倒数，将 $I_0 = I_1 + I_2$ 与式（12-4）联立求解，得

$$I_1 = I_0(L-X)/2L \tag{12-5}$$

$$I_2 = I_0(L+X)/2L \tag{12-6}$$

$$X = L(I_2 - I_1)/(I_2 + I_1) \tag{12-7}$$

式（12-7）表明，当入射光点位置固定时，PSD 的单电极输出电流与入射光强度成正

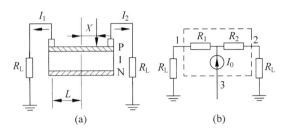

图 12-5　PSD 结构及等效电路

比；当入射光强不变时，单个电极输出电流与入射光点距中心距离 X 呈线性关系；同时两极输出电流与坐标 X 有关，与入射光点强度无关。因此，PSD 就成为仅对入射光光点位置敏感的光电器件。

　　参考传感器：深圳达瑞鑫光电科技有限公司提供的二维 PSD 传感器，实物如图 12-6 所示，采用正负 5V 供电，输出信号范围为 ±5V，该信号可直接被数据采集卡采集处理。

图 12-6　二维 PSD 传感器（含处理板）实物图

三、实验内容与要求

　　1. 设计一个使用 PSD 传感器的位移、速度、加速度测量系统，参考系统结构如图 12-7 所示，也可完全自主设计方案。

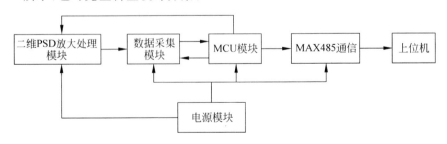

图 12-7　系统结构框图

2. 完成系统软硬件总体设计,包括以下部分:

(1) 系统组成框图;

(2) 配合组成框图说明各个部分功能指标;

(3) 系统软件架构。

3. 完成模块电路设计。

要求绘制以下各个部分的电路原理图,并对电路的工作原理进行分析:

(1) 微处理器最小系统设计;

(2) 显示电路设计;

(3) PSD 外围电路;

(4) AD、通信电路。

4. 软件设计。

5. 系统制作调试。

四、实验报告要求

实验报告主要内容包括:

(1) 实验目的和要求;

(2) 实验原理;

(3) 实验系统构成,要包括总体系统结构和功能框图;

(4) 软硬件设计与调试;

(5) 整理、分析原始实验数据;

(6) 数据分析;

(7) 讨论。

12.4　油水气界面测量系统设计与实验

一、实验目的

了解分段式电容传感器的构造及其工作原理。

二、实验原理

分段式电容传感器工作原理见 10.7 节实验。

三、实验内容与要求

1. 设计一种电容值测量电路,参考图 12-8 电容测量原理电路。

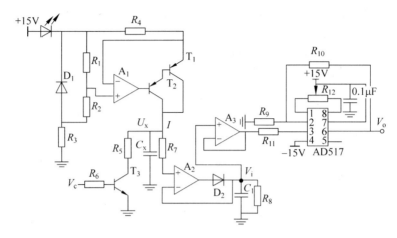

图 12-8   电容测量原理电路

2. 对照图 12-9 所示的油水分界面检测实验系统结构,观测实际系统的组成,思考实际系统是如何工作的。

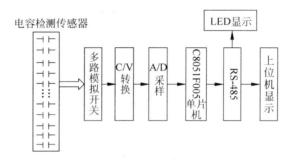

图 12-9   系统组成参考图

3. 完成系统软硬件总体设计,包括以下部分:

(1) 系统组成框图;

(2) 配合组成框图说明各个部分功能指标;

(3) 系统软件架构。

4. 完成模块电路设计。

要求绘制以下各个部分的电路原理图,并对电路的工作原理进行分析:

(1) 微处理器最小系统设计;

(2) 显示电路设计;

(3) 电容检测电路;

(4) AD 电路采集各个路灯状态。

5. 软件设计。

6. 系统制作调试。

四、实验报告要求

实验报告主要内容包括：
(1) 实验目的和要求；
(2) 实验原理；
(3) 实验系统构成，要包括总体系统结构和功能框图；
(4) 软硬件设计与调试；
(5) 整理、分析原始实验数据；
(6) 数据分析；
(7) 讨论。

12.5　热敏电阻测温特性的线性化校正实验

一、实验目的

1. 了解热敏电阻非线性特性。
2. 掌握热敏电阻线性化原理及实际线性化系统设计方法。
3. 熟悉实验结果数据处理方法。

二、实验原理

热敏电阻的阻值 R_T 与温度 t 的关系 $R_T = Ae^{B(t+273)}$ 是一种非线性关系，为改善其非线性特性，通常在电路中加入补偿电阻，使得修正后的电阻与温度 t 近似线性关系，如图 12-10 所示。

热敏电阻器的数学模型也可表示为

$$R_T = R_{T0} \exp B\left(\frac{1}{T} - \frac{1}{T_0}\right) \qquad (12\text{-}8)$$

式中，T 为被测绝对温度 K；T_0 为参考温度，取 298K；R_{T0} 为 T_0 工作温度下的电阻值，Ω；R_T 为 T 工作温度下的电阻值，Ω；B 为材料常数，K。从上式可知，热敏电阻器的工作温度与材料常数 B 有关。不同型号的热敏电阻器对应不同的参数值。

在测量电路图 12-11 中，一般把电阻作为输入值，电压作为输出值，这样电阻的变化就直接反映到电压上，即

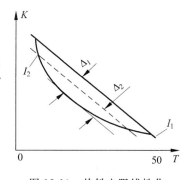

图 12-10　热敏电阻线性化
前后特性曲线

$$U_1 = \frac{R_3 E}{R_1 R_2} R_{T0} \exp B\left(\frac{1}{T} - \frac{1}{T_0}\right) \tag{12-9}$$

不同的被测温度 T，有相应的输出电压 U_1，而且它们是非线性关系。

为了求测量灵敏度，可对 T 求一阶导数，得到

$$\frac{\mathrm{d}U_1}{\mathrm{d}t} = \frac{BR_3 E}{R_1 R_2} \times \frac{1}{T^2} \times R_{T0} \exp B\left(\frac{1}{T} - \frac{1}{T_0}\right) \tag{12-10}$$

对于不同的 T 值，U_1-T 曲线的斜率不同，即测量灵敏度不同。

如果把基本测量电路接入用对数电路和除法器串联组成的电路，如图 12-12 所示，则电路的输出电压值 U_0 与三极管的反向饱和电流 I_s 和热电压 U_T 有关，即

$$U_0 = \frac{R_f R_6 I_s U_s E}{R_5 U_T B} T \tag{12-11}$$

本实验用的热敏电阻选型参考：可采用 NTC 热敏电阻器，NTC 热敏半导体大多是尖晶石结构或其他结构的氧化物陶瓷，具有负的温度系数，其在室温下的变化范围在 $100 \sim 10\,000\,\Omega$，温度系数 $-2\% \sim -6.5\%$。NTC 热敏电阻器可广泛应用于温度测量、温度补偿、抑制浪涌电流等场合，它的测量范围一般为 $-10 \sim +300\,℃$，也可做到 $-200 \sim +10\,℃$，甚至可用于 $+300 \sim +1200\,℃$ 环境中作测温用。

三、实验内容和要求

1. 实验内容

（1）热敏电阻温度特性测量。利用 MF51 型负温度系数热敏电阻器、OP07 运算放大器、20pF 的补偿电容器、温控源，测量热敏电阻的温度特性曲线，参考电路如图 12-11 所示。

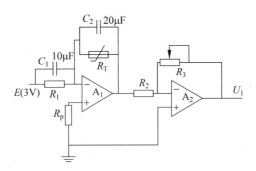

图 12-11　温度特性测量电路

电路参数：$E = 3\mathrm{V}, R_1 = R_2 = 5\mathrm{k}\Omega, R_3 = 2\mathrm{k}\Omega, R_T = 2\mathrm{k}\Omega, B = 3420\mathrm{K}, T_0 = 298\mathrm{K}$。

（2）线性化热敏电阻温度特性曲线。如果把基本测量电路接入用对数电路和除法器串联组成的电路图 12-12，测量不同温度下的 U_1-T 曲线。

（3）利用测量记录数据和 MATLAB 或 Excel 软件绘制电阻线性化前后特性曲线，如图 12-13 所示。

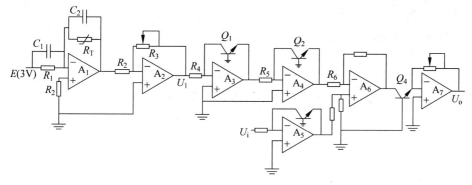

图 12-12　线性化测量电路

电路参数：$R_5 = R_6 = 5\text{k}\Omega, R_f = 50\text{k}\Omega, R_4 = 20\Omega$。

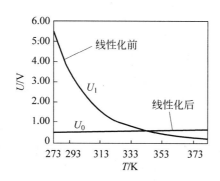

图 12-13　测量结果处理

2. 实验要求

（1）阐述负温度系数热敏电阻工作特性，以及实验中用到的线性化方法的原理。

（2）分析图 12-11 电路图的工作原理，设计对应的数据采集表格，列出实验中实际的数据。

（3）分析图 12-12 电路图的工作原理，设计对应的数据采集表格，列出实验中实际的数据。

（4）设计数据处理算法，绘制实验所用的热敏电阻的温度特性曲线和线性化后的特性曲线。对比线性化前后的线性度。提供必要的算法流程图和源码。

四、实验报告要求

实验报告主要内容包括：

（1）实验目的和要求；

（2）实验原理；

（3）实验系统构成；

（4）实验步骤；

（5）整理、分析原始实验数据；

（6）数据分析；

（7）讨论。

12.6 仓库库房温度、湿度监控系统

一、实验目的

运用 SHT11 温湿度传感器，设计仓库库房温度、湿度监控系统。

二、实验原理

温湿度传感器 SHT11 将温度感测、湿度感测、信号变换、A/D 转换和加热器等功能集成到一个芯片上，其内部结构如图 12-14 所示。该芯片包括一个电容性聚合体湿度敏感元件和一个用能隙材料制成的温度敏感元件，这两个敏感元件分别将湿度和温度转换成电信号，该电信号首先进入微弱信号放大器进行放大，然后进入一个 14 位的 A/D 转换器，最后经过二线串行数字接口输出数字信号。SHT11 在出厂前，都会在恒湿或恒温环境中进行校准，校准系数存储在校准寄存器中；在测量过程中，校准系数会自动校准来自传感器的信号。此外，SHT11 内部还集成了一个加热元件，加热元件接通后可以将 SHT11 的温度升高 5℃左右，同时功耗也会有所增加；此功能主要为了比较加热前后的温度和湿度值，可以综合验证两个传感器元件的性能。在高湿(＞95％RH)环境中，加热传感器可预防传感器结露，同时缩短响应时间，提高精度。加热后 SHT11 温度升高、相对湿度降低，较加热前，测量值会略有差异。

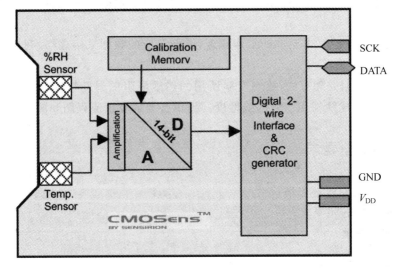

图 12-14 SHT11 内部结构框图

三、实验内容和要求

1. 实验内容

（1）查阅资料，预习 SHT11 工作原理。

（2）设计电路，测量、显示仓库温度、湿度，参考电路图如图 12-15 所示。

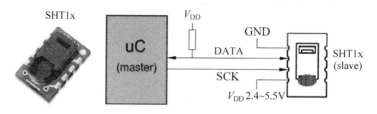

图 12-15　SHT11 实物及典型应用电路

2. 实验要求

（1）选择一款合适的微处理器，设计一个最小系统，在此基础上设计 AD 电路，采集温度湿度信号。

（2）制作 pcb 实现系统。

（3）调试完成系统。

四、实验报告要求

实验报告主要内容包括：

（1）实验目的和要求；

（2）实验原理；

（3）实验系统构成，要包括总体系统结构和功能框图；

（4）软硬件设计与调试；

（5）整理、分析原始实验数据；

（6）数据分析；

（7）讨论。

12.7　小区路灯及楼道灯控制系统设计与实验

一、实验目的

1. 了解光敏电阻的光照特性和伏安特性，测量光敏电阻的伏安特性。

2. 利用电子电路和微机原理知识设计一套小区路灯及楼道灯控制电路。

二、实验原理

在光的作用下,电子吸收光子的能量从键合状态过渡到自由状态,引起电导率的变化,这种现象称为光电导效应。光敏电阻是基于光电导效应的一种半导体元件,光照越强,器件自身的电阻越小,电阻两端电势不变时,光电流增加。由图 12-16 可看出光敏电阻的光照特性线性度比较好。

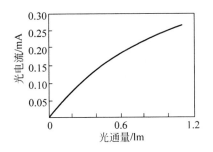

图 12-16　光敏电阻光照特性

压敏电阻的特性曲线和光敏电阻的特性相似。

压敏电阻选型参考:实验设计中可以参考使用光敏电阻 T5516,其最大电压 VDC150V,最大功耗 90mW,亮电阻 5～10(10lx/kΩ),暗电阻 0.2MΩ 灵敏度 0.6,工作温度 −30～70℃,光谱峰值 540nm。

三、实验内容和要求

1. 实验内容

(1) 光敏电阻无极性,其工作特性与入射光光强、波长和外加电压有关。利用图 12-17 所示电路图可以测量光敏电阻特性曲线。

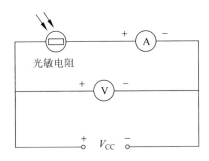

图 12-17　光敏电阻实验原理图

(2) 选用一个 12V 供电的灯泡模拟路灯,设计一个光控电路,使得光照低于某个值时灯泡亮。参考电路如图 12-18 所示。

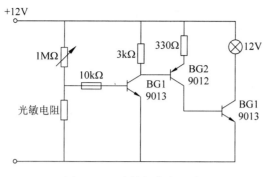

图 12-18　光控灯参考电路

（3）选用合适的压敏电阻替换图 12-18 中光敏电阻可以设计一个触控电路，用于控制楼道灯光亮度。

（4）选用一款微处理器，设计一个最小系统和显示电路，用于模拟路灯、楼道灯光综合管理系统。

2. 实验要求

实验过程中要求进行如下步骤：

（1）系统软硬件总体设计，包括：

① 系统组成框图；

② 配合组成框图说明各个部分功能指标；

③ 系统软件架构。

（2）模块电路设计。要求绘制以下各个部分的电路原理图，并对电路的工作原理进行分析。

① 微处理器最小系统设计；

② 显示电路设计；

③ 路灯控制电路；

④ 楼道灯光控制电路；

⑤ AD 电路采集各个路灯状态。

（3）选型、制作。

（4）软件设计。

（5）系统调试。

四、实验报告要求

实验报告主要内容包括：

（1）实验目的和要求；

（2）实验原理；

（3）系统构成及单元电路设计；

（4）软件设计与调试；

（5）整理、分析原始实验数据；

（6）数据分析；

（7）讨论。

12.8　库区防进入监测与报警系统设计

一、实验目的

1. 了解门禁系统的工作原理及使用方法。

2. 掌握一种实用的报警系统设计方法及其应用。

二、实验原理

当前，门禁系统已被广泛应用于家庭、库区等地域。门禁系统一般采用窗磁/门磁传感器，安装在门窗上用于监测非法入侵情况。其工作原理如图 12-19 所示，系统布防时，一旦发生非法入侵将立即触发报警器，发出声光报警信号。

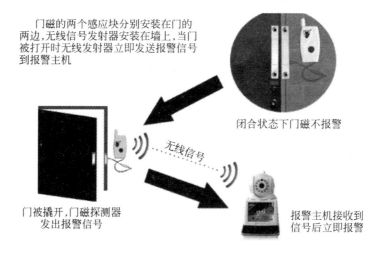

图 12-19　门禁工作原理示意图

窗磁/门磁传感器是利用磁性体吸合干簧管原理而制成的传感器，由两部分组成，其中较小的部分为永磁体，用来产生恒定的磁场，较大的是门磁主体，内部有一个动合型的干簧管，利用干簧管内的触片被永磁体吸合的情况进行报警或控制。门窗关闭时，窗磁/门磁传感器的两个部分靠近（小于 15mm 时），磁场作用加强，干簧管处于断开状态；门窗打开时，磁体与干簧管分离，磁场作用减弱或消失，干簧管就会闭合，开关短路。实验中可以参考使用恩豪 001 型门磁开关，其工作电压小于

DC100V,静态电流≤10μA,报警电流≤15μA,调制方式 ASK,发射功率≤150mW,工作温度－10~50℃,外壳材料 ABS。

三、实验内容与要求

1. 实验内容

（1）选用具有无线数据传输和组网功能的 CC2530 控制器模块,设计门磁检测电路,参考电路如图 12-20 所示。

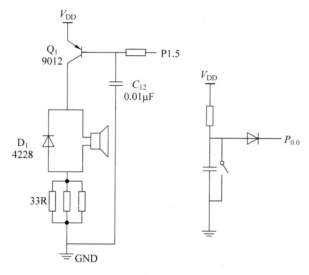

图 12-20　检测电路原理图

（2）研究模块的 ZigBee 通信协议,将多个监控节点进行组网,设计一个安防综合控制系统。

2. 实验要求

实验过程中要求进行如下步骤。

（1）总体系统结构和功能框图设计：

① 系统组成框图；

② 配合组成框图说明各个部分功能指标。

（2）模块电路设计：要求绘制以下各个部分的电路原理图,并对电路的工作原理进行分析。

① 微处理器最小系统设计；

② 显示报警电路设计；

③ 门磁检测电路设计；

④ 通信协议设计。

（3）选型、制作和调试。此部分包含以下内容：

① 实际方案中的各种器件选型清单；

② PCB 布局布线图，系统安装方案图；

③ 调试实物图，程序设计流程图及关键部分代码；

④ 调试过程遇到的问题及解决方法。

四、实验报告要求

实验报告主要内容包括：

（1）实验目的和要求；

（2）实验原理；

（3）系统构成及单元电路设计；

（4）软件设计与调试；

（5）整理、分析原始实验数据；

（6）数据分析；

（7）讨论。

标准热电偶分度表

A.1 铂铑 30-铂铑 6 热电偶分度表（B 型）

（参比端温度为 0℃） 单位：（mV）

测量端温度	0	1	2	3	4	5	6	7	8	9
	热 电 动 势									
0	0.000	0.000	0.000	0.000	0.000	−0.001	−0.001	−0.001	−0.001	−0.001
10	−0.001	−0.002	−0.002	−0.002	−0.002	−0.002	−0.002	−0.002	−0.002	−0.002
20	−0.002	−0.002	−0.002	−0.002	−0.002	−0.002	−0.002	−0.002	−0.002	−0.002
30	−0.002	−0.002	−0.001	−0.001	−0.001	−0.001	−0.001	−0.001	−0.000	−0.000
40	−0.000	0.000	0.000	0.000	0.001	0.001	0.002	0.002	0.002	0.002
50	0.003	0.003	0.003	0.004	0.004	0.004	0.005	0.005	0.006	0.006
60	0.007	0.007	0.008	0.008	0.008	0.009	0.010	0.010	0.010	0.011
70	0.012	0.012	0.013	0.013	0.014	0.015	0.015	0.016	0.016	0.017
80	0.018	0.018	0.019	0.020	0.021	0.021	0.022	0.023	0.024	0.024
90	0.025	0.026	0.027	0.028	0.025	0.026	0.030	0.031	0.032	0.033
100	0.034	0.034	0.035	0.036	0.037	0.038	0.039	0.040	0.041	0.042
110	0.043	0.044	0.045	0.046	0.047	0.048	0.049	0.050	0.051	0.052
120	0.054	0.055	0.056	0.057	0.058	0.059	0.060	0.062	0.063	0.064
130	0.065	0.067	0.069	0.069	0.070	0.072	0.073	0.074	0.076	0.077
140	0.078	0.080	0.081	0.082	0.084	0.085	0.086	0.088	0.089	0.091
150	0.092	0.094	0.095	0.097	0.098	0.100	0.101	0.103	0.104	0.106
160	0.107	0.109	0.110	0.112	0.114	0.115	0.117	0.118	0.120	0.122
170	0.123	0.125	0.127	0.128	0.130	0.132	0.134	0.135	0.137	0.139
180	0.141	0.142	0.144	0.146	0.148	0.150	0.152	0.153	0.155	0.157
190	0.159	0.161	0.163	0.165	0.167	0.168	0.170	0.172	0.174	0.176
200	0.178	0.180	0.182	0.184	0.186	0.188	0.190	0.193	0.195	0.197
210	0.199	0.201	0.203	0.205	0.207	0.210	0.212	0.214	0.216	0.218
220	0.220	0.223	0.225	0.227	0.229	0.232	0.234	0.236	0.238	0.241
230	0.243	0.245	0.248	0.250	0.252	0.255	0.257	0.260	0.262	0.264
240	0.267	0.269	0.273	0.274	0.276	0.279	0.281	0.284	0.286	0.289
250	0.291	0.294	0.296	0.299	0.302	0.304	0.307	0.309	0.312	0.315
260	0.317	0.320	0.322	0.325	0.328	0.331	0.333	0.336	0.339	0.341

续表

测量端温度	0	1	2	3	4	5	6	7	8	9
	热 电 动 势									
270	0.344	0.347	0.350	0.352	0.355	0.358	0.361	0.364	0.366	0.369
280	0.372	0.375	0.378	0.381	0.384	0.386	0.389	0.394	0.395	0.398
290	0.401	0.404	0.407	0.410	0.413	0.416	0.419	0.422	0.425	0.428
300	0.431	0.434	0.437	0.440	0.443	0.446	0.449	0.453	0.456	0.459
310	0.462	0.465	0.468	0.472	0.475	0.478	0.481	0.484	0.488	0.491
320	0.494	0.497	0.501	0.504	0.507	0.510	0.514	0.517	0.520	0.524
330	0.527	0.530	0.534	0.537	0.541	0.544	0.548	0.551	0.554	0.558
340	0.561	0.565	0.568	0.572	0.575	0.579	0.582	0.586	0.589	0.593
350	0.596	0.600	0.604	0.607	0.611	0.614	0.618	0.622	0.625	0.629
360	0.632	0.636	0.640	0.644	0.647	0.651	0.655	0.658	0.662	0.666
370	0.670	0.673	0.677	0.681	0.685	0.689	0.692	0.696	0.700	0.704
380	0.708	0.712	0.716	0.719	0.723	0.727	0.731	0.735	0.739	0.743
390	0.747	0.751	0.755	0.759	0.763	0.767	0.771	0.775	0.779	0.783
400	0.787	0.791	0.795	0.799	0.803	0.808	0.812	0.816	0.820	0.824
410	0.828	0.832	0.836	0.841	0.845	0.849	0.853	0.858	0.862	0.866
420	0.870	0.874	0.879	0.883	0.887	0.892	0.896	0.900	0.905	0.909
430	0.913	0.918	0.922	0.926	0.931	0.935	0.940	0.944	0.949	0.953
440	0.957	0.962	0.966	0.971	0.975	0.980	0.984	0.989	0.993	0.998

A.2　铂铑 10-铂热电偶分度表(S 型)

（参比端温度为 0℃）　　单位：(mV)

测量端温度	0	1	2	3	4	5	6	7	8	9
	热 电 动 势									
0	0.000	0.005	0.011	0.016	0.022	0.028	0.033	0.039	0.044	0.050
10	0.056	0.061	0.067	0.073	0.078	0.084	0.090	0.096	0.102	0.107
20	0.113	0.119	0.125	0.131	0.137	0.143	0.149	0.155	0.161	0.167
30	0.173	0.179	0.185	0.191	0.198	0.204	0.210	0.216	0.222	0.229
40	0.235	0.241	0.247	0.254	0.260	0.266	0.273	0.279	0.286	0.292
50	0.299	0.305	0.312	0.318	0.325	0.331	0.338	0.344	0.351	0.357
60	0.364	0.371	0.347	0.384	0.391	0.397	0.404	0.411	0.418	0.425
70	0.431	0.438	0.455	0.452	0.459	0.466	0.473	0.479	0.486	0.493
80	0.500	0.507	0.514	0.521	0.528	0.535	0.543	0.550	0.557	0.564
90	0.571	0.578	0.585	0.593	0.600	0.607	0.614	0.621	0.629	0.636
100	0.643	0.651	0.658	0.665	0.673	0.680	0.687	0.694	0.702	0.709
110	0.717	0.724	0.732	0.789	0.747	0.754	0.762	0.769	0.777	0.784
120	0.792	0.800	0.807	0.815	0.823	0.830	0.838	0.845	0.853	0.861
130	0.869	0.876	0.884	0.892	0.900	0.907	0.915	0.923	0.931	0.939

续表

测量端 温度	0	1	2	3	4	5	6	7	8	9
	热 电 动 势									
140	0.946	0.954	0.962	0.970	0.978	0.986	0.994	1.002	0.009	1.017
150	1.025	1.033	1.041	1.049	1.057	1.065	1.073	1.081	1.089	1.097
160	1.106	1.114	1.122	1.130	1.138	1.146	1.154	1.162	1.170	1.179
170	1.187	1.195	1.203	1.211	1.220	1.228	1.236	1.244	1.253	1.261
180	1.269	1.277	1.286	1.294	1.302	1.311	1.319	1.327	1.336	1.344
190	1.352	1.361	1.369	1.377	1.386	1.394	1.403	1.411	1.419	1.428
200	1.436	1.445	1.453	1.462	1.470	1.479	1.487	1.496	1.504	1.513
210	1.521	1.530	1.538	1.547	1.555	1.564	1.573	1.581	1.590	1.598
220	1.607	1.615	1.624	1.633	1.641	1.650	1.659	1.667	1.676	1.685
230	1.693	1.702	1.710	1.710	1.728	1.736	1.745	1.754	1.763	1.771
240	1.780	1.788	1.797	1.805	1.814	1.823	1.832	1.840	1.849	1.858
250	1.867	1.876	1.884	1.893	1.902	1.911	1.920	1.929	1.937	1.946
260	1.955	1.964	1.973	1.982	1.991	2.000	2.008	2.017	2.026	2.035
270	2.044	2.053	2.062	2.071	2.080	2.089	2.089	2.107	2.116	2.125
280	2.134	2.143	2.152	2.161	2.170	2.179	2.188	2.197	2.206	2.215
290	2.224	2.233	2.242	2.251	2.260	2.270	2.279	2.288	2.297	2.306
300	2.315	2.324	2.333	2.342	2.352	2.361	2.370	2.379	2.388	2.397
310	2.407	2.416	2.425	2.434	2.443	2.452	2.462	2.471	2.480	2.489
320	2.498	2.508	2.517	2.526	2.535	2.545	2.554	2.563	2.572	2.582
330	2.591	2.600	2.609	2.619	2.628	2.637	2.647	2.656	0.565	2.675
340	2.684	2.693	2.703	2.712	2.721	2.730	2.740	2.749	2.759	2.768
350	2.777	2.787	2.796	2.805	2.815	2.824	2.833	2.843	2.852	2.862
360	2.871	2.880	2.890	2.899	2.909	2.918	2.937	2.928	2.946	2.956
370	2.965	2.975	2.984	2.994	3.003	3.013	3.022	3.031	3.041	3.050
380	3.060	3.069	3.079	3.088	3.098	3.107	3.117	3.126	3.136	3.145
390	3.155	3.164	3.174	3.183	3.193	3.202	3.212	3.221	3.231	3.240
400	3.250	3.260	3.269	3.279	3.288	3.298	3.307	3.317	3.326	3.336
410	3.346	3.355	3.365	3.374	3.384	3.393	3.403	3.413	3.422	3.432
420	3.441	3.451	3.461	3.470	3.480	3.489	3.499	3.509	3.518	3.528
430	3.538	3.547	3.557	3.566	3.576	3.586	3.595	3.605	3.615	3.624
440	3.634	3.644	3.653	3.663	3.673	3.682	3.692	3.702	3.711	3.721
450	3.731	3.740	3.750	3.760	3.770	3.779	3.789	3.799	3.808	3.818
460	3.828	3.833	3.847	3.857	3.867	3.877	3.886	3.896	3.906	3.916
470	3.925	3.935	3.945	3.955	3.964	3.974	3.984	3.994	4.003	4.013
480	4.023	4.033	4.043	4.052	4.062	4.072	4.082	4.092	4.102	4.111
490	4.121	4.131	4.141	4.151	4.161	4.170	4.180	4.190	4.200	4.210
500	4.220	4.229	4.239	4.249	4.259	4.269	4.279	4.289	4.299	4.309
510	4.318	4.328	4.338	4.348	4.358	4.368	4.378	4.388	4.398	4.408
520	4.418	4.427	4.437	4.447	4.457	4.467	4.477	4.487	4.497	4.507
530	4.517	4.527	4.537	4.547	4.557	4.567	4.577	4.587	4.597	4.607
540	4.617	4.627	4.637	4.647	4.657	4.667	4.677	4.687	4.697	4.707
550	4.717	4.727	4.737	4.747	4.757	4.767	4.777	4.787	4.797	4.807
560	4.817	4.827	4.838	4.848	4.858	4.868	4.878	4.888	4.898	4.908
570	4.918	4.928	4.938	4.949	4.959	4.969	4.979	4.989	4.999	5.009

续表

测量端温度	0	1	2	3	4	5	6	7	8	9
	热 电 动 势									
580	5.019	5.030	5.040	5.050	5.060	5.070	5.080	5.090	5.101	5.111
590	5.121	5.131	5.141	5.151	5.162	5.172	5.182	5.192	5.202	5.212
600	5.222	5.232	5.242	5.252	5.263	5.273	5.283	5.293	5.304	5.314
610	5.324	5.334	5.344	5.355	5.365	5.375	5.386	5.396	5.406	5.416
620	5.427	5.437	5.447	5.457	5.468	5.478	5.488	5.499	5.509	5.519
630	5.530	5.540	5.550	5.561	5.571	5.581	5.591	5.602	5.612	5.622
640	5.633	5.643	5.653	5.664	5.674	5.684	5.695	5.705	5.715	5.725
650	5.735	5.745	5.756	5.765	5.776	5.787	5.797	5.808	5.818	5.828
660	5.839	5.849	5.859	5.870	5.880	5.891	5.901	5.911	5.922	5.932
670	5.943	5.953	5.964	5.974	5.984	5.995	6.005	6.016	6.026	6.036
680	6.046	6.056	6.067	6.077	6.088	6.098	6.109	6.119	6.130	6.140
690	6.151	6.161	6.172	6.182	6.193	6.203	6.214	6.224	6.235	6.245
700	6.256	6.266	6.277	6.287	6.298	6.308	6.319	6.329	6.340	6.351
710	6.361	6.372	6.382	6.392	6.402	6.413	6.424	6.434	6.445	6.455
720	6.466	6.476	6.487	6.498	6.508	6.519	6.529	6.540	6.551	6.561
730	6.527	6.583	6.593	6.604	6.614	6.624	6.635	6.645	6.656	6.667
740	6.677	6.688	6.699	6.709	6.720	6.731	6.741	6.752	6.763	6.773
750	6.784	6.795	6.805	6.816	6.827	6.838	6.848	6.859	6.870	6.880
760	6.891	6.902	6.913	6.923	6.934	6.945	6.956	6.966	6.977	6.988
770	6.999	7.009	7.020	7.031	7.041	7.051	7.062	7.073	7.084	7.095
780	7.105	7.116	7.127	7.138	7.149	7.159	7.170	7.181	7.192	7.203
790	7.213	7.224	7.235	7.246	7.257	7.268	7.279	7.289	7.300	7.311
800	7.322	7.333	7.344	7.355	7.365	7.376	7.387	7.397	7.408	7.419
810	7.430	7.441	7.452	7.462	7.473	7.484	7.495	7.506	7.517	7.528
820	7.539	7.550	7.561	7.572	7.583	7.594	7.605	7.615	7.626	7.637
830	7.648	7.659	7.670	7.681	7.692	7.703	7.714	7.724	7.735	7.746
840	7.757	7.768	7.779	7.790	7.801	7.812	7.823	7.834	7.845	7.856
850	7.876	7.878	7.889	7.901	7.912	7.923	7.934	7.945	7.956	7.967
860	7.978	7.989	8.000	8.011	8.022	8.033	8.043	8.054	8.066	8.077
870	8.088	8.099	8.110	8.121	8.132	8.143	8.154	8.166	8.177	8.188
880	8.199	8.210	8.221	8.232	8.244	8.255	8.266	8.277	8.288	8.299
890	8.310	8.322	8.333	8.344	8.355	8.366	8.377	8.388	8.399	8.410
900	8.421	8.433	8.444	8.455	8.466	8.477	8.489	8.500	8.511	8.522
910	8.534	8.545	8.556	8.567	8.579	8.590	8.610	8.612	8.624	8.635
920	8.646	8.657	8.668	8.679	8.690	8.702	8.713	8.724	8.735	8.747
930	8.758	8.769	8.781	8.792	8.803	8.815	8.826	8.837	8.849	8.860
940	8.871	8.883	8.894	8.905	8.917	8.928	8.939	8.951	8.962	8.974
950	8.985	9.996	9.007	9.018	9.029	9.041	9.052	9.064	9.075	9.086
960	9.098	9.109	9.121	9.123	9.144	9.155	9.160	9.178	9.189	9.201
970	9.212	9.223	9.235	9.247	9.258	9.269	9.281	9.292	9.303	9.314
980	9.326	9.337	9.349	9.360	9.372	9.383	9.395	9.406	9.418	9.429
990	9.441	9.452	9.464	9.475	9.487	9.498	9.510	9.521	9.533	9.545
1000	9.556	9.568	9.579	9.591	9.602	9.613	9.624	9.636	9.648	9.659
1010	9.671	9.682	9.694	9.705	9.717	9.729	9.740	7.752	9.764	9.775

A.3　铂铑 13-铂热电偶分度表（R 型）

（参比端温度为 0℃）　　单位：mV

温度	0	100	200	300	400	500	600	700	800
0	0.000 54	0.647 76	1.468 89	2.400 98	3.407 104	4.471 109	5.582 114	6.741 119	7.949 123
10	0.054 57	0.723 77	1.557 90	2.498 98	3.511 105	4.580 109	5.696 114	6.860 119	8.072 124
20	0.111 60	0.800 79	1.647 91	2.596 99	3.616 105	4.689 110	5.810 115	6.979 119	8.196 124
30	0.171 61	0.879 80	1.738 92	2.695 100	3.721 105	4.799 111	5.925 115	7.098 120	8.320 125
40	0.232 64	0.959 82	1.830 93	2.795 101	3.826 107	4.910 111	6.040 115	7.218 121	8.445 125
50	0.296 67	1.041 83	1.923 94	2.896 101	3.933 106	5.021 111	6.155 117	7.339 121	8.570 126
60	0.363 68	1.124 84	2.017 94	2.997 102	4.039 107	5.132 112	6.272 116	7.460 122	8.696 126
70	0.431 70	1.208 86	2.111 96	3.099 102	4.146 108	5.244 112	6.388 117	7.582 121	8.822 127
80	0.501 72	1.294 86	2.207 96	3.201 103	4.254 108	5.356 113	6.505 118	7.703 123	8.949 127
90	0.573 74	1.380 88	2.303 97	3.304 103	4.362 109	5.469 113	6.623 118	7.826 123	9.076 127
100	0.647	1.468	2.400	3.407	4.471	5.582	6.741	7.949	9.203

温度	900	1000	1100	1200	1300	1400	1500	1600	1700
0	9.203 128	10.503 133	11.846 137	13.224 139	14.624 141	16.035 141	17.445 140	18.842 139	20.215 135
10	9.331 129	10.636 132	11.983 136	13.363 139	14.765 141	16.176 141	17.585 141	18.981 138	20.350 133
20	9.460 129	10.768 134	12.119 138	13.502 140	14.906 141	16.317 141	17.726 140	19.119 138	20.483 133
30	9.589 129	10.902 133	12.257 137	13.642 140	15.947 141	16.458 141	17.866 140	19.257 138	20.616 132
40	9.718 130	11.035 135	12.394 138	13.782 140	15.188 141	16.599 142	18.006 140	19.395 138	20.748 130
50	9.848 130	11.170 134	12.532 137	13.922 140	15.329 141	16.741 141	18.146 140	19.533 137	20.878 128
60	9.978 131	11.304 135	12.669 139	14.062 140	15.470 141	16.882 140	18.286 139	19.670 137	21.006
70	10.409 131	11.439 135	12.808 138	14.202 141	15.611 141	17.022 141	18.425 139	19.807 137	
80	10.240 131	11.574 136	12.946 139	14.343 140	15.752 141	17.163 141	18.564 139	19.944 136	
90	10.371 132	11.710 136	13.085 139	14.483 141	15.893 142	17.304 141	18.703 139	20.080 135	
100	10.503	11.846	13.224	14.624	16.035	17.415	18.842	20.215	

A.4　镍铬-镍硅热电偶分度表（K 型）

（参比端温度为 0℃）　　单位：mV

温度	−100	−0	温度	0	100	200	300	400	500
−0	−3.553 299	0.000 392	0	0.000 397	4.095 413	8.137 400	12.207 416	16.395 423	20.640 426
−10	−3.853 289	−0.392 385	10	0.397 401	4.508 411	8.537 405	12.623 416	16.818 423	21.066 427
−20	−4.138 272	−0.777 379	20	0.798 405	4.919 408	8.638 403	13.039 417	17.241 423	21.493 426
−30	−4.410 259	−1.156 371	30	1.203 408	5.327 406	9.341 404	13.456 418	17.664 424	21.919 427
−40	−4.669 243	−1.527 362	40	1.611 411	5.733 404	9.745 406	13.874 418	18.088 425	22.346 426
−50	−4.912 229	−1.889 354	50	2.022 414	6.137 402	10.151 409	14.292 420	18.513 425	22.772 426
−60	−5.141 213	−2.243 343	60	2.436 414	6.539 400	10.560 409	14.712 420	18.938 425	23.108 426
−70	−5.354 196	−2.586 334	70	2.850 416	6.939 399	10.969 412	15.132 420	19.363 425	23.624 426
−80	−5.550 180	−2.920 322	80	3.266 415	7.388 399	11.381 412	15.552 422	19.788 426	24.050 426

续表

温度	−100	−0	温度	0	100	200	300	400	500
−90	−5.730 161	−3.242 311	90	3.681 414	7.737 400	11.793 414	15.974 421	20.214 426	24.476 426
−100	−5.891	−3.553	100	4.095	8.137	12.207	16.395	20.640	24.902

温度	600	700	800	900	1000	1100	1200	1300
0	24.902 425	29.128 419	33.277 409	37.325 399	41.269 388	45.108 378	48.828 364	52.398 349
10	25.327 424	29.547 418	33.686 409	37.724 398	41.657 388	45.486 377	49.192 363	52.747 346
20	25.751 425	29.965 418	34.095 407	38.122 397	42.045 387	45.863 375	49.555 361	53.093 346
30	26.176 423	30.383 416	34.502 407	38.519 396	42.432 385	46.238 374	49.916 360	53.439 343
40	26.599 423	30.799 415	34.909 406	38.915 395	42.817 385	46.612 373	50.279 357	53.782 343
50	27.022 423	31.214 415	35.314 404	39.310 393	43.202 383	46.985 371	50.633 357	54.125 341
60	27.445 422	31.629 413	35.718 403	39.703 393	43.585 383	47.356 370	50.990 354	54.466 341
70	27.867 421	32.042 413	36.121 403	40.096 392	43.968 381	47.726 369	51.344 353	54.807
80	28.288 421	32.455 411	36.524 401	40.488 391	44.349 380	48.095 367	51.697 352	
90	28.709 419	32.866 411	36.925 400	4.879 390	44.726 379	48.462 366	52.049 349	
100	29.128	33.277	37.325	41.269	45.108	48.828	52.398	

A.5　镍铬-康铜热电偶分度表（E 型）

（参比端温度为0℃）　　单位：mV

温度	−100	−0	温度	0	100	200	300	400	500	600	700	800	900
−0	−5.237 443	0.000 581	0	0.000 591	6.317 679	13.419 742	21.033 781	28.943 801	36.999 809	45.085 806	53.110 797	61.022 784	68.783 766
−10	−5.680 427	−0.581 570	10	0.591 601	6.996 687	14.161 748	21.814 783	29.744 802	37.808 809	45.801 806	53.907 796	61.805 782	69.549 761
−20	−6.107 409	−1.151 558	20	1.192 609	7.683 694	14.909 752	22.597 786	30.546 804	38.617 809	46.697 805	54.703 795	62.588 780	70.313 762
−30	−6.516 391	−1.709 548	30	1.801 618	8.377 701	15.661 756	23.383 788	31.350 805	39.426 810	47.502 804	55.498 794	63.368 779	71.075 760
−40	−6.907 379	−2.254 533	40	2.419 628	9.078 709	16.417 761	24.171 790	32.155 809	40.236 809	48.306 803	56.291 792	64.147 777	71.885 758
−50	−7.279 352	−2.787 519	50	3.047 636	9.787 714	17.178 764	14.961 793	32.960 807	41.045 808	49.109 802	57.083 790	64.924 776	72.593 757
−60	−7.631 332	−3.306 505	60	3.683 646	10.501 721	17.942 768	25.754 795	33.767 807	41.853 809	49.911 802	57.873 790	65.700 773	73.350 754
−70	−7.963 310	−3.811 490	70	4.329 653	11.222 727	18.710 771	26.549 796	34.574 808	42.662 808	50.713 800	58.663 788	66.473 772	74.104 753
−80	−8.273 288	−4.301 476	80	4.983 663	11.949 732	19.481 775	27.345 798	35.382 808	43.470 808	51.513 790	59.451 786	67.245 770	74.857 751
−90	−8.561 263	−4.777 460	90	5.646 671	12.681 738	20.256 777	28.143 800	36.190 809	44.278 807	52.312 798	60.237 785	68.015 768	75.608 750
−100	−8.824	−0.237	100	6.317	13.419	21.033	28.913	36.999	45.085	53.110	68.022	68.783	76.358

A.6 铁-康铜热电偶分度表(J 型)

（参比端温度为 0℃）　　单位：mV

温度	−100	−0	温度	0	100	200	300	400
−0	−4.632	0.000	0	0.000	5.266	10.777	16.325	21.846
	404	501		507	544	555	544	551
−10	−5.036	−0.501	10	0.507	5.812	11.332	16.879	22.397
	390	494		512	547	555	553	552
−20	−5.426	−0.995	20	1.019	6.359	11.887	17.432	22.949
	375	486		517	548	555	552	552
−30	−5.801	−1.481	30	1.536	6.907	12.442	17.984	23.501
	358	479		522	550	556	553	553
−40	−6.519	−.960	40	2.058	7.457	12.998	18.537	24.054
	340	471		527	551	555	552	553
−50	−6.599	−2.431	50	2.585	8.008	13.553	19.089	24.607
	322	461		530	552	555	551	554
−60	−6.821	−2.892	60	3.115	8.560	14.108	19.640	25.161
	301	452		534	553	555	552	555
−70	−7.122	−3.344	70	3.649	9.113	14.663	20.192	25.716
	280	441		537	554	554	551	556
−80	−7.402	−3.785	80	4.186	9.667	15.217	20.743	26.272
	257	430		539	555	554	552	557
−90	−7.659	−4.215	90	4.725	10.222	15.771	21.295	26.829
	231	417		543	555	554	551	559
−100	−7.890	−4.632	100	5.268	10.777	16.325	21.846	27.388

温度	500	600	700	800	900	1000	1100
0	27.388	33.096	39.130	45.498	51.875	57.942	63.777
	561	587	624	646	621	591	578
10	27.949	33.683	9.754	46.144	52.496	58.522	64.355
	562	590	628	646	619	588	578
20	28.511	34.273	40.382	46.790	53.115	59.121	64.933
	564	594	631	644	614	587	577
30	29.075	34.867	41.013	47.434	53.729	59.708	65.510
	567	597	634	642	612	585	577
40	29.642	35.464	41.647	48.076	54.431	60.293	66.087
	568	602	640	640	607	585	577
50	30.210	36.066	42.287	48.716	54.948	60.876	66.664
	572	605	639	638	605	583	576
60	30.782	36.671	42.922	49.354	55.553	61.459	67.240
	574	609	641	635	602	580	575
70	31.356	37.280	43.563	49.989	56.155	62.039	67.815
	577	613	644	632	598	580	575
80	31.933	37.893	44.207	50.621	56.753	62.619	68.390
	580	617	615	628	596	580	574
90	32.513	38.510	44.852	51.249	57.349	63.199	68.964
	583	620	646	626	593	578	672
100	33.096	39.130	45.498	51.875	57.942	63.777	69.538

A.7　铜-康铜热电偶分度表(T型)

（参比端温度为0℃）　　单位：mV

温度	−200	−100	−0	温度	0	100	200	300
−0	−5.603 150	−3.378 278	0.000 333	0	9.999 391	4.277 472	9.286 534	14.860 583
−10	−5.753 136	−3.656 267	−0.383 374	10	0.391 398	4.749 478	9.820 540	15.443 587
−20	−5.889 118	−3.923 254	−0.757 364	20	0.789 407	5.227 485	10.360 5445	16.030 591
−30	−6.007 98	−5.177 242	−1.121 354	30	1.196 415	5.712 492	10.905 551	16.621 596
−40	−6.105 76	−4.419 229	−1.475 244	40	1.611 424	6.204 498	11.456 555	17.217 599
−50	−6.181 51	−4.448 217	−1.819 333	50	2.035 432	6.702 505	12.011 561	17.816 604
−60	−6.632 26	−4.865 204	−2.152 323	60	2.467 441	7.207 511	12.572 565	18.420 607
−70	−6.258	−5.069 192	−2.475 313	70	2.908 449	7.718 517	13.137 570	19.027 611
−80		−5.261 178	−2.788 301	80	3.357 456	8.235 522	13.707 574	19.638 614
−90		−5.439 164	−3.089 289	90	3.813 464	8.757 529	14.281 579	20.252 617
−100		−5.603	−3.378	100	4.277	9.286	14.860	20.869

A.8　镍铬硅-镍硅热电偶分度表(N型)

（参比端温度为0℃）　　单位：mV

温度	−100	−0	温度	0	100	200	300	400	500
−0	−2.407	0.000	0	0.000	2.744	5.912	9.34	12.972	16.744
−10	−2.612	−0.2	10	0.261	3.072	6.243	9.695	13.344	17.127
−20	−2.807	−0.518	20	0.525	3.374	6.577	10.053	13.717	17.511
−30	−2.994	−0.772	30	0.793	3.679	6.914	10.412	14.091	17.896
−40	−3.17	−1.023	40	1.064	3.988	7.254	10.772	14.467	18.282
−50	−3.336	−1.263	50	1.339	4.301	7.596	11.135	14.844	18.668
−60	−3.491	−1.509	60	1.619	4.617	7.940	11.499	15.222	19.055

续表

温度	−100	−0	温度	0	100	200	300	400	500
−70	−3.634	−1.744	70	1.902	4.938	8.287	11.865	15.601	19.443
−80	−3.766	−1.972	80	2.188	5.258	8.636	12.233	15.981	19.831
−90	−3.884	−2.193	90	2.479	5.584	8.987	12.602	16.362	20.22
−100	−3.99	−2.407	100	2.774	5.912	9.340	12.972	16.744	20.609

温度	600	700	800	900	1000	1100	1200	1300
0	20.609	24.526	28.456	32.37	36.248	40.076	43.836	47.502
10	20.999	24.919	28.849	32.76	36.633	40.456	44.207	
20	21.39	25.312	29.241	33.149	37.018	40.835	44.577	
30	21.781	25.705	29.633	33.538	37.402	41.213	44.947	
40	22.172	26.098	30.025	33.926	37.786	41.59	45.315	
50	22.564	26.491	30.417	34.315	38.169	41.966	45.682	
60	22.956	26.895	30.808	34.702	38.552	42.342	46.048	
70	23.348	27.278	31.199	35.089	38.934	42.717	46.413	
80	23.74	27.671	31.590	35.476	39.315	43.091	46.777	
90	24.133	28.063	31.908	35.862	39.69	43.464	47.140	
100	24.526	28.451	32.307	36.248	40.078	43.836	47.502	

附录 B 标准热电阻分度表

B.1 Pt100 铂热电阻分度表（ZB Y301-85）

温度℃	−100	−0	温度℃		100	200	300	400	500	600	700	800
−0	60.25	100.00	0	100	138.50	175.84	212.02	247.04	280.90	313.59	345.13	375.61
−10	56.19	96.09	10	103.90	142.29	179.51	215.57	250.48	284.22	316.80	348.22	378.48
−20	52.11	92.16	20	107.79	146.06	183.17	219.12	253.90	287.53	319.99	351.30	381.45
−30	48.00	88.22	30	111.67	149.82	186.32	222.65	257.32	290.83	323.18	354.37	384.40
−40	43.87	84.27	40	115.54	153.58	190.45	226.17	260.72	294.11	326.35	357.42	387.34
−50	39.71	80.31	50	119.40	157.31	194.07	229.67	264.11	297.39	329.51	360.47	390.26
−60	35.53	76.30	60	123.24	161.04	197.69	233.17	267.49	300.65	332.66	363.50	
−70	31.32	72.33	70	127.07	164.76	201.29	236.65	270.86	303.91	335.79	366.52	
−80	27.08	68.33	80	130.89	168.46	204.88	240.13	274.22	307.15	338.92	369.53	
−90	22.80	64.30	90	134.70	172.16	208.45	243.59	277.56	310.38	342.03	372.52	
−100	18.49	60.25	100	138.50	175.84	212.02	247.04	280.90	313.59	345.13	375.51	

B.2 Pt10 铂热电阻分度表（ZB Y301-85）

温度℃	−100	−0	温度℃	0	100	200	300	400	500	600	700	800
−0	6.025	10.000	0	10.000	13.850	17.584	21.202	24.704	28.090	31.359	34.513	37.561
−10	5.619	9.609	10	10.390	14.229	17.951	21.557	25.048	28.422	31.680	34.822	37.848
−20	5.211	9.216	20	10.779	14.606	18.317	21.912	25.390	28.753	31.999	35.130	38.145
−30	4.800	8.822	30	11.167	14.982	18.632	22.265	25.732	29.083	32.318	35.437	38.440
−40	4.387	8.427	40	11.554	15.358	19.045	22.617	26.072	29.411	32.635	35.742	38.734
−50	3.971	8.031	50	11.940	15.731	19.407	22.967	26.411	29.739	32.951	36.047	39.026
−60	3.553	7.630	60	12.324	16.104	19.769	23.317	26.749	30.065	33.266	36.350	
−70	3.132	7.233	70	12.707	16.476	20.129	23.665	27.086	30.391	33.579	36.652	
−80	2.708	6.833	80	13.089	16.846	20.488	24.013	27.422	30.715	33.892	36.953	
−90	2.280	6.430	90	13.470	17.216	20.845	24.359	27.756	31.038	34.203	37.252	
−100	1.849	6.025	100	13.850	17.584	21.202	24.704	28.090	31.359	34.513	37.551	

B.3 Cu100 铜热电阻分度表(JJ G229-87)

温度℃	0	1	2	3	4	5	6	7	8	9
−50	78.49	—	—	—	—	—	—	—	—	—
−40	82.80	82.36	82.04	81.50	81.08	80.64	80.20	79.78	79.34	78.92
−30	87.10	86.68	86.24	85.84	85.38	84.96	84.54	84.10	83.66	83.32
−20	91.40	90.98	90.54	90.12	89.68	89.26	88.82	88.40	87.96	87.54
−10	95.70	95.28	94.84	94.42	93.98	93.56	93.12	92.70	92.36	91.84
−0	100.00	99.56	99.14	98.70	98.28	97.84	97.42	97.00	96.56	96.14
0	100.00	100.00	100.36	101.28	101.72	102.14	102.56	103.00	103.42	103.66
10	104.28	104.72	105.14	105.56	106.00	106.42	106.86	107.28	107.72	108.14
20	108.56	109.00	109.42	109.84	109.27	110.70	111.13	111.56	112.00	112.42
30	112.84	113.28	113.70	114.14	114.56	114.98	115.42	115.84	116.28	116.70
40	117.12	117.56	117.98	118.40	118.84	119.26	119.70	120.12	120.54	120.98
50	121.40	124.84	122.20	122.68	123.12	123.54	123.96	124.40	124.82	125.26
60	125.68	126.10	126.54	126.98	127.40	127.82	128.24	128.68	129.10	129.52
70	129.96	130.38	130.82	131.24	131.66	132.10	132.52	132.96	133.38	133.80
80	134.24	134.66	135.08	135.52	135.95	136.37	136.80	137.22	137.64	138.08
90	138.52	138.94	139.36	139.80	140.22	140.66	141.08	141.52	141.94	142.36
100	142.80	143.22	143.66	144.08	144.50	144.94	145.36	145.80	146.22	146.66
110	147.08	147.50	147.94	148.36	148.80	149.22	149.66	150.08	150.52	150.94
120	151.36	151.80	152.22	152.66	153.08	153.52	153.94	154.38	154.80	155.24
130	155.66	156.10	156.52	156.96	157.38	157.82	158.24	158.68	159.10	159.54
140	159.96	160.40	160.82	161.26	161.68	162.12	162.54	162.98	163.40	163.84
150	164.27	—	—	—	—	—	—	—	—	—

流量与液位综合检测
实验平台使用说明

C.1 平台简介

流量与液位综合检测平台是东南大学检测技术与自动化装置研究所、南京新思维自动化科技有限公司联合研制的一套远程开放式实验平台装置,在平台上可开展液位、流量等多种综合实验,因各种传感器的直接输出量可测(如超声波渡越时间、涡街流量计涡街产生频率、压力传感器输出电压),该平台不仅可开展常规验证性实验,还可开展多种综合性、设计性实验。操作者可通过 Internet 远程操作平台,读取数据,并可通过摄像头实时观察运行状态。

1. 实验平台使用环境

流量与液位综合检测实验具有本地操作和远程操控两种工作模式,如图 C-1 所示,本地操作模式下,用户通过控制器的操控面板进行各种实验操作,也可使用本地上位机通过串口或网口进行实验操作;远程操控模式下,用户通过互联网或局域网进行相关实验。远程操控时,实验平台使用诸如花生壳等 IP 映射技术,通过路由器接入 Internet,用户通过平台配置的网络摄像机可远程监控设备的运行情况,不仅能远程实测实验数据,也能直观感知实验具体流程。

2. 实验平台总体介绍

实验平台实物如图 C-2 所示,实验系统铭牌如图 C-3 所示。

系统构成如图 C-4 所示,主要由平台控制器、流速调节模块、流量检测模块、称重测量模块、测量管道、水路、台架等部分组成。

由平台控制器运行调速算法,调节变频器的输出三相 380V 交流电的频率,来调节水泵转速。

在台架上方通过超声波流量计、涡街流量计对流过管道的流体进行流量检测,包括瞬时流量、累计流量,这两种仪表通过 RS-485 总线与平台控制器进行通信,平台控制器除了采集各种流量数据外,还可对仪表内部的

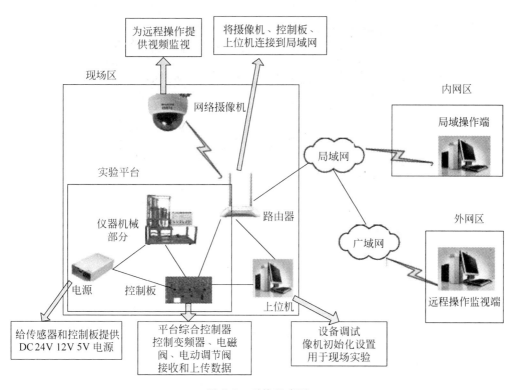

图 C-1　系统组成图

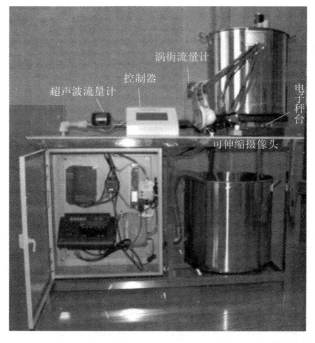

图 C-2　流量与液位综合检测实验平台实物图

图 C-3　实验系统铭牌

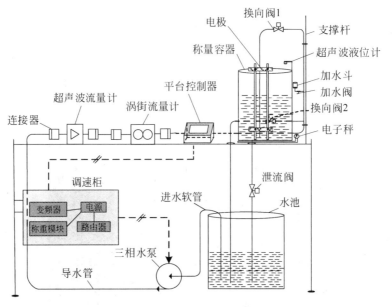

图 C-4　流量与液位综合检测实验平台示意图

各种参数(如超声波渡越时间、涡街输出频率等)进行读取并在控制器屏幕上显示,以更加深入地掌握流量计工作机理。

本实验平台通过控制换向阀 1 和换向阀 2 的通断,改变流体经过流量仪表后的流向,实现流量计的标定实验。当换向阀 1 打开、换向阀 2 关闭时,流体流入称量容器中;当换向阀 2 打开、换向阀 1 关闭时,流体会流回水池中。在标准表法标定实验中,一种流量计作为被测仪表;另一种作为标定仪表。在标准质量法标定实验中,当流速度稳定时,由电子秤测量一段时间的流体质量,计算出平均流速,实现标准质量法标定。

整个实验平台的数据采集、变频控制、部件间通信等功能由控制器控制完成,用户通过平台控制器实现远程操作或本地操作。

C.2 流量与液位综合检测实验平台单元试验功能说明

1. 流量检测实验

流量检测系统连接如图 C-5 所示,基于本实验平台可开展超声波流量检测实验、涡街流量检测实验及流量闭环控制实验。

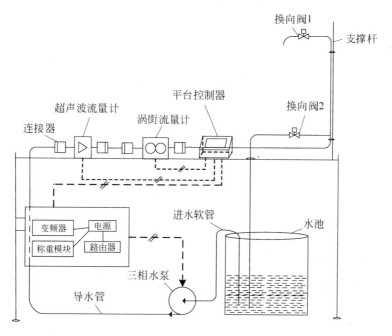

图 C-5 流量检测

用户启动设备后,通过平台控制器打开换向阀 2、关闭换线阀 1、设定水泵转速频率,控制变频器获得不同的流量,从水池中被抽出的水会返回到水池中,构成一个闭环的水路。实验过程中,平台控制器采集超声波液位计和涡街流量计的流量数据,并在控制器屏幕上显示。

通过在平台控制器上编写流量控制算法,将流量仪表的流量作为反馈信号,控制变频器输出频率作为控制信号,也可实现流量闭环控制实验。

2. 液位检测实验

液位检测系统连接如图 C-6 所示,基于本实验平台可开展超声波液位检测实验、压力法液位检测实验及电阻式、电容式液位检测等实验,如超声波液位检测实验,平台控制器向超声波液位计发送命令可以控制超声波液位计检测平台上方称量容器中液位的高度。

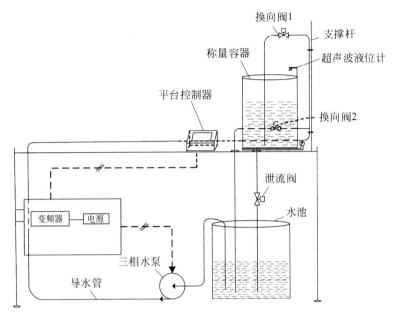

图 C-6　液位检测

除了进行液位测量外,系统还可以开展液位闭环控制实验,以液位计反馈的信号作为反馈信号,调节流量、泄流阀的开度实现精确液位控制。

3. 质量法平均流量检测实验

质量法平均流量检测系统连接如图 C-7 所示。

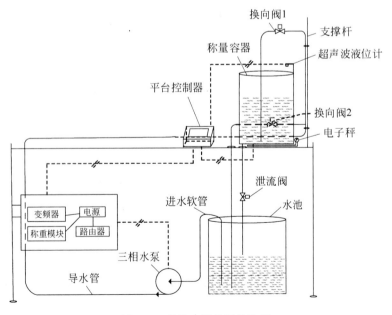

图 C-7　质量法测量平均流量

　　系统启动后,打开换向阀2、关闭换向阀1,平台控制器发送命令将电子秤计时清零,当管道中流量稳定后;打开换向阀1、关闭换向阀2和泄流阀,流体流入称量容器中。计时一段时间后,读取流体的总质量,通过计算就可得知这段时间的平均流量。

4. 基于质量法的流量仪表标定实验

　　基于质量法的流量仪表标定实验系统连接如图 C-8 所示。

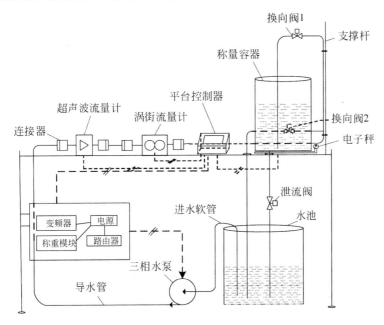

图 C-8　基于质量法的流量仪表标定实验系统连接

　　系统启动后,打开换向阀2、关闭换向阀1,控制器发送命令将电子秤计时清零,当管道中流量稳定后;打开换向阀1、关闭换向阀2和泄流阀,流体流入称量容器中。计时一段时间后,读取流体的总质量,通过计算就可得知这段时间的平均流量,也可以实时记录测量过程中流量的动态变化曲线。在使用质量法测量平均流量曲线的时间段内,实时读取被校流量仪表的流量曲线,通过对比算法可以对仪表测量精确性和稳定性进行评估。

5. 基于标准仪表法的流量仪表标定实验

　　基于标准仪表法的流量仪表标定实验系统连接如图 C-9 所示。
　　实验者可以在综合实验平台上安装两个仪表:一个标准仪表,一个作为被校准仪表。在测量过程中可以同时读取两个仪表的流量曲线从而确定被测仪表的精度、线性度。

6. 本地/远程操作

本地/远程操作系统构架如图 C-10 所示。

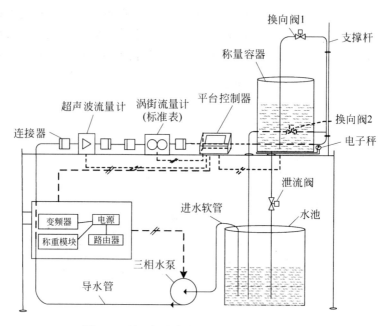

图 C-9　基于标准仪表法的流量仪表标定法

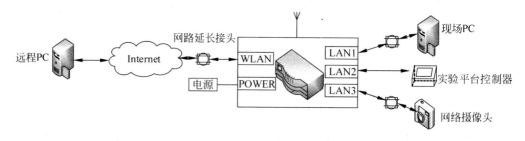

图 C-10　远程操作子系统示意图

　　本实验平台具有本地/远程操作方式,如果实验者在现场可以通过现场 PC 或实验平台控制器触摸屏来操作实验平台;如果实验者不在实验现场,可以通过 Internet 远程登录到实验平台,进行相关操作,并可通过网络摄像头观看现场设备实时运行情况。

C.3　注意事项

1. 称量容器放置

称量容器放置如图 C-11 所示。

由于电子秤计算称量容器质量时要求容器不能与其他物体有刚性接触,所以需要确认泄放阀上端管道位于实验台的过孔正中间,与过孔没有周边接触。

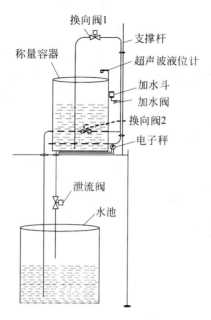

图 C-11　称量容器放置

2. 防止初次使用水泵空启动

　　系统水路如图 C-12 所示,在启动设备前水泵水腔中必须满水,否则水泵空转后无法正常供水。设备第一次启动时需要按图 C-12 所示方法加水,关闭换向阀 1 和换向阀 2 后,打开加水阀门,从加水斗中加入水。水沿着黑色箭头经过水管加入水泵腔室中,当在透明进水软管的左侧出现稳定水柱时说明水泵腔室中已经充满水了。

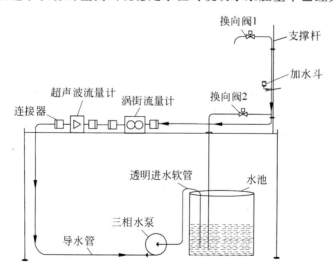

图 C-12　防止初次使用水泵空启动

3. 使用前准备工作

（1）检查水泵进水管绑有铜块的一端是否放入水池底部，若未放置，请先将其放置于水池中。检查水池的水量是否超过水池容器的 3/4，若水量不足，请打开加水阀后，将水倒入加水斗中直到水池中水约为其容积的 3/4，注意防止加水过多至水漫出水池。加水完成后关闭加水阀。

（2）打开设备总电源开关，等待控制器系统启动，控制器上的触摸屏会提示所有启动信息。控制器启动完成后，将对调速控制柜中接触器、换向阀、泄流阀门、电子秤和超声波液位计进行自检，此过程中伴随阀门的通断有 4 次响声发出。之后系统会启动水泵将少量水通过导水管送入称量容器后，再打开泄流阀排空称量容器的水。完成所有部件功能自检后屏幕提示自检成功，实验者方可进行下面的实验。

参 考 文 献

[1] 周杏鹏,孙永荣,仇国富,等.传感器与检测技术.北京:清华大学出版社,2010.

[2] 周杏鹏,仇国富.现代检测技术.2版.北京:高等教育出版社,2010.

[3] 祝学云.检测技术实验教程.南京:东南大学出版社,2013.

[4] Ernesto,Doebelin. Measurement systems application and design(Fifth Edition).北京:机械工业出版社,2005.

[5] 孙传友,孙晓斌.感测技术基础.北京:电子工业出版社,2001.

[6] 赵负周.传感器集成电路手册.北京:化学工业出版社,2002.

[7] 樊尚春,周浩敏.信号与测试技术.北京:北京航空航天大学出版社,2002.

[8] 韩建国,等.现代电子测量技术基础.北京:中国计量出版社,2000.

[9] 钱政,王中宇,刘桂礼.测试误差分析与数据处理.北京:北京航空航天大学出版社,2008.

[10] 国家质量技术监督局计量司.测量不确定度评定与表示指南.北京:中国计量出版社,2000.

[11] 钱绍圣.测量不确定度:实验数据的处理与表示.北京:清华大学出版社,2002.

[12] 张永瑞.电子测量技术基础.2版.西安:西安电子科技大学出版社,2009.

[13] 刘国林,殷贯西等编著.电子测量.北京:机械工业出版社,2003.

[14] F. E. Jones and R. M. Schoonover. Handbook of Mass Measurement. CRC Press, New York,2002.

[15] S. Soloman. Sensors Handbook. McGraw-Hill, New York,1999.

[16] 王魁汉.温度测量实用技术.北京:机械工业出版社,2007.

[17] Takeshi Kudoh, Shin-Ichiro Ikebe. A high sensitive thermistor Bolometer for a clinical tympanis thermometer. Sensors and Actuators A,1996(55):13~17.

[18] 梁国伟,蔡武昌.流量测量技术及仪表.北京:机械工业出版社,2002.

[19] myDAQ 数据采集器说明书.美国国家仪器公司.